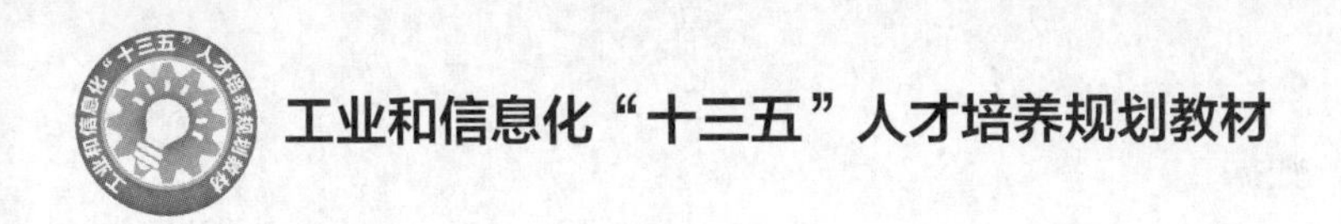

C语言开发基础教程（Dev-C++｜第2版）

黑马程序员◉编著

人民邮电出版社
北京

图书在版编目（CIP）数据

C语言开发基础教程（Dev-C++） / 黑马程序员编著
. -- 2版. -- 北京 : 人民邮电出版社, 2019.5（2023.7重印）
工业和信息化“十三五”人才培养规划教材
ISBN 978-7-115-50202-5

Ⅰ. ①C… Ⅱ. ①黑… Ⅲ. ①C语言－程序设计－高等学校－教材 Ⅳ. ①TP312.8

中国版本图书馆CIP数据核字(2018)第288912号

内容提要

本书是一本C语言入门书，适合初学者使用。全书共分12章，内容包括程序设计与C语言、数据类型与运算符、流程控制、数组、函数、指针、字符串、结构体、预处理、文件操作、常见的数据结构、综合项目——贪吃蛇控制台游戏。

全书采用理论与示例代码结合的模式，保证理论学习与代码实践同步进行；根据学习进度在章节中穿插阶段案例，帮助读者系统掌握所学知识，学以致用；第11章介绍的数据结构，旨在拓展读者的编程思维，强化读者的数据组织与处理能力，为后续学习做好铺垫。

本书的大纲以前一版《C语言开发入门教程》为基础，并参考了市面上多本C语言教程，力求构造完整的知识体系。

本书附有配套的教学PPT、题库（600道）、教学视频、源代码、教学设计等资源。同时，为了帮助初学者及时地解决学习过程中遇到的问题，传智播客还专门提供了免费的在线答疑平台，并承诺3小时内给予解答。

本书可作为高等院校本、专科计算机相关专业，以及其他理工科专业的程序设计入门教材。

◆ 编　　著　黑马程序员
　责任编辑　范博涛
　责任印制　彭志环

◆ 人民邮电出版社出版发行　　北京市丰台区成寿寺路11号
　邮编　100164　　电子邮件　315@ptpress.com.cn
　网址　http://www.ptpress.com.cn
　北京市艺辉印刷有限公司印刷

◆ 开本：787×1092　1/16
　印张：15　　　　　　　2019年5月第2版
　字数：368千字　　　　　2023年7月北京第11次印刷

定价：49.80元

读者服务热线：(010)81055256　印装质量热线：(010)81055316
反盗版热线：(010)81055315
广告经营许可证：京东市监广登字20170147号

序言 FOREWORD

本书的创作公司——江苏传智播客教育科技股份有限公司（简称“传智教育”）作为第一个实现A股IPO上市的教育企业，是一家培养高精尖数字化专业人才的公司，公司主要培养人工智能、大数据、智能制造、软件、互联网、区块链、数据分析、网络营销、新媒体等领域的人才。公司成立以来紧随国家科技发展战略，在讲授内容方面始终保持前沿先进技术，已向社会高科技企业输送数十万名技术人员，为企业数字化转型、升级提供了强有力的人才支撑。

公司的教师团队由一批拥有10年以上开发经验，且来自互联网企业或研究机构的IT精英组成，他们负责研究、开发教学模式和课程内容。公司具有完善的课程研发体系，一直走在整个行业的前列，在行业内竖立起了良好的口碑。公司在教育领域有2个子品牌：黑马程序员和院校邦。

一、黑马程序员——高端IT教育品牌

“黑马程序员”的学员多为大学毕业后想从事IT行业，但各方面条件还不成熟的年轻人。“黑马程序员”的学员筛选制度非常严格，包括了严格的技术测试、自学能力测试，还包括性格测试、压力测试、品德测试等。百里挑一的残酷筛选制度确保了学员质量，并降低了企业的用人风险。

自“黑马程序员”成立以来，教学研发团队一直致力于打造精品课程资源，不断在产、学、研3个层面创新自己的执教理念与教学方针，并集中“黑马程序员”的优势力量，有针对性地出版了计算机系列教材百余种，制作教学视频数百套，发表各类技术文章数千篇。

二、院校邦——院校服务品牌

院校邦以“协万千名校育人、助天下英才圆梦”为核心理念，立足于中国职业教育改革，为高校提供健全的校企合作解决方案，其中包括原创教材、高校教辅平台、师资培训、院校公开课、实习实训、协同育人、专业共建、传智杯大赛等，形成了系统的高校合作模式。院校邦旨在帮助高校深化教学改革，实现高校人才培养与企业发展的合作共赢。

（一）为大学生提供的配套服务

1. 请同学们登录“高校学习平台”，免费获取海量学习资源。平台可以帮助高校学生解决各类学习问题。

高校学习平台

2. 针对高校学生在学习过程中的压力等问题，院校邦面向大学生量身打造了IT学习小助手——“邦小苑”，可提供教材配套学习资源。同学们快来关注“邦小苑”微信公众号。

“邦小苑”微信公众号

（二）为教师提供的配套服务

1. 院校邦为所有教材精心设计了“教案+授课资源+考试系统+题库+教学辅助案例”的系列教学资源。高校老师可登录“高校教辅平台”免费使用。

高校教辅平台

2.针对高校教师在教学过程中存在的授课压力等问题，院校邦为教师打造了教学好帮手——“传智教育院校邦”，教师可添加“码大牛”老师微信/QQ：2011168841，或扫描下方二维码，获取最新的教学辅助资源。

“传智教育院校邦”微信公众号

三、意见与反馈

为了让教师和同学们有更好的教材使用体验，您如有任何关于教材的意见或建议请扫码下方二维码进行反馈，感谢对我们工作的支持。

前言 FOREWORD

本书在编写的过程中，结合党的二十大精神进教材、进课堂、进头脑的要求，将知识教育与思想品德教育相结合，通过案例学习加深学生对知识的认识与理解，让学生在学习新兴技术的同时了解国家在科技发展上的伟大成果，提升学生的民族自豪感，引导学生树立正确的世界观、人生观和价值观，进一步提升学生的职业素养，落实德才兼备、高素质和高技能的人才培养要求。

随着互联网的发展，人类生活方式中的重要部分，包括衣、食、住、行、教育、娱乐甚至医疗等都在线上得以应用，这一切的便利离不开互联网的发展，也与形形色色的应用软件密不可分。开发应用软件需要使用编程语言，作为最古老的编程语言之一，C 语言因具有简洁、紧凑、高效灵活、可直接访问硬件、可移植等特性，而被应用于程序开发的众多领域。

为什么要学习本书

C 语言是众多院校计算机专业学习的第一门编程语言；为了一窥程序的编写原理，了解互联网时代发展的基础，许多工科专业也将 C 语言作为学生的必修课程。作为一本入门教程，本书站在初学者的角度，先对 C 语言的基础知识进行了详细的讲解，将复杂问题简单化，之后以代码形式实践基础知识，最后结合讲解对代码进行分析，真正做到了由浅入深、由易到难。

本书是《C 语言开发入门教程》的全新改版。本次改版吸取了广大读者 4 年来的真实反馈，与第 1 版教程相比，本书具有以下亮点。

1. 采用更加便捷、小巧的开发工具 Dev-C++作为教学环境，降低下载、安装和使用工具的难度。

2. 对原书中的代码进行精简，并添加了大量进阶案例，既能保证读者充分理解、吸收所讲内容，又能帮助读者巩固所学知识、提高编程能力。

3. 语言描述更加精炼、合乎逻辑，通俗易懂；内容安排更加合理，体系结构更加完善。

如何使用本书

本书是一本 C 语言入门书，内容包含 12 章，其中第 1 ~ 10 章介绍 C 语言基础语法，第 11 章介绍数据结构，第 12 章为综合项目，具体介绍如下。

第 1 章首先简单介绍了计算机语言、算法等与程序设计相关的知识，其次介绍了 C 语言的发展史、标准和应用领域，之后介绍了几种 C 语言开发工具，讲解了 Dev-C++的安装流程，并结合案例展示了该工具的基础用法与 C 语言的编写流程，最后讲解了编译过程。通过本章的学习，读者会对计算机语言、程序设计、算法、C 语言等概念有所了解，并能自主安装 Dev-C++工具，熟悉程序的编写流程，了解程序的编译过程。

第 2 章主要讲解 C 语言中的数据类型与运算符。其中数据类型包括基本数据类型、构造类型、指针类型；运算符包括算术运算符、关系运算符、逻辑运算符、赋值运算符、条件运算符、位运算符和 sizeof 运算符。除此之外，本章还介绍了与数据类型相关的关键字、标识符、常量、变量，以及类型转换和运算符优先级等知识。通过本章的学习，读者可以掌握 C 语言中数据类型及其运算的相关知识。熟练掌握本章的内容，可以为后面的学习打下坚实的基础。

第 3 章首先讲解程序的运行流程图，然后讲解 C 语言中最基本的 3 种流程控制语句，包括顺序结构语句、选择结构语句和循环语句，之后介绍了循环嵌套和跳转语句。通过本章的学习，读者能够熟练地运用 if 判断语句、switch 判断语句、while 循环语句、do…while 循环语句及 for 循环语句。

第 4 章首先讲解什么是数组，其次讲解一维数组的定义、初始化、引用，以及数组的常见操作，之后讲解二维数组的相关知识，最后简单介绍多维数组的定义方式。掌握好本章的内容有助于后面课程的学习。

第 5 章主要讲解 C 语言中的函数，包括函数的定义和声明、函数的调用；其次介绍局部变量、全局变量及变量的作用域等知识。通过本章的学习，读者能掌握模块化思想，熟练封装功能代码，并以函数名实参列表的形式进行调用，从而简化代码，提高代码的可读性。

第 6 章首先讲解指针的概念与指针的运算，然后讲解指针与数组、指针与函数、指针数组的相关知识，最后讲解了二级指针、指针与 const 的相关知识。通过本章的学习，读者能掌握指针的定义与使用方法，学会使用指针优化代码，提高代码的灵活性。

第 7 章首先讲解 C 语言中字符数组、字符串的概念，以及字符串与指针的关系，然后讲解字符串的输入/输出，之后讲解字符串常用的操作函数，最后讲解数字与字符串之间的转换。通过本章的学习，读者能熟练掌握字符串的常用操作。

第 8 章首先介绍构造类型中的结构体类型，包括结构体类型的声明、定义、初始化、访问、大小等知识，其次介绍结构体数组、结构体与指针、结构体与函数等进阶内容，之后介绍 typedef 关键字的应用，最后通过阶段案例帮助读者巩固本章内容。通过本章的学习，读者可以掌握结构体的存储结构，并能熟练应用结构体。

第 9 章主要讲解预处理与断言。常用的预处理方式有 3 种，分别是宏定义、文件包含和条件编译。其中，宏定义是最常用的一种预处理方式，文件包含对于程序功能的扩充很有帮助；条件编译可以优化程序代码。断言用于检测假设的条件是否成立，对程序调试非常有帮助。熟练掌握程序预处理方式和断言，对于以后的程序设计工作至关重要。

第 10 章首先讲解文件的基本概念，包括流、文件、文件指针与文件位置指针；然后讲解文件的基本操作，包括文件的打开与关闭、单字符读写文件、单行读写文件、二进制形式读写文件；之后讲解文件的随机读写；最后通过一个案例来加深读者对文件读写的理解。通过本章的学习，读者将学会对文件进行读写操作，从而站在更高的层面来理解和使用文件。

第 11 章主要讲解 C 语言中的 3 种数据结构，分别是链表、栈和队列。通过本章的学习，读者能够掌握这 3 种数据结构的存储原理、定义及常用操作，并熟练运用这些数据结构优化程序中的数据存储，提高程序的运行效率。

第 12 章运用前面各章所讲知识实现一个综合项目，并分别介绍项目研发过程中的需求分析、模块设计、代码实现、代码调试等环节，不仅帮助读者温习所学知识，更能引领读者了解程序开发流程，巩固程序设计思想。

在学习的过程中，读者应勤思考、勤总结，并自主实践书中提供的案例。

读者若不能完全理解书中所讲知识，可登录博学谷平台，配合平台中的教学视频进行学习。此外读者在学习的过程中，务必要勤于练习，确保真正掌握所学知识。在学习过程中，读者如果遇到困难，不要纠结，继续往后学习，或许会豁然开朗。

致谢

本书的编写和整理工作由传智播客公司完成，主要参与人员有吕春林、高美云、薛蒙蒙、郑瑶瑶、李卓等，全体人员在近一年的编写过程中付出了辛勤的汗水，在此一并表示衷心的感谢。

意见反馈

尽管我们付出了很大的努力，但书中难免会有不妥之处，欢迎读者来信给予宝贵意见，我们将不胜感激。电子邮件：itcast_book@vip.sina.com。

黑马程序员

2023 年 7 月于北京

目录 CONTENTS

Chapter 1

第1章 程序设计与C语言

学习目标

- 了解计算机语言的特点
- 了解算法在程序设计中的重要性
- 了解C语言的发展史、标准及应用领域
- 了解主流的开发工具，能够独立安装Dev-C++工具
- 会编写Hello World程序，了解程序编译的过程

C语言是一种通用的、过程式的编程语言，它具有高效、灵活、可移植等优点。在最近20多年里，它被运用在各种系统软件与应用软件的开发中，是使用最广泛的编程语言之一。本章作为整本书的第1章，将对C语言的发展历史、开发环境搭建以及C语言程序编写方法等内容进行详细的讲解。

1.1 计算机语言

计算机语言（Computer Language）是人与计算机之间通信的语言，它主要由一些指令组成，这些指令包括数字、符号和语法等内容，编程人员可以通过这些指令来指挥计算机进行各种工作。

计算机语言有很多，根据不同的功能和实现方式可分为3类，即机器语言、汇编语言和高级语言，下面分别介绍这3类语言的特点。

1. 机器语言

机器语言是能够被计算机直接识别的语言，由二进制数0或1组成的一串指令集合，是计算机处理器可直接解读的数据。对于编程人员来说，机器语言不便于记忆和识别。

2. 汇编语言

人们很早就认识到这样的一个事实，尽管机器语言对计算机来说很好懂也很好用，但是对于编程人员来说，记住0和1组成的指令简直就是煎熬。为了解决这个问题，汇编语言诞生了。汇编语言用英文字母或符号串来替代机器语言，把不易理解和记忆的机器语言按照对应关系转换成汇编指令，因此汇编语言比机器语言更易于阅读和理解。

3. 高级语言

由于汇编语言依赖于硬件，因此汇编程序的可移植性极差，而且编程人员在使用计算机时需要学习新的汇编指令，大大增加了编程人员的工作量，为此计算机高级语言诞生了。高级语言不是一门语言，而是一类语言的统称，它比汇编语言更贴近于人类使用的语言，也更易于理解、记忆和使用。此外高级语言和计算机的架构、指令集无关，因此它具有良好的可移植性。

高级语言应用非常广泛，世界上绝大多数的编程人员都在使用高级语言进行程序开发。常见的高级语言包括 C、C++、Java、C#、Python、Ruby 等。本书讲解的 C 语言从诞生到现在一直都是最流行、应用场景最丰富的高级语言之一。

1.2 程序设计与算法

算法在计算机科学领域是非常重要的概念，有着举足轻重的地位。算法将要解决的实际问题和解决实际问题的计算机程序联系起来。在编写程序的过程中，不可避免地要考虑到算法设计方案。本节内容介绍算法的基本概念和特征，引领读者了解算法在程序设计中的重要性。

1.2.1 算法——程序的灵魂

生活中算法随处可见，同样计算机程序设计也离不开算法，在计算机学科中算法是独立课程，开始编程之前了解算法的基本知识，对后续学习编程有着重要的意义。

1. 什么是算法

从广义上讲算法就是解决问题的方法和过程，在计算机领域，算法是从输入到输出的有穷序列，是一系列解决问题的清晰指令。

计算机程序通常具备两个方面的描述：一是对数据的描述；二是对程序中操作数据流程的描述。对数据的描述指的是数据类型和数据组织形式。数据类型有整型、浮点型、字符型、组合类型等，数据的组织形式有链表、队列等；对程序操作流程的描述即算法，是程序执行的步骤，类比我们生活中要解决一个问题的具体流程。

算法在程序中是不可缺少的一部分，比如使用百度搜索资料时，用到排序算法；淘宝购物时使用推荐算法等。若把一个运行的程序比喻成有生命的人，数据的结构就是人的躯体，算法就是这个人的灵魂。正如计算机科学家尼基劳斯·沃思（Nikiklaus Wirth）将程序描述为：

程序=数据结构+算法

举一个简单的例子，比如数学中关于素数的定义：素数是在大于 1 的自然数中，除了 1 和它自身外，不能被其他自然数整除的数。这是素数的求解思路，也是一个算法的描述。

2. 算法特征

算法应具有以下 5 项特征。

（1）有穷性。算法的有穷性是指算法必须能在执行有限个步骤之后结束，在具体的算法中指的是在当前解决问题的合理范围之内，如果一个算法解决问题历时一年，算法尽管有穷也不会被考虑使用。

（2）确定性。算法的每一个步骤必须有确切的定义，计算机处理问题的步骤是确定的，算法设计过程中不能出现二义性、选择不确定的情况。

（3）输入项。一个算法有 0 个或多个输入，以获取程序处理的必要信息。输入项可以由程序中其他功能模块传递，也可以从键盘输入获取。

（4）输出项。一个算法有 1 个或多个输出，输出是对输入数据加工后产生的结果，没有输出结果的算法是没有意义的。

（5）可行性。算法中执行的计算步骤都应可被分解为基本的、可执行的操作步骤。

1.2.2 算法的表示

遇到需要解决的问题通过思考得出解决的办法，结合编程思想，将解决问题时的方案用算法表示出来，称之为算法的表示。算法一般有 4 种表示方法：自然语言、流程图、N–S 流程图和伪代码，下面我们分别对这 4 种表示方法进行介绍。

（1）自然语言描述

使用自然语言描述法表示算法，就是使用自然语言描述问题的求解思路与过程。可以用这样的自然语言描述法判断一个数是否为素数的算法：大于 1 的自然数中，除了 1 和它本身不再有其他因数的数就是素数。

在一些大型的开源项目中，说明文档会用自然语言粗略地表述算法，但因为自然语言容易产生二义性，一般不使用自然语言描述算法的具体实现。

（2）流程图表示

流程图简单直观并且易于理解，是使用最广泛的算法表示方法。流程图的表示方式如图 1–1 所示。

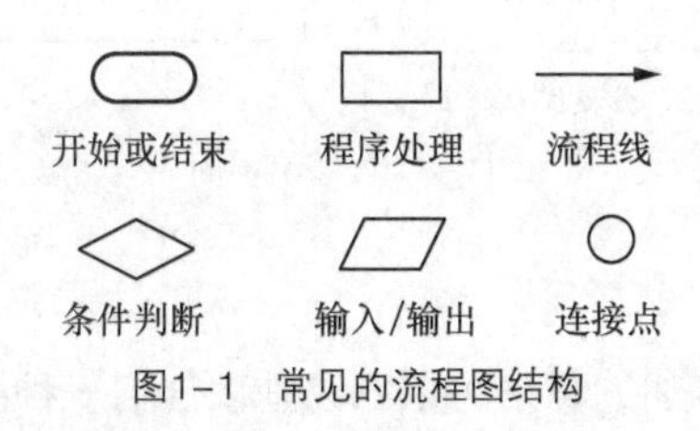

图1–1 常见的流程图结构

图 1–1 中所示的各个框图结构表示的含义如下。

- 开始或结束。使用圆角矩形表示，用于标识流程的开始或结束。
- 输入/输出。使用平行四边形表示，其中可以写明输入或输出的内容。
- 条件判断。使用菱形表示，它的作用是对条件进行判断，根据条件是否成立来决定如何执行后续的操作。
- 程序处理。使用矩形表示，它代表程序中的处理功能，如算术运算和赋值等。
- 流程线。使用实心单向箭头表示，可以连接不同位置的图框。
- 连接点。使用圆形表示，用于流程图的延续。

以判断一个数是否为素数的算法为例，使用流程图来表示算法的具体方法如图 1–2 所示。

（3）N–S 流程图表示

1973 年美国学者艾克・纳西（Ike Nassi）和本・施奈德曼（Ben Shneiderman）提出了一种新的流程图形式，这种流程图完全去掉了流程线，算法的每一步都用一个矩形框来描述，把一个个矩形框按执行的次序连接起来就是一个完整的算法描述。这种流程图用两位学者名字的第一个字母来命名，称为 N–S 流程图，如图 1–3 所示。

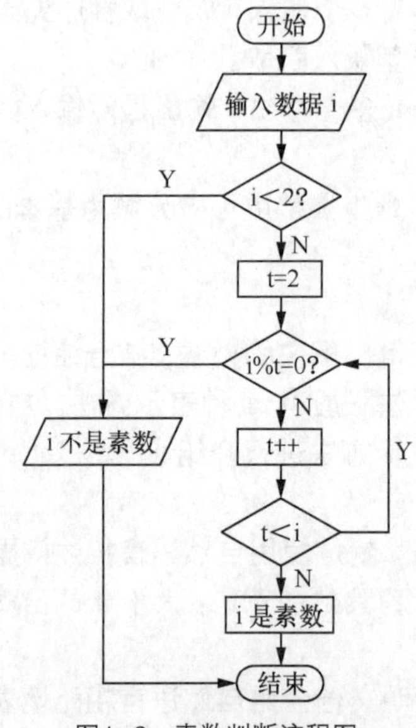

图1-2 素数判断流程图

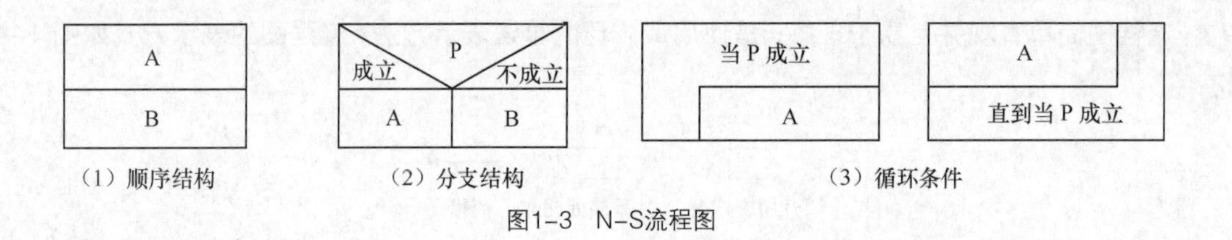

图1-3 N-S流程图

（4）伪代码表示法

使用伪代码的目的是使被描述的算法可以容易地以任何一种编程语言实现，此种表示类似自然语言，但结构清晰、可读性好。伪代码没有固定格式，不用拘泥于具体实现，使用接近自然语言的形式将整个算法运行过程的结构表述出来即可。判断素数的伪代码如下所示：

```
If i<2
Then  i 不是素数，程序结束
Else
t=2
Repeat:
        If i mod t=0
            Then i 不是素数，程序结束
        Else t=t+1
Until t>=i
i 是素数，程序结束
```

1.3 C 语言概述

早期的编程工程师只能借助查表的方法和机器语言编写程序，但随着计算机技术的发展，这种低级语言编程已不能满足需求，随之出现了不同类型的编程语言，其中，C 语言就是出现最早的编程语言之一。本节我们将介绍 C 语言，让初学者对 C 语言有清晰的认识。

1.3.1　C 语言的发展史

C 语言特性源自一种称为“B”的早期语言（基本组合编程语言，BCPL），其设计是为了实现 UNIX 操作系统。

1963 年，剑桥大学将 ALGOL 60 语言发展成为 CPL（Combined Programming Language）语言。

1967 年，剑桥大学的马丁・理查兹（Matin Richards）对 CPL 语言进行了简化，BCPL 语言诞生。

1970 年，美国贝尔实验室的肯・汤普森（Ken Thompson）对 BCPL 进行了修改，并将其命名为“B 语言”，其含义是将 BCPL 语言“煮干”，提炼出它的精华，之后他用 B 语言编写了第一个基于非汇编语言的 UNIX 操作系统。

1972 年，美国贝尔实验室的丹尼斯・里奇（Dennis M.Ritchie）在 B 语言的基础上设计出了一种新的语言，他取了 BCPL 的第 2 个字母作为这种语言的名字，即 C 语言。之后丹尼斯・里奇与肯・汤普森成功地使用 C 语言重写了 UNIX 的第 3 版内核，该版内核具有良好的可移植性且易于扩展，为 UNIX 日后的普及打下了坚实基础。

1978 年，布赖恩・凯尼汉（Brian W.Kernighan）和丹尼斯・里奇（Dennis M.Ritchie）出版了名著《The C Programming Language》，从而使 C 语言成为目前世界上使用最广泛的高级程序设计语言。

1.3.2　C 语言的标准

随着微型计算机的普及，C 语言衍生出了诸多版本，这些版本之间存在差异，为了使 C 语言得到统一，美国国家标准学会（ANSI）制定了一套标准，称为 ANSI C。ANSI C 标准自 1989 年诞生以来，又历经了下述几次修改。

- 1989 年，美国国家标准学会（ANSI）通过的 C 语言标准 ANSI X3.159–1989 被称为 C89。
- 1990 年，国际标准化组织（ISO）接受 C89 作为国际标准 ISO 9899–1990，该标准被称为 C90。这两个标准只有细微的差别，因此，通常来讲 C89 和 C90 指的是同一个版本。
- 1999 年，ANSI 通过了 C99 标准。C99 标准相对 C89 做了很多修改，例如变量声明可以不放在函数开头，支持变长数组，初始化结构体允许对特定的元素赋值等。本书将以 C99 标准为主进行讲解。
- 2011 年，ISO 和 IEC（国际电工委员会）正式发布 C 语言标准第 3 版草案（N1570），提高了 C 语言对 C++的兼容性，并增加了一些新的特性。这些新特性包括泛型宏、多线程、带边界检查的函数等。

1.3.3　C 语言的应用领域

根据 TIOBE 网站公布的编程语言热门程度排行榜，C 语言热门程度稳居前三。历年语言热门程度排名如图 1–4 所示。

C 语言也获得了远高于大多数编程语言的评分，TIOBE 于 2018 年 10 月公布的编程语言评分如图 1–5 所示。

C 语言之所以稳居前三，获得高度评价，与其良好的性能及广泛的应用领域密不可分，C 语言常被应用在以下领域。

Programming Language	2018	2013	2008	2003	1998	1993	1988
Java	1	2	1	1	17	-	-
C	2	1	2	2	1	1	1
C++	3	4	3	3	2	2	4
Python	4	7	6	11	24	13	-
C#	5	5	7	8	-	-	-
Visual Basic .NET	6	11	-	-	-	-	-
PHP	7	6	4	5	-	-	-
JavaScript	8	9	8	7	21	-	-
Ruby	9	10	9	18	-	-	-
R	10	23	48	-	-	-	-
Objective-C	14	3	40	50	-	-	-
Perl	16	8	5	4	3	9	22
Ada	29	19	18	15	12	5	3
Lisp	30	12	16	13	8	6	2
Fortran	31	24	21	12	6	3	15

图1-4　编程语言排行

Oct 2018	Oct 2017	Change	Programming Language	Ratings	Change
1	1		Java	17.801%	+5.37%
2	2		C	15.376%	+7.00%
3	3		C++	7.593%	+2.59%
4	5	↑	Python	7.156%	+3.35%
5	8	↑	Visual Basic .NET	5.884%	+3.15%
6	4	↓	C#	3.485%	-0.37%
7	7		PHP	2.794%	+0.00%
8	6	↓	JavaScript	2.280%	-0.73%
9	-	⇈	SQL	2.038%	+2.04%
10	16	⇈	Swift	1.500%	-0.17%

图1-5　2018年10月语言评分排行

1．操作系统

C 语言可以开发操作系统，主要应用在个人桌面领域的 Windows 系统内核、服务器领域的 Linux 系统内核、FreeBSD、苹果公司研发的 Mac 系统。

2．应用软件

C 语言可以开发应用软件。在企业数据管理中，需要可靠的软件处理有价值的信息，C 语言具有高效、稳定等特性，企业数据管理中使用的数据库如 Oracle、MySQL、MS SQL Server 和 SQLite 等都由 C 语言开发。此外金山办公软件 WPS 及微软的 Office 办公软件、功能强大的数学软件 MatLab 等都使用 C 语言开发。

3．嵌入式底层开发

当今时代，生活的各个方面都在智能化，智能城市、智能家庭等概念已不再是设想。这些智能领域离不开嵌入式开发，熟知的智能手环、智能扫地机器人、轿车电子系统等都离不开嵌入式开发。

组成这些智能系统的东西，如底层的微处理器控制的传感器、蓝牙、WiFi 网络传输模块等使用的硬件驱动库、嵌入式实时操作系统 FreeRtos、UCOS 和 VxWorks 等，都主要由 C 语言开发。

4．游戏开发

C 语言具有强大的图像处理能力、可移植性、高效性等特点。一些大型的游戏中，游戏环境渲染、图像处理等使用 C 语言来处理，成熟的跨平台游戏库 OpenGl、SDL 等也由 C 语言编写而成。

1.4 开发环境搭建

在使用 C 语言开发程序之前，需要先在系统中搭建开发环境。良好的开发环境可方便程序开发人员编写、调试和运行程序，提高程序开发效率。目前市面上已有许多成熟的 C 语言开发工具，利用这些开发工具可快速搭建 C 语言开发环境。本节我们将对常见的开发工具进行简单介绍，并重点演示如何搭建 C 语言开发环境。

1.4.1 主流开发工具介绍

开发工具也被称为 IDE（集成开发环境），一般包括代码编辑器、编译器、调试器和图形用户界面等工具，集成了代码编写、分析、编译和调试等功能，所有具备这一特性的软件或软件组都可称为 IDE。主流 C 语言开发工具有 Visual Studio、Qt Creator、Eclipse、Vim、Dev-C++等。

1. Visual Studio

Visual Studio（简称 VS）是由微软公司发布的开发工具包系列产品，是一个基本完整的开发工具集，它集成了整个软件生命周期中所需要的大部分工具，如 UML 工具、代码管控工具、IDE 等。

Visual Studio 支持 C/C++、C#、F#、VB 等多种程序语言的开发和测试，功能十分强大。常用的版本有 Visual Studio 2013、Visual Studio 2015 等，目前最新版本为 Visual Studio 2017。

2. Qt Creator

Qt Creator 是一个轻量级、跨平台、简单易用且功能强大的 IDE，它支持的系统包括 Linux、Mac OS X 以及 Windows。在功能方面，Qt Creator 包括项目生成向导，高级 C++代码编辑器，浏览文件及类的工具，集成了 Qt Designer、图形化的 GDB 调试前端，qmake 构建工具等。

3. Eclipse

Eclipse 是一种被广泛使用的免费跨平台 IDE，最初由 IBM 公司开发，目前由开源社区的 Eclipse 基金会管理和维护。起初 Eclipse 被设计为专门用于 Java 开发的 IDE，现在 Eclipse 已经可以用来开发 C、C++、Python 等众多程序。

Eclipse 本身是一个轻量级的 IDE，在此之上，用户可以根据需要安装多种不同的插件来扩展 Eclipse 的功能。除了利用插件支持其他语言的开发之外，Eclipse 还可以利用插件实现项目的版本控制等功能。

4. Vim

和其他 IDE 不同的是，Vim 本身并不是一个用于开发计算机程序的 IDE，而是一款功能非常强大的文本编辑器，它是 UNIX 系统上 Vi 编辑器的升级版。和 Eclipse 类似，Vim 也支持通过插件扩展自己的功能。Vim 不仅适用于编写程序，而且还适用于几乎所有需要文本编辑的场合。由于 Vim 具有强大的插件功能以及高效方便的编辑特性，因此它被称为程序员的编辑器。

5. Dev-C++

Dev-C++是 Windows 环境下的一个适合于初学者使用的轻量级 C/C++集成开发环境，它遵守 GPL 许可协议，是一款自由软件。Dev-C++使用 MingW64/ TDM-GCC 等编译器，遵循

C99 标准，同时兼容 C90 标准。

Dev-C++包括多页面窗口、工程管理、调试器等，集成了 C/C++编译器、自定义编译器配置、调试等功能，安装与调试方便，支持多国语言，是 C 语言初学者的首选开发工具。

1.4.2 安装 Dev-C++

Dev-C++工具具有代码编写、代码分析、代码编译和调试等功能，又具有体积小、易上手等特点，是适合 C 语言初学者使用的轻量级开发工具。本书选用 Dev-C++ 5.11 作为开发环境，下面我们将介绍如何在 Windows 7 操作系统中安装该工具。具体步骤如下。

（1）打开下载地址 https://sourceforge.net/projects/orwelldevcpp/，进入软件下载页面，如图 1-6 所示。

单击图 1-6 中的【Download】按钮，选择文件存放路径，开始下载软件安装包。

（2）下载完成后，可开始安装软件。双击软件安装包文件打开安装程序，将弹出“Installer Language”对话框，用户可在该窗口选择语言，如图 1-7 所示。

图1-6　下载界面

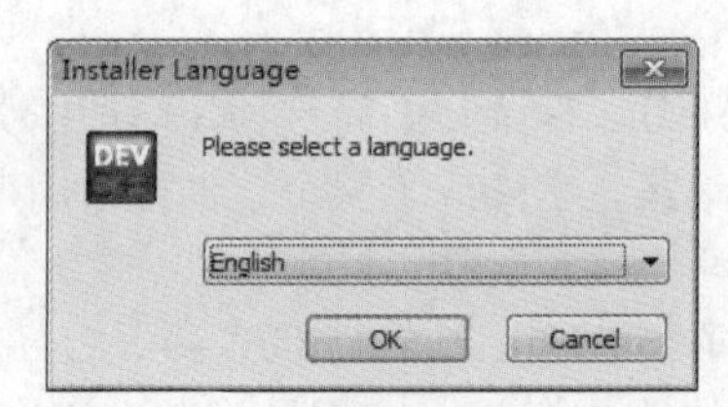

图1-7　选择语言界面

此处保持默认选项“English”。

（3）单击图 1-7 中的【OK】按钮，进入“License Agreement”窗口。该窗口用于展示许可证协议，如图 1-8 所示。

（4）单击图 1-8 所示窗口中的【I Agree】按钮，接受许可证协议，进入“Choose Components”窗口，在该窗口可选择 Dev-C++的组件。单击该窗口的下拉列表，选择【Full】，安装所有组件，如图 1-9 所示。

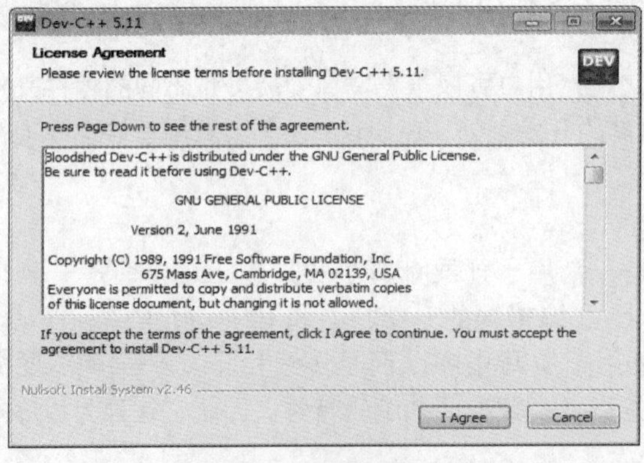

图1-8　同意安装

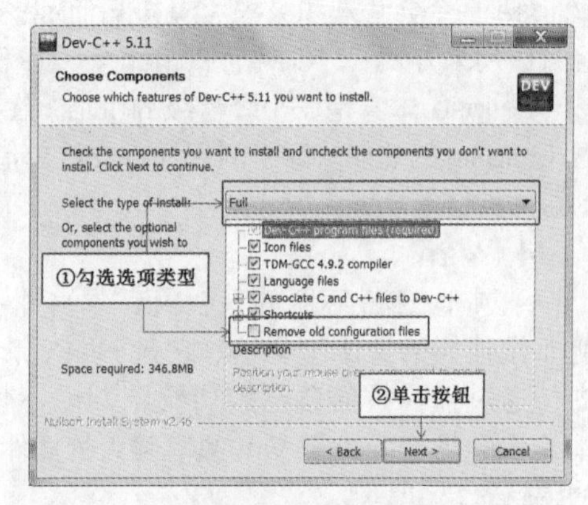

图1-9　组件选择

在图 1-9 中，Full 模式的最后一个选项“Remove old configuration files”用于删除以前的配置文件，首次安装时此项不用选择。

（5）单击图 1-9 中的【Next】按钮，进入“Choose Install Location”窗口，设置 Dev-C++安装路径，如图 1-10 所示。

读者可单击图 1-10 中的【Browse】按钮自行选择安装路径，亦可使用默认安装路径。此处保持默认设置。

（6）单击图 1-10 中的【Install】按钮，开始安装 Dev-C++。安装完成后的界面如图 1-11 所示。

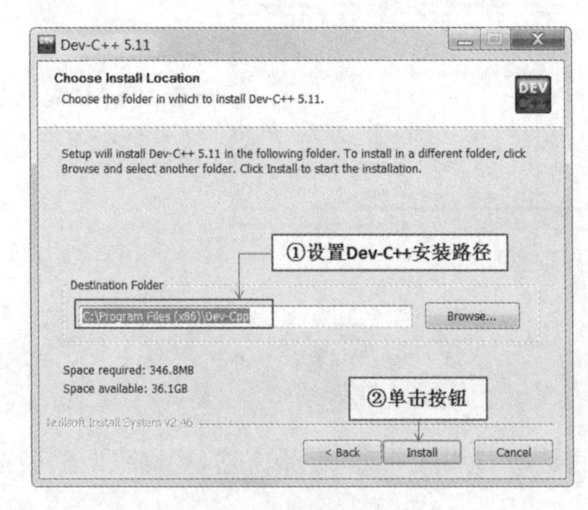

图1-10　安装路径选择

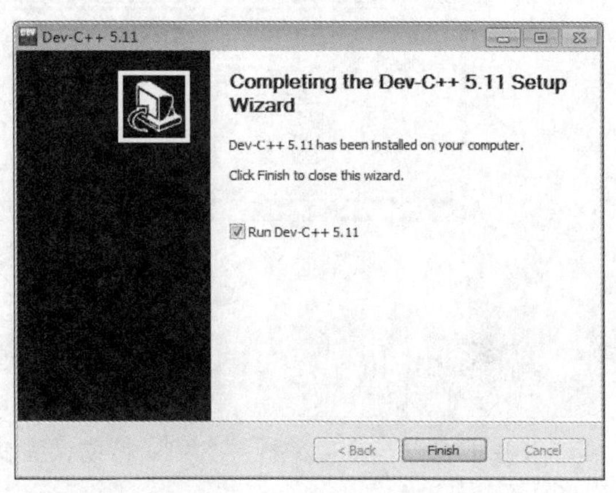

图1-11　安装完成提示

如果图 1-11 中勾选了“Run Dev-C++ 5.11”，那么单击【Finish】按钮后会弹出首次运行配置的对话框，可以为 Dev-C++设置语言和主题，具体如图 1-12 所示。

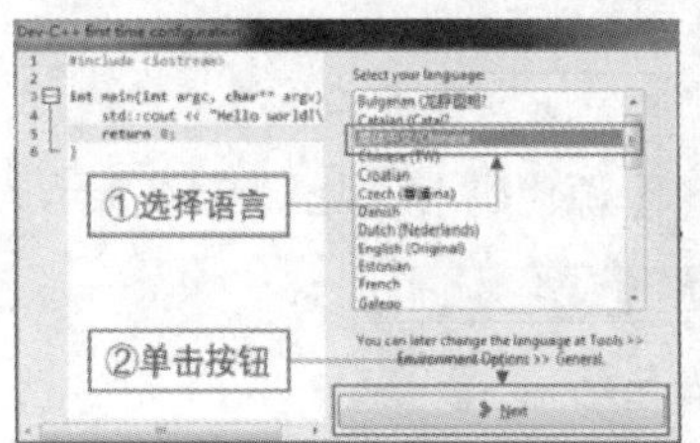

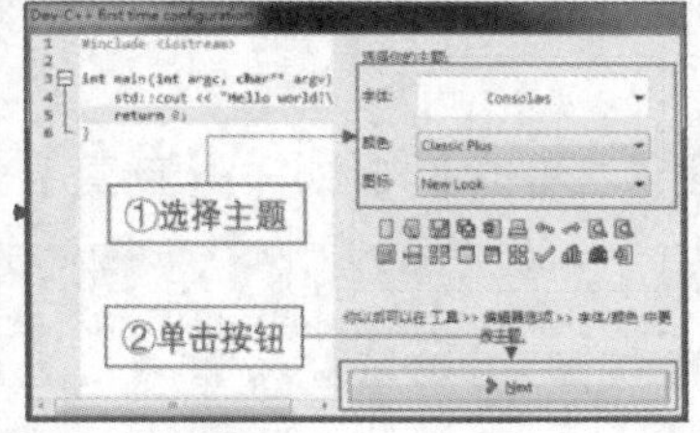

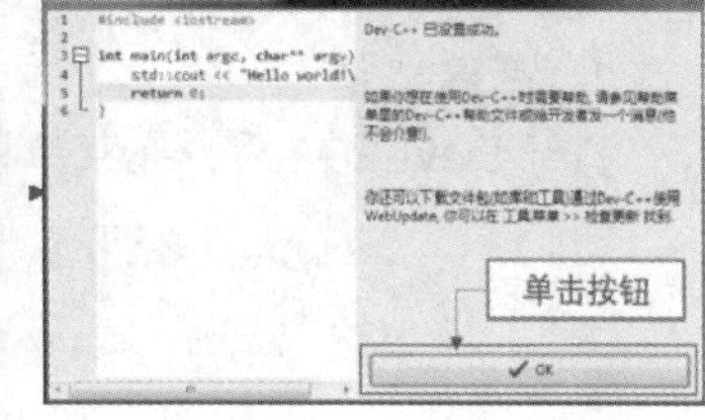

图1-12　首次配置

至此，Dev-C++安装完毕，C 语言开发所需的编译器配置设置完毕。

Dev-C++的编辑界面主要包含菜单栏、快捷按钮、项目管理区、代码编辑区、编译信息显示区这 5 个部分，如图 1-13 所示。

Dev-C++编辑界面各部分功能介绍如下。

- 菜单栏：Dev-C++软件、编译器、代码风格等设置。
- 快捷按钮：快捷按钮是使用 Dev-C++的快捷方式，单击后执行相关功能。
- 项目管理区：管理建立项目的所有工程文件，可以查看函数、结构体。
- 代码编辑区：在编辑器中输入代码，每行都有对应的编号。
- 编译信息显示区：用于在程序编译过程中显示编程中的错误信息、查看资源文件、记录编译过程中的日志信息及显示调试信息。

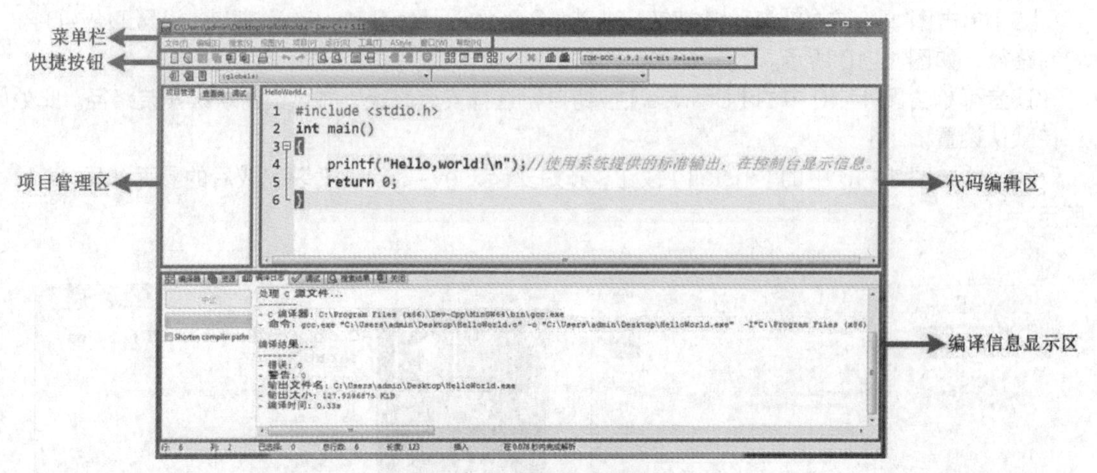

图1-13 编辑器界面信息

1.5 编写 Hello World

本节我们将以一个简单程序为例，帮助读者快速熟悉 Dev-C++的使用方法，了解 C 语言程序的编写流程。

1.5.1 编写第一个程序 Hello World

Dev-C++开发工具可以很好地支持中文，而且编译器界面友好，具备提示功能。本节我们将通过一个向控制台输出“Hello, world!”的程序，为读者演示如何使用 Dev-C++工具开发一个 C 语言应用程序。具体实现步骤如下。

1. 新建文件

打开 Dev-C++后，在菜单栏依次单击【文件】→【新建】→【源代码】，如图 1-14 所示。

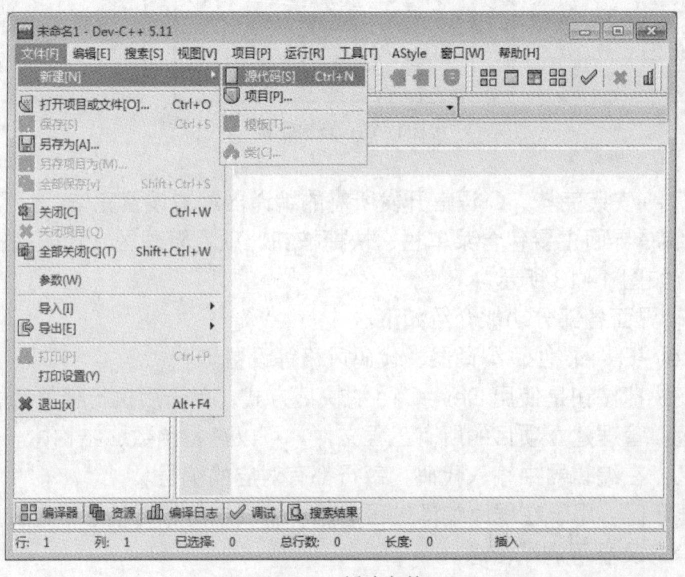

图1-14 新建文件

2. 编写程序代码

在代码编辑区写入代码，如图 1–15 所示。

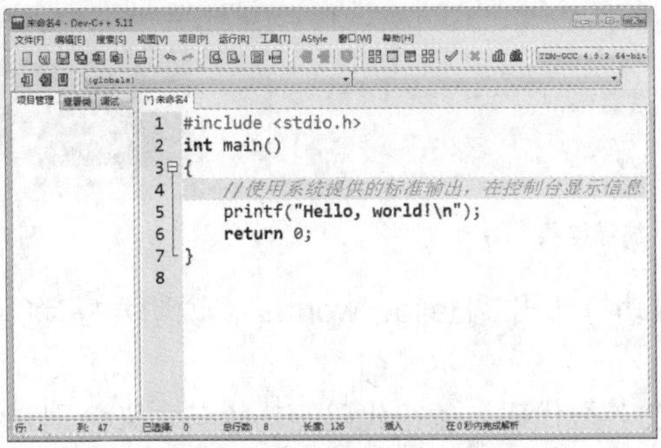

图1–15　编写程序代码

图 1–15 中的代码如下：

```
1  #include <stdio.h>
2  int main()
3  {
4     //使用系统提供的标准输出，在控制台显示信息
5     printf("Hello, world!\n");
6     return 0;
7  }
```

3. 保存文件

编写完成之后单击菜单中【文件】→【保存】选项，将会弹出路径选择窗口，在该窗口可为文件选择保存路径，并设置文件名与文件类型，如图 1–16 所示。

图1–16　保存文件

此处将文件保存在 Demo 目录下，设置文件名为 HelloWorld，文件类型为 C source files(*.c)。设置完成后单击【保存】按钮，保存文件。

4. 编译运行程序

在菜单栏选择【运行】→【编译运行】来运行程序，或按快捷键【F11】运行程序。编译运行结果如图 1–17 所示。

编译完成后，会弹出打印有程序运行结果的命令行窗口，如图 1-18 所示。

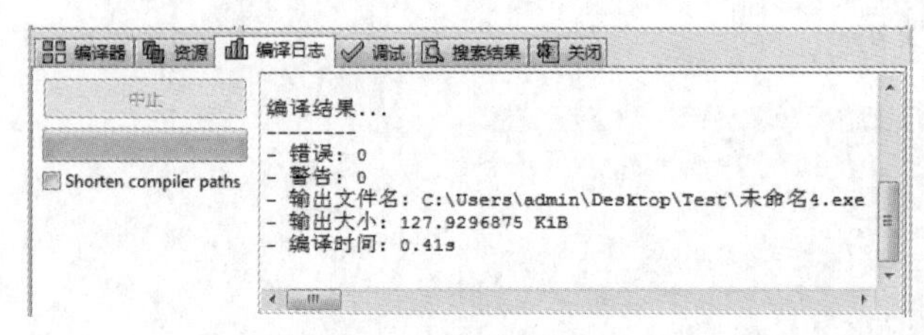

图1-17 编译结果

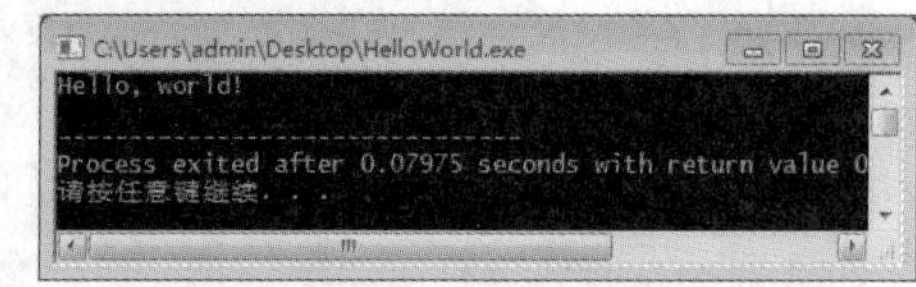

图1-18 运行结果

图 1-18 所示界面中成功打印出“Hello，world!”，说明程序运行成功。

5. 代码分析

HelloWorld 程序共包含 7 行代码，各行代码的功能与含义分别介绍如下。

- 第 1 行代码的作用是进行相关的预处理操作。其中，字符“#”是预处理标志，include 后面跟着一对尖括号，表示头文件在尖括号内读入。stdio.h 就是标准输入/输出头文件，因为第 5 行用到了 printf()输出函数，所以文件需要包含此头文件。
- 第 2 行代码声明了一个 main()函数，该函数是程序的入口，程序运行从 main()函数开始执行。main()函数前面的 int 表示该函数的返回值类型是整型。代码第 3～7 行“{}”中的内容是函数体，程序的相关操作都要写在函数体中。
- 第 4 行是程序代码单行注释部分，使用“//”来表明，从“//”开始到该行结束部分属于注释部分，不参与程序编译过程。
- 第 5 行代码调用了格式化输出函数 printf()，该函数用于输出一行信息，可以简单理解为向控制台输出文字或符号等。printf()括号中的内容称为函数的参数，括号内可以看到输出的字符串“Hello, world!\n”，其中“\n”表示换行操作。
- 第 6 行代码中 return 语句的作用是将函数的执行结果返回，后面紧跟着函数的返回值，在该程序的返回值中，0 表示正常退出。

在 C 语言程序中，以英文分号“;”为结束标记的代码都可称为语句，如 HelloWorld 程序中的第 5 行、第 6 行代码都是语句，被“{}”括起来的语句被称为语句块。

多学一招：多行注释

1.5.1 小节所示案例中的注释方式称为单行注释，单行注释只能注释单行，若程序中有多条连续语句需要注释，可使用多行注释。多行注释的格式如下：

```
/*
……
 */
```

具体示例如下：

```
/* printf("Hello, world\n");
return 0;  */
```

注释可嵌套使用，但只能由多行注释嵌套单行注释，具体示例如下：

```
/* printf("Hello, world\n");    //输出 Hello,world
    return 0; */
```

需要注意的是，多行注释不能嵌套多行注释，错误示例如下：

```
/*
    /* printf("Hello, world\n");
       return 0;  */
*/
```

以上示例无法通过编译，因为外层注释的“/*”会和内层注释的“*/”进行配对，如此内层注释的“/*”及外层注释的“*/”都无法正确匹配，进而导致程序错误。

1.5.2　C 程序编译运行原理

C 语言作为高级语言，无法被计算机直接识别。那么计算机是如何理解 C 语言代码，进而执行程序，给出运行结果的呢？事实上，在开发工具中直接运行代码后，代码并不会直接被执行，而是在经过预处理、编译、汇编和链接这 4 步之后，才生成可执行代码，其过程如图 1-19 所示。

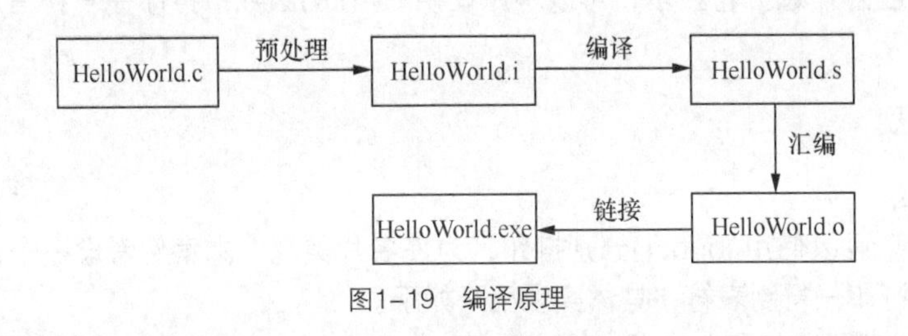

图1-19　编译原理

下面我们分别对图 1-19 所示的 4 个步骤进行说明。

（1）预处理

预处理主要处理代码中以“#”开头的预处理语句（预处理语句将在第 9 章讲解），预处理完成后，会生成*.i 文件。预处理操作具体包括以下几项：

- 展开所有宏定义（#define），进行字符替换。
- 处理所有条件编译指令（#ifdef、#ifndef、#endif 等）。
- 处理文件包含语句（#include），将包含的文件直接插入到语句所在处。

需要注意的是，代码中的编译器指令（#pragma）会被保留。除此之外，预处理还会进行以下操作：

- 删除所有注释。
- 添加行号和文件标识，以便在调试和编译出错时快速定位到错误所在行。

（2）编译

编译操作对预处理文件*.i 进行词法分析、语法分析、语义分析后生成汇编文件*.s。

（3）汇编

汇编操作指将生成的汇编文件*.s 翻译成计算机能够识别的二进制文件。在 Linux 系统中的二进制文件是“*.o”文件，Windows 系统中是“*.obj”文件。

（4）链接

生成二进制文件后，文件尚不能运行，若想运行文件，需要将二进制文件与代码中用到的库文件进行绑定，这个过程称为链接。链接操作完成后将生成可执行文件。

1.6 阶段案例——我的名片

一、案例描述

在数字化信息时代中，每个人的生活、工作、学习都离不开各种类型的信息。名片以其特有的形式传递企业、个人以及业务等信息。本案例我们将使用 C 语言编写一个程序，用于打印一张名片信息，效果如图 1-20 所示。

图1-20 我的名片效果图

二、案例分析

C 语言中，printf()函数用于打印数据。本案例要制作的名片，包含姓名、联系方式和工作单位这三项信息，我们可以使用 printf()函数打印三次，分别打印名片上的姓名、联系方式和工作单位。如果希望名片信息分行显示，可以考虑使用 printf()函数每打印完一行信息，再打印一行换行符。

三、案例实现

1. 实现思路

名片上的信息可以使用 printf()分别打印，为使名片美观，本案例考虑在个人信息前后使用 printf()语句分别打印一行制表符，具体实现思路如下。

1. 使用 printf()函数打印制表符。
2. 使用 printf()函数打印姓名。
3. 使用 printf()函数打印电话。
4. 使用 printf()函数打印工作单位地址。
5. 使用 printf()函数再次打印制表符。

2. 完整代码

请扫描右侧二维码查看完整代码。

1.7 本章小结

本章我们首先简单介绍了计算机语言、算法等与程序设计相关的知识，其次介绍了 C 语言的发展史、C 语言标准和 C 语言的应用领域，之后介绍了几种 C 语言开发工具，讲解了 Dev-C++的安装流程，并结合案例展示了该工具的基础用法与 C 程序的编写流程，最后介绍了 C 程序编译过程。通过本章的学习，读者应对计算机语言、程序设计、算法、C 语言等概念有所了解，并能自主安装 Dev-C++工具，熟悉 C 程序编写流程，了解 C 程序编译过程。

1.8 习题

一、填空题

1. 计算机语言按照高低级别可分为机器语言、________、________三大类。

2. C 语言中源文件的后缀名为________。
3. 在程序中，如果使用 printf()函数，应该包含________头文件。
4. 在 main()函数中，用于返回函数执行结果的是________语句。
5. C 语言程序在 Windows 平台下经过编译、链接后生成的可执行文件后缀是________。

二. 判断题

1. C 语言并不属于高级语言。(　　)
2. 计算机语言（Computer Language）是人与计算机之间通信的语言。(　　)
3. C 语言并不能实现汇编语言的大部分功能。(　　)
4. Eclipse 工具和 Visual Studio 工具都可以开发 C 语言。(　　)
5. C 语言是 UNIX 和其衍生版本的主要开发语言。(　　)

三. 选择题

1. C 语言属于下列哪类计算机语言？（　　）
   A. 汇编语言　　B. 高级语言
   C. 机器语言　　D. 以上均不属于
2. 下列关于主函数说法错误的是（　　）。（多选）
   A. 一个 C 程序中只能包含一个主函数
   B. 主函数是 C 程序的入口
   C. C 程序中可以包含多个主函数
   D. 主函数只能包含输出语句
3. 下列选项中，不属于 C 语言优点的是（　　）。
   A. 不依赖计算机硬件　　B. 简洁、高效
   C. 可移植　　D. 面向对象
4. 下列选项中，哪一个是多行注释？（　　）
   A. //　　B. /**/
   C. \\　　D. 以上均不属于
5. C 语言是一种（　　）的编程语言。
   A. 面向对象　　B. 面向过程
   C. 可视化　　D. 组件导向

四. 简答题

1. 请简述 printf()函数的作用。
2. 请简述 C 语言中 main()函数的作用。

五. 编程题

使用 Dev-C++开发工具编写一个控制台程序，要求在控制台上输出一句话："我喜欢 C 语言"。

2 Chapter

第2章 数据类型与运算符

学习目标

- 了解C语言中的关键字
- 掌握标识符的命名方法
- 理解常量与变量的概念
- 掌握C语言中的数据类型及类型转换方法
- 掌握各种运算符和表达式的使用方法

拓展阅读

通过上一章的学习，相信大家对C语言已经有了一个初步认知，但现在还无法编写C语言程序，在编写C语言程序之前需要先学习C语言的基础知识，就好比建造一栋大楼需要板砖、水泥等，C语言的基础知识包括关键字、标识符、常量、变量、数据类型与运算符等。本章我们将针对C语言的基础知识进行详细讲解。

2.1 关键字和标识符

在C语言中，关键字是指在编程语言里事先定义好并被赋予了特殊含义的单词，也称作保留字，它们具有特殊的含义。标识符是标识变量、函数、数组等的符号，它们命名时需要遵守一定的规则。关键字与标识符是C语言最基础的知识，本节将针对这两部分内容进行讲解。

2.1.1 关键字

C语言的C89标准中共定义了32个关键字，而C99标准在C89的基础上又增加了5个关键字，分别为restrict、inline、_Bool、_Complex、_Imaginary，因此，C99中一共有37个关键字，具体如下：

```
auto                register
break               restrict
case                return
char                short
const               signed
continue            sizeof
```

```
default                         static
do                              struct
double                          switch
else                            typedef
enum                            union
extern                          unsigned
float                           void
for                             volatile
goto                            while
if                              _Bool
inline                          _Complex
int                             _Imaginary
long
```

上面列举的关键字中，每个关键字都有特殊的作用，例如，int 用于声明整型的变量或函数；sizeof 用于计算数据类型的长度；char 用于声明字符型变量或函数。在本书后面的章节中我们将逐步对这些关键字进行讲解，这里只需了解即可。

2.1.2　标识符

在编程过程中，我们经常需要定义一些符号来标记一些数据或内容，如变量名、方法名、参数名、数组名等，这些符号被称为标识符。C 语言中标识符的命名需要遵循一些规范，具体如下。

- 标识符只能由字母、数字和下划线组成。
- 标识符不能以数字作为第一个字符。
- 标识符不能使用关键字。
- 标识符区分大小写字母，如 add、Add 和 ADD 是不同的标识符。

为了让读者对标识符的命名规范有更深刻的理解，接下来我们列举一些合法与不合法的标识符，具体如下。

下面是一些合法的标识符：

```
area
DATE
_name
lesson_1
```

下面是一些不合法的标识符：

```
3a          //标识符不能以数字开头
ab.c        //标识符只能由字母、数字和下划线组成
long        //标识符不能使用关键字
abc#        //标识符只能由字母、数字和下划线组成
```

除此之外，标识符在命名时尽量做到以下几点要求。

- 直观、可以拼读，尽量做到见名知意，如使用 age 标识年龄、使用 length 标识长度。
- 最好采用英文单词或其组合，避免使用汉语拼音或汉字。
- 尽量避免出现仅靠大小写区分的标识符。
- 虽然 ANSIC 中没有规定标识符的长度，但建议标识符的长度不超过 8 个字符。

目前，在 C 语言中比较常用的标识符命名方式有两种：驼峰命名法和下划线命名法，下面分别介绍这两种方法。

（1）驼峰命名法使用英文单词来构成标识符的名字，其中第一个单词首字母小写，余下的单词

首字母大写。如果英文单词过长，则可以取单词的前几个字母。下面给出一组驼峰命名法的示例：

```
int seatCount;      //座椅的数量
int devNum;         //设备编号，取 device 前 3 个字母,number 前 3 个字母
void getPos();      //获取位置，取 position 前 3 个字母
```

（2）下划线命名法是指使用下划线连接标识符的各组成部分。下面给出一组下划线命名法的示例：

```
int my_age;
void get_position;
```

2.2 常量与变量

在 C 语言中，数据有两种表现形式：常量和变量。常量的值一直保持不变，而变量的数值可以改变。接下来，本节将针对常量和变量进行详细讲解。

2.2.1 常量

生活中有些事物需要用数值来表示，如人民币、时间等。在程序中，同样也会出现一些数值，如 123、1.5、π等，这些值是不可变的，通常将它们称之为常量。在 C 语言中，常量按类型分为整型常量、浮点型常量、字符常量，下面我们将分别对这几种常量进行讲解。

1. 整型常量

整型常量指的是整数类型的常量，又称为整常数。整型常量可以使用十进制、八进制或十六进制表示。整型常量使用前缀指定基数，例如，0x（数字 0）或者 0X 表示十六进制、O(字母 O)表示八进制、不带前缀则默认表示十进制。下面是整型常量的实例：

- 八进制整数，如 0123，011。
- 十进制整数，如 123，-456，0。
- 十六进制整数，如 0x123，-0x12。

2. 浮点型常量

浮点型常量就是在数学中用到的小数，也称为实型常量或实数，具体示例如下：

```
2e3f  3.6d  0f  3.84d  5.022e+23f  0.5  2.7  3e6
```

以上示例中的 2e3f、5.022e+23f、3e6 为使用科学技术法表示的浮点数。

3. 字符常量

C 语言中用单引号（''）将字符括起来作为字符常量，字符常量分为如下两种。

（1）普通字符，即由单引号括起来的一个字符，如'b'、'y'、'?'、'*'等；

（2）转义字符，由单引号括起来的包括反斜杠（\）的一串字符，如'\n'、'\t'、'\0'等。转义字符表示将反斜杠后的字符转换成另外的意义，通常用来表示不能显示的字符，'\n'、'\t'、'\0'这 3 个转义字符分别表示换行、Tab 制表符和空字符。

C 语言中的字符常量共计 128 个，它们都收录在 ASCII 码表中。

2.2.2 变量

除了常量之外，有时在程序中还会使用一些数值可以变化的量，例如，记录一天之中温度变化，要用一个标识符 T 记录不同时刻温度的值，与常量不同，标识符 T 的值是可以不断改变的，因此 T 就称为一个变量。

变量在程序中会经常使用，这些变量被存储在内存单元中，为了访问、使用和修改内存单元中的数据，人们用标识符来标识存储数据的内存单元，这些用于标识内存单元的标识符被称为变量名，内存单元中存储的数据被称为变量的值。

接下来我们通过一段代码来学习程序中的变量，具体如下：

```
int x = 0,y=0;
y = x+3;
```

以上第 1 行代码的作用是定义名为 x 和 y 的变量，初始化变量 x 和 y 的值为 0。此行代码执行后，系统会选取内存中的两个内存单元，分别记为 x 和 y，并将值 0 存储到标识为 x、y 的内存单元中，如图 2-1 所示。

第 2 行代码的作用是为变量 y 赋值。在执行第 2 行代码时，程序首先取出变量 x 的值与 3 相加，其次将结果 3 赋值给变量 y。此时变量 x 的状态没有改变，而 y 的值变为了 3，它们在内存中的状态如图 2-2 所示。

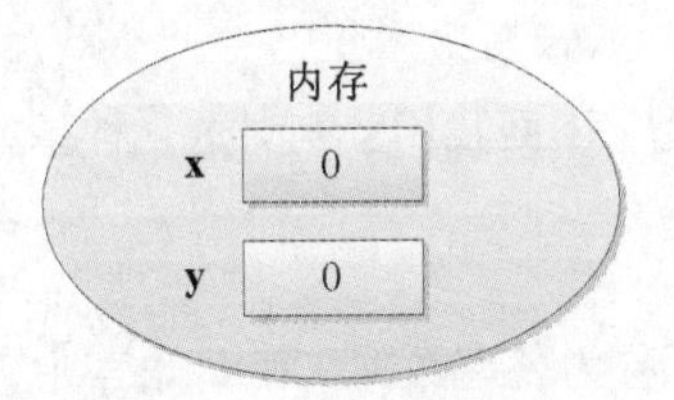

图2-1　x、y变量在内存中的状态

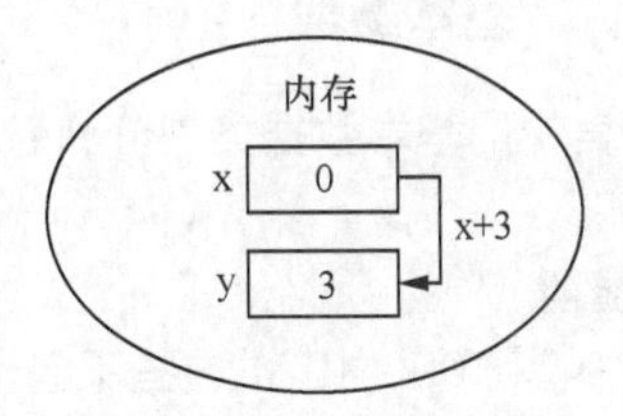

图2-2　运算后x、y变量在内存中的状态

数据处理是程序的基本功能，变量是程序中数据的载体，因此变量在程序中占据重要地位。读者应理解程序中变量的意义与功能，后续的学习中我们将会引导读者学习如何定义、使用不同类型的变量，以及如何在程序中对变量进行运算。

多学一招：const 关键字

程序开发人员可以在变量定义后，在程序的其他位置引用和修改变量。但程序中定义的一些变量，如圆周率 pi=3.14，黄金分割比例 g=0.618，这些变量只需被引用，不应被修改。C 语言中可使用 const 关键字修饰变量，实现防止变量在定义后被修改的效果，具体示例如下：

```
int x=10;                //定义变量 x，值为 10
x = 15;                  //修改变量 x 的值为 15
const int x=10;          //使用 const 修饰 x， x 成为常变量
x=20;                    //再次修改变量的值，编译器报错，显示变量 x 是只读变量
```

使用 const 修饰的变量称为常变量，需要注意的是，虽然理论上常变量不能被修改，但 C 语言中仍能通过指针方法间接更改常变量的值。指针将在第 6 章进行讲解。

2.3 数据类型

在 C 语言中，数据类型用于声明不同类型的变量或函数，变量的类型决定了变量存储占用的空间以及存储模式。C 语言中的数据类型如图 2-3 所示。

由图 2-3 可知，C 语言中的数据类型分为 4 种，分别是基本类型、构造类型、指针类型、空类型。本节我们将针对各种数据类型与类型转换进行讲解。

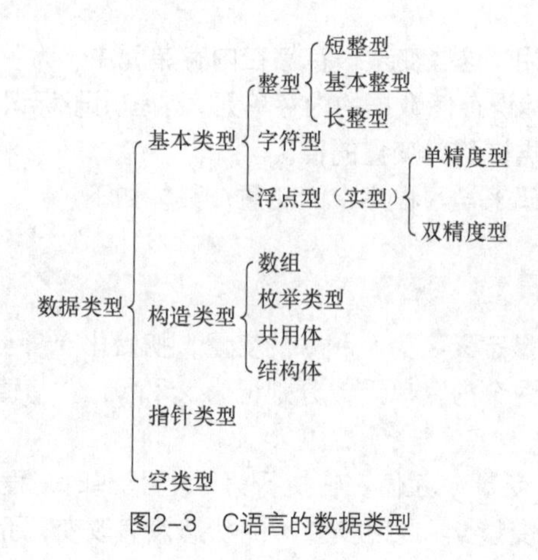

图2-3 C语言的数据类型

2.3.1 基本类型

C 语言中的基本数据类型分为整型、字符型与浮点型，下面我们分别对这几种基本类型进行详细讲解。

1. 整型

形如 0、-100、1024 这些不包含小数部分的数据都称为整型数据。在 C 语言中，根据数值的取值范围，可以将整型分为短整型（short int）、基本整型（int）和长整型（long int）。表 2-1 列举了各种整数类型占用的空间大小及其取值范围。

表 2-1 整数类型占用空间及其取值范围

修饰符	数据类型	占用空间	取值范围
[signed]	short [int]	16 位（2 个字节）	-32 768 ~ 32 767（-2^{15} ~ $2^{15}-1$）
	int	32 位（4 个字节）	-2 147 483 648 ~ 2 147 483 647（-2^{31} ~ $2^{31}-1$）
	long [int]	32 位（4 个字节）	-2 147 483 648 ~ 2 147 483 647（-2^{31} ~ $2^{31}-1$）
unsigned	short [int]	16 位（2 个字节）	0 到 65 535（0 ~ $2^{16}-1$）
	int	32 位（4 个字节）	0 到 4 294 967 295（0 ~ $2^{32}-1$）
	long [int]	32 位（4 个字节）	0 到 4 294 967 295（0 ~ $2^{32}-1$）

由表 2-1 可知，整型数据可以被修饰符 signed 和 unsigned 修饰。其中，被 signed 修饰的整型称为有符号的整型，被 unsigned 修饰的整型称为无符号的整型，它们之间最大的区别是：无符号整型可以存放的正数范围比有符号整型的大一倍。例如，int 的取值范围是 -2^{31} ~ $2^{31}-1$，而 unsigned int 的取值范围是 0 ~ $2^{32}-1$。默认情况下，整型数据都是有符号的，因此 signed 修饰符可以省略。

小提示：字节

字节（Byte）是计算机存储空间的一种单位，它是内存分配空间的一个基础单位，即内存分配空间至少是 1 个字节。

计算机存储单位包括位、字节、千字节、兆字节、吉字节、太字节，这些单位之间的换算如下所示。

- 最小的存储单位——位（bit，b）：一个二进制数字 0 或 1 占一位。
- 字节（Byte，B）：1B=8bit；一个英文字母占一个字节。
- 千字节（KiloByte，KB）：1KB=1024B。

- 兆字节（MegaByte，MB）：1MB=1024KB。
- 吉字节（GigaByte，GB）：1GB=1024MB。
- 太字节（TeraByte，TB）：1TB=1024GB。

需要注意的是，整型数据在内存中占的字节数与所选择的操作系统有关，例如，在 16 位操作系统中，int 类型占 2 个字节，而在 32 位和 64 位操作系统中，int 类型占 4 个字节。虽然 C 语言标准中没有明确规定整型数据的长度，但 long 类型整数的长度不能短于 int 类型，short 类型整数的长度不能长于 int 类型。

多学一招：进制与进制转换

进制是一种计数机制，它可以使用有限的数字符号代表所有的数值。X 进制表示某一位置上的数在运算时逢 X 进一位。在 C 语言中，除了十进制外，常用的进制还包括二进制、八进制、十六进制。

（1）二进制：二进制是一种“逢二进一”的计数机制，它由 0 和 1 两个符号描述。例如使用二进制表示十进制数字 2 时，个位上的数字为 2，逢二进一，应将第二位上的数字置为 1，此时个位上的数字减去 2 变为 0。二进制与十进制的对应关系表参见附录 I。

（2）八进制：八进制是一种“逢八进一”的进制，它由 0 ~ 7 共 8 个符号描述。当使用八进制表示十进制数字 8 时，需要向高位进一位，表示为 10。同理，使用八进制表示十进制数字 16 时，再次向高位进一位，表示为 20。八进制与十进制的对应关系表参见附录Ⅱ。

（3）十六进制：十六进制是一种“逢十六进一”的进制，它由 0 ~ 9、A ~ F（或 a ~ f）这 16 个符号来描述，A ~ F 分别对应十进制的 10 ~ 15。当使用十六进制表示十进制数字 16 时，需要向高位进一位，表示为 10。同理，使用十六进制表示十进制数字 32 时，再次向高位进一位，表示为 20。十六进制与十进制的对应表参见附录Ⅲ。

在计算机中，不管是用哪种进制形式来表示数据，数据本身是不会发生变化的，因此，这些进制之间是可以相互转换的。在进制转换中，最常使用的是二进制与十进制之间的转换，下面我们就对二进制与十进制之间的转换进行讲解。

（1）二进制转换成十进制。二进制转化成十进制要从右到左用二进制位上的每个数去乘以 2 的相应次方，即将最右边第 1 位的数乘以 2 的 0 次方，第 2 位的数乘以 2 的 1 次方，第 *n* 位的数乘以 2 的 *n*-1 次方，然后把所有乘的结果相加，得到的结果就是转换后的十进制。

例如，把一个二进制数 0110 0100 转换为 10 进制，转换方式如下：

$$0 * 2^0 + 0 * 2^1 + 1 * 2^2 + 0 * 2^3 + 0 * 2^4 + 1 * 2^5 + 1 * 2^6 + 0 * 2^7 = 100$$

得到的结果 100 就是二进制数 0110 0100 转化后的十进制表现形式。

（2）十进制转换成二进制。十进制转换成二进制可以采用除 2 取余的方式。也就是说，将要转换的数先除以 2，得到商和余数，将商继续除以 2，获得商和余数，此过程一直重复直到商为 0，最后将所有得到的余数倒序排列，即可得到转换结果。

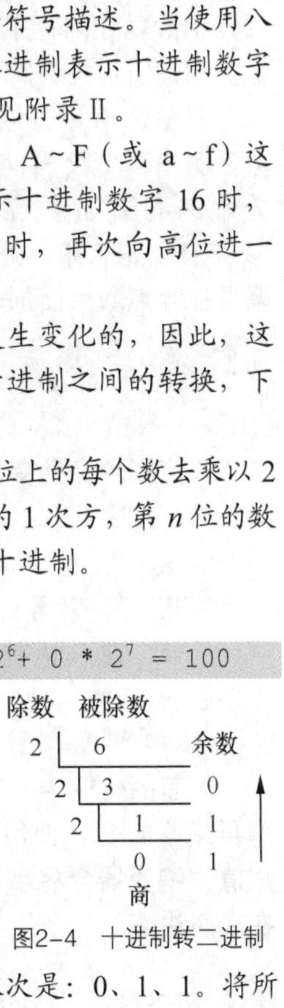

以十进制的 6 转换为二进制为例进行说明，其演算过程如图 2-4 所示。

除数　被除数
2 | 6　　余数
2 | 3　　0
2 | 1　　1
0　　1
商

图2-4　十进制转二进制

从图 2-4 中可以看出，十进制的 6 连续 3 次除以 2 后，得到的余数依次是：0、1、1。将所有余数倒序排列后为 110，因此，十进制的 6 转换成二进制后的结果是 110。

其他常见的进制转换就是将二进制转换为八进制、十六进制，二进制与八进制、十六进制的对应表分别参见附录IV与附录V。二进制转换为八进制时，将二进制数自右向左每3位分成一段（若不足3位，用0补齐），然后将二进制每段的3位转为八进制的一位，将每段的数值查附录IV替换即可。同理，二进制转换为十六进制时，每4位一段，查附录V进行替换。

2. 浮点型

C语言中将浮点数分为float（单精度浮点数）和double（双精度浮点数）两种，其中，double型变量所表示的浮点数比float型变量更精确。单精度浮点数后面以F或f结尾，双精度浮点数则以D或d结尾。浮点数的后缀可以省略，若省略，默认为双精度浮点数。

表2-2列举了两种不同浮点型数所占用的存储空间大小及取值范围。

表2-2 浮点型数所占用的存空间大小及其取值范围

类型名	占用空间	取值范围
float	32位（4个字节）	1.4E–45～3.4E+38，–1.4E–45～–3.4E+38
double	64位（8个字节）	4.9E–324～1.7E+308，–4.9E–324～–1.7E+308

表2-2中，列出了两种浮点数类型变量所占的空间大小和取值范围。在取值范围中，E表示以10为底的指数，E后面的“+”号和“–”号代表正指数和负指数，如1.4E–45表示$1.4*10^{-45}$。为了让读者更好地理解浮点型数据在内存中的存储方式，接下来我们以单精度浮点数为例进行详细讲解，如图2-5所示。

+	.314159	1
数符	小数部分	指数

+ .314159 × 10^1 → 3.14159

图2-5 单精度浮点数存储方式

在图2-5中，浮点数包含符号位、小数位和指数位3部分。例如，小数3.14159在内存中的符号位为“+”，小数部分为.31415，指数位为1，连接在一起即为“$+0.314159 * 10^1 = 3.14159$”。

在C语言中，浮点型常量默认是double类型，如果想让浮点型常量表示为float类型，则需要在浮点数后面加一个F或f，具体示例如下：

```
1.34                        //double类型常量
1.34F                       //float类型常量
1.34f                       //float类型常量
```

在定义浮点型变量时，使用float与double关键字就可以将变量的数据类型区分出来，不需要在末尾加上F或f，具体示例如下：

```
float score = 87.5;          //score为float类型
double length = 90.66;        //length为double类型
```

另外，在C语言程序中也可以使用整数或字符为一个浮点型变量赋值，具体示例如下：

```
float f1 = 100;              //使用整数100为float类型变量f1赋值
double d1 = 'a';             //使用字符a为double类型变量d1赋值
```

上面的代码中，第一行代码使用整数100为f1赋值，编译器会将整数100转换为float类型再赋值给f1，使用printf()函数输出f1时，结果为浮点型。第二行代码使用字符‘a’为d1赋值，编译器会将字符‘a’的ASCII码值转换为double类型再赋值给d1，关于ASCII码将在后面讲解。

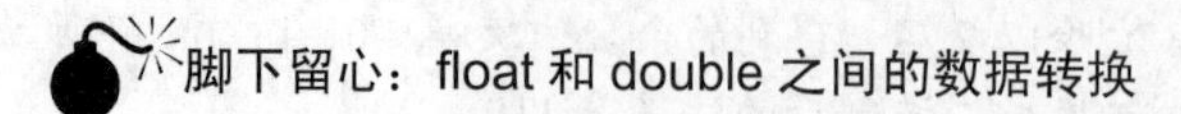

浮点型变量占据的存储单元有限，因此只能提供有限的有效数字。有效位以外的数字将被

舍去，这样可能会产生一些误差，例如，将 3.141592612 赋给一个 float 型变量，但它只能保证前 7 位是有效的，示例代码如下：

```
float f = 3.141592612;
printf("%f\n",f);
```

上述代码的输出结果为 3.141593，这是由于 f 是单精度浮点型变量，它只能提供 7 位有效数字，而 3.141592612 已经超出了其取值范围，所以后面的 3 位被舍去了。

3. 字符型

字符型变量用于存储一个单一字符，在 C 语言中用 char 表示，其中每个字符变量都会占用 1 个字节。在给字符型变量赋值时，需要用一对英文半角格式的单引号（''）把字符括起来，例如，'A'的声明方式如下所示：

```
char ch = 'A';              //为一个 char 类型的变量赋值字符'A'
```

上述代码中，将字符常量'A'放到字符变量 ch 中，实际上并不是把该字符本身放到变量的内存单元中去，而是将该字符对应的 ASCII 编码放到变量的存储单元中。例如：ASCII 使用编号 65 来对应大写字母“A”，因此变量 ch 存储的是整数 65，而不是字母“A”本身。

需要注意的是，除了常规字符（如英文字母、标点符号、数字、运算符等）以外，还有一些不可打印或不方便输入的控制字符和其他特定功能的字符，如换行符、制表符等，这些字符可以使用转义字符表示。转义字符以反斜杠（\）开头，后面跟一个或几个字符序列，如换行符使用\n 表示、制表符使用\t 表示。“\”起到转义的作用，它与后面的字符组成一个新的字符，转换为另外的含义，如字符‘\n’中，‘n’不再表示字母‘n’,而是与反斜杠一起组成一个新的字符，表示换行。C 语言中常见的转义字符如表 2-3 所示。

表 2-3　部分常见转义字符表

转义字符	对应字符	ASCII 码表中的值
\t	制表符（Tab 键）	9
\n	换行	10
\r	回车	13
\"	双引号	34
\'	单引号	39
\\	反斜杠	92

多学一招：ASCII 码表

计算机使用特定的整数编码来表示对应的字符。我们通常使用的英文字符编码是 ASCII（American Standard Code for Information Interchange 美国信息交换标准编码）。ASCII 编码是一个标准，其内容规定了把英文字母、数字、标点、字符转换成计算机能识别的二进制数的规则，并且得到了广泛认可和应用。ASCII 码表见附录 VI。

ASCII 码大致由以下两部分组成。

（1）ASCII 非打印控制字符：ASCII 表上的数字 0 ~ 31 分配给了控制字符，用于控制打印机等一些外围设备。详见 ASCII 码表中 0 ~ 31。

（2）ASCII 打印字符：数字 32 ~ 126 分配给了能在键盘上找到的字符，数字 127 代表 DELETE 命令。详见 ASCII 码表中 32 ~ 127。

2.3.2 构造类型

C 语言提供的基本数据类型往往不能满足复杂的程序设计需求，因此 C 语言允许用户根据自己的需要自定义数据类型，这些自定义的数据类型称为构造类型。构造类型包括数组、枚举、共用体和结构体，下面我们将针对构造类型进行讲解。

1. 数组

数组是一组具有相同数据类型的变量集合，这些变量称为数组的元素，数组的类型由数组中存储的元素的类型决定。定义数组时要指定数组类型、数组大小。下面定义几个数组：

```
int arr[5];                //定义一个 int 类型的数组，大小为 5
char str[10];              //定义一个 char 类型的数组，大小为 10
float ff[10];              //定义一个 float 类型的数组，大小为 10
```

关于数组的知识我们将在第 4 章详细讲解。

2. 枚举类型

在日常生活中有许多对象的值是有限的，可以一一列举的，如一个星期只有周一到周日、一年只有一月到十二月等。如果把这些量说明为整型，字符型或其他类型显然是不妥当的。为此，C 语言提供了一种称为“枚举”的类型。

枚举类型用于定义值可以被一一列举的变量。枚举类型的声明方式比较特殊，具体格式如下：

```
enum 枚举名 {标识符 1 = 整型常量 1, 标识符 2 = 整型常量 2, …};
```

在上述格式中，enum 是声明枚举类型的关键字，枚举名表示枚举变量的名称。以表示月份的变量为例，声明枚举类型的示例如下：

```
enum month { JAN=1, FEB=2, MAR=3, APR=4, MAY=5, JUN=6,
            JUL=7, AUG=8, SEP=9, OCT=10, NOV=11, DEC=12 };
```

以上代码声明了一个枚举类型 enum month，大括号中的 JAN、FEB、MAR、APR、MAY、JUN、JUL、AUG、SEP、OCT、MOV、DEC 称为枚举常量，也叫作枚举值。每一个枚举值都代表一个整数，在声明枚举时可以使用整数标识枚举值，如果用户没有使用整数标识枚举值，则编译器会默认从 0 开始标识枚举值。

定义了枚举类型 enum month 之后，就可以使用该类型定义枚举变量了，代码如下所示：

```
enum month lastmonth, thismonth, nextmonth;
```

以上代码定义了 3 个枚举变量 lastmonth、thismonth、nextmonth，这些变量的值需要从 month 枚举类型中获取。给 3 个变量赋值，代码如下所示：

```
lastmonth = APR;          //给 lastmonth 赋值为 APR
thismonth = MAY;          //给 thismonth 赋值为 MAY
nextmonth = JUN;          //给 nextmonth 赋值为 JUN
```

需要注意的，枚举值是常量，在程序中不能给其赋值，例如在程序中对 JAN 赋值就是错误的，错误代码如下所示：

```
JAN=0;                     //赋值错误，枚举值 JAN 是常量
```

多学一招：枚举变量的快速定义

在枚举中规定，如果不给枚举值指定具体的值，会默认该枚举值的值等于前一枚举值的值加 1。因此可以将上面的定义简化成：

```
enum month{JAN=1, FEB, MAR, APR, MAY, JUN, JUL, AUG, SEP, OCT, NOV, DEC};
```

则 FEB、MAR、JUN 等的值依次是 2、3、4 等，如果不指定第 1 个标识符对应的常量，则它的默认值是 0。

3. 共用体

共用体又叫联合体，它可以把不同数据类型的变量整合在一起。共用体数据类型使用 union 关键字进行声明，其定义格式与实例定义如下代码所示：

```
union 共用体类型名称
{
    数据类型  成员名1;
    数据类型  成员名2;
    ……
    数据类型  成员名n;
};
```

```
//定义共用体数据类型 data
union data
{
    int i;
    char ch;
};
```

在上述代码中，左边是声明共用体数据类型的格式，声明共用体数据类型使用 union 关键字，其后是共用体类型名称，在“共用体类型名称”下的大括号中，声明了共用体类型的成员项，每个成员是由“数据类型”和“成员名”共同组成的。

右边声明了一个名为 data 的共用体类型，该类型由两个不同类型的成员组成。需要注意的是，共用体中的所有成员共用一块内存，在引用共用体变量时，只有一个成员变量是有效的。

声明了共用体类型 data，就可以使用 data 定义具体的变量了。共用体变量的定义有 3 种方式，分别如下所示：

```
//先定义共用体类型再定义变量
union data
{
    int i;
    char ch;
};
union data a,b;
```

```
//定义共用类型的同时定义变量
union data
{
    int i;
    char ch;
}a,b;
```

```
//直接定义共用体类型的变量
union
{
    int i;
    char ch;
}a,b;
```

上述 3 种方式都用于定义共用体变量 a 和 b，最右边的共用体省略了共用体类型名，直接定义了共用体变量，称之为匿名共用体。

定义了共用体变量之后，需要对共用体变量进行初始化，对共用体变量进行初始化时只能对其中一个成员进行初始化。

共用体变量初始化的方式如下所示：

```
union 共用体类型名 共用体变量={其中一个成员的类型值}
```

虽然共用体变量初始化时只给一个成员赋值，但是这个成员值必须要使用大括号括起来。下面对 data 类型的变量 a 进行初始化，代码如下所示：

```
union data a={8};
```

完成了共用体变量的初始化后，就可以引用共用体中的成员了，共用体变量引用其成员使用“.”符号，格式如下所示：

```
共用体变量.成员名
```

例如引用变量 a 中的 i 成员，则代码如下所示：

```
a.i
```

共用体变量可以使用“.”符号引用成员变量，因此在给共用体变量赋值时，可以使用该方式为具体成员变量赋值，代码如下所示：

```
a.i=10;                    //为成员变量 i 赋值，此时共用体变量 a 中只有 10 一个数据
```

如果连续给多个成员变量赋值，则后面的赋值会覆盖掉前面的赋值，最终共用体变量中只有最后一个成员变量值是有效的。

4. 结构体

结构体与共用体类似，它也可以将不同数据类型的变量整合在一起，区别在于，结构体中的所有成员都占有内存，在引用结构体变量时，所有成员都有效。结构体使用关键字 struct 定义，例如定义存储个人信息的变量，每个人的信息包括姓名、年龄、性别，则需要定义一个结构体来存储这些信息，定义代码如下所示：

```
struct Person{        //定义结构体类型 Person
    char name[20];  //使用字符数组存储姓名
    int age;        //年龄
    char sex;       //性别
};
```

结构体将在第 8 章进行详细讲解，这里读者只需要了解结构体属于构造数据类型即可。

2.3.3 指针类型

指针类型是 C 语言中一个非常特殊的类型，正是因为有了指针，C 语言才显得威力无穷，可以说指针是 C 语言的灵魂。虽然其他语言，如 Pascal，也实现了指针，但它的指针有诸多限制，例如不允许指针执行算术和比较操作等，不允许创建指向已经存在的数据对象的指针等，因此其指针远远不够灵活高效。

在 C 语言中，指针是没有任何限制的，其作用非常强大，C 语言指针的强大作用主要体现在以下几个方面。

（1）可编写底层代码。指针用于操作内存，而内存由硬件提供，指针相当于可直接操作硬件，因此拥有指针的 C 语言也被称为高级汇编语言，使用 C 语言可以编写驱动程序、操作系统等底层代码，这是其他高级语言无法实现的。

（2）使数据结构更灵活。指针在数据组织方面具有很大的作用，例如链表，虽然使用数组也可以实现，但数组实现的链表比较“笨拙”，在执行操作时内存开销比较大，而使用指针实现的链表更灵活，指针可以映射上下链接，在执行操作时内存开销大大降低。

（3）支持动态内存分配。C 语言支持动态分配释放内存，实现了内存随时使用随时分配，不使用时随时释放，使代码更紧凑，提高了代码可读性，又提高了内存的管理效率。

（4）降低内存开销。有时在程序中需要传递庞大的数据结构，这会造成非常大的内存开销，如果使用指针进行数据的传递，则可避免过多的开销，同时，它也保护了作为参数传递的数据。

C 语言中的指针没有任何限制而使其功能强大，因此 C 程序员都热衷于使用指针，但正是由于 C 语言指针没有限制而又让其“臭名昭著”，处处布满陷阱，例如访问数组时越界、内存未分配或释放后引用指针等，而指针错误往往比较难以发觉与调试，即便是资深 C 程序员也是深受其害。

在学习指针时理解 C 程序对内存的管理十分重要，因为指针本质上存储的就是内存的地址。在程序中，指针就是存储变量的地址，通过指针可以操作该地址对应的内存中存放的数据。关于

指针我们将在第 6 章进行详细讲解，在这里读者只需要了解指针的重要性即可。

2.3.4 类型转换

在 C 语言程序中，经常需要对不同类型的数据进行运算，为了解决数据类型不一致的问题，需要对数据的类型进行转换。例如一个浮点数和一个整数相加，必须先将两个数转换成同一类型。C 语言程序中的类型转换可分为隐式类型转换和显式类型转换两种。

1. 隐式类型转换

所谓隐式类型转换是指系统自动进行的类型转换。隐式类型转换分为两种情况，下面我们分别进行介绍。

（1）不同类型的数据进行运算，系统会自动将低字节（占内存小的数据类型）数据类型转换为高字节（占内存大的数据类型）数据类型，即从下往上转换。例如，将 int 类型和 double 类型的数据相加，系统会将 int 类型的数据转换为 double 类型的数据，再进行相加操作。具体示例如下：

```
int num1=12;
double num2=10.5;
num1+num2;
```

在上述示例代码中，由于 double 类型的取值范围大于 int 类型，将 int 类型的 num1 与 double 类型的 num2 相加时，系统会自动将 num1 的数据类型由 int 转换为 double 类型，从而保证数据的精度不会丢失。

（2）在赋值类型不同时，即变量的数据类型与所赋值的数据类型不同，系统会将“=”右边的值转换为变量的数据类型再将值赋值给变量。例如给一个 int 类型的变量赋值为浮点数，代码如下所示：

```
int a = 10.2;
```

以上代码将浮点数 10.2 赋值给 int 类型的变量 a，编译器在赋值时会将 10.2 转换为 int 类型的 10 再赋值给 a，a 最终的结果为 10。这种在赋值时发生的类型转换称为赋值转换，它也是一种隐式转换。

2. 显式类型转换

显式类型转换指的是使用强制类型转换运算符，将一个变量或表达式转化成所需的类型，其基本语法格式如下所示：

```
(类型名)(表达式)
```

在上述格式中，类型名和表达式都需要用括号括起来，具体示例如下：

```
double x;
int y;
x = (double)(x+y);          //将表达式 x+y 的值转换成 double 类型
y = (int)x+y;               //将变量 x 的值转换成 int 后,再与 y 相加
```

对于隐式类型转换与显式类型转换，如果由低字节数据类型向高字节数据类型转换，一般不会出现错误，但如果是高字节数据类型向低字节数据类型转换，则可能会因数据截断造成精度丢失，读者在使用时需要注意。具体如下。

（1）浮点型与整型的转换

将浮点数转换为整数时，将舍弃浮点数的小数部分，只保留整数部分。将整型值赋给浮点型

变量，数值不变，只将形式改为浮点形式，即小数点后带若干个 0。

（2）单、双精度浮点型的转换

因为 C 语言中的浮点值总是用双精度表示的，所以 float 型数据参与运算时需要在尾部加 0 扩充为 double 型数据。double 型数据转换为 float 型时，会造成数据精度丢失，有效位以外的数据将会进行四舍五入。

（3）char 类型与 int 类型的转换

将 int 型数值赋给 char 型变量时，只保留其最低 8 位，高位部分舍弃；将 char 型数值赋给 int 型变量时，一些编译程序不管其值大小都作正数处理，而另一些编译程序在转换时会根据 char 型数据值的大小进行判断，若值大于 127，就作为负数处理。对于使用者来讲，如果原来 char 型数据取正值，转换后仍为正值。如果原来 char 型值可正可负，则转换后也仍然保持原值，只是数据的内部表示形式有所不同。

（4）int 类型与 long 类型的转换

long 型数据赋给 int 型变量时，将低 16 位值赋给 int 型变量，而将高 16 位截断舍弃（这里假定 int 型占 2 个字节）。将 int 型数据赋给 long 型变量时，其外部值保持不变，而内部形式有所改变。

（5）无符号整数之间的转换

将一个 unsigned 型数据赋给一个长度相同的整型变量时（如：unsigned→int、unsigned long→long，unsigned short→short），内部的存储方式不变，但外部值却可能改变。

将一个非 unsigned 整型数据赋给一个长度相同的 unsigned 型变量时，内部存储形式不变，但外部表示时总是无符号的。

2.4 运算符与表达式

运算符是编程语言中不可或缺的一部分，用于对一个或多个值（表达式）进行运算。本节我们将针对 C 语言中常见的运算符与表达式进行详细的讲解。

2.4.1 运算符与表达式的概念

在应用程序中，经常会对数据进行运算，为此，C 语言提供了多种类型的运算符，即专门用于告诉程序执行特定运算或逻辑操作的符号。根据运算符的作用，可以将 C 语言中常见的运算符分为七大类，具体如表 2-4 所示。

表 2-4 常见的运算符类型及其作用

运算符类型	作用
算术运算符	用于处理四则运算
关系运算符	用于表达式的比较，并返回一个真值或假值
逻辑运算符	用于根据表达式的值返回真值或假值
赋值运算符	用于将表达式的值赋给变量
条件运算符	用于处理条件判断
位运算符	用于处理数据的位运算
sizeof 运算符	用于求字节数长度

运算符是用来操作数据的，因此，这些数据也被称为操作数，使用运算符将操作数连接而成的式子称为表达式。表达式具有如下特点。

（1）常量和变量都是表达式，如常量 3.14、变量 i。

（2）运算符的类型对应表达式的类型，如算术运算符对应算术表达式。

（3）每一个表达式都有自己的值，即表达式都有运算结果。

2.4.2　算术运算符与算术表达式

C 语言中的算术运算符就是用来处理四则运算的符号，这是最简单、最常用的运算符号，下面我们将对算术运算符与算术表达式进行介绍。

1. 算术运算符

C 语言中的算术运算符与数学中的算术运算符作用是一样的，但其组成与数学中的算术运算符稍有不同，C 语言中的算术运算符含义及用法如表 2-5 所示。

表 2-5　算术运算符

运算符	运算	范例	结果
+	正号	+3	3
–	负号	b=4;–b;	–4
+	加	5+5	10
–	减	6–4	2
*	乘	3*4	12
/	除	5/5	1
%	取模（即算术中的求余数）	7%5	2
++	自增（前）	a=2;b=++a;	a=3;b=3;
++	自增（后）	a=2;b=a++;	a=3;b=2;
––	自减（前）	a=2;b=––a;	a=1;b=1;
––	自减（后）	a=2;b=a––;	a=1;b=2;

算术运算符中的+、–（正号、负号）与++、––运算符在运算时只需要一个变量，例如，a++、–b，只对一个变量起作用，因此它们被称为单目运算符；其余的运算符在运算时需要两个变量，例如，+（加号）、%等是对两个变量进行运算（a+b、a%b），因此它们被称为双目运算符。

2. 算术表达式

使用算术运算符连接起来的表达式就称为算术表达式，具体示例如下所示：

```
//假设 a、b、c 的值分别为 10、20、3
c=a+b               //结果为 30
a++                 //结果为 11
b=--c               //结果为 2
a%b+c--             //结果为 13
```

上述算术表达式“a%b+c--”的计算顺序为：先计算 a%b，结果为 10，再计算 10+c，结果为 13，表达式计算出结果之后，再执行 c--，表达式执行完毕，c 的值为 2。这样的计算顺序是由算术运算符的优先级决定的，运算符的优先级将 2.5 节进行讲解。

3. 算术运算符的注意事项

算术运算符看上去都比较简单，也很容易理解，但在实际使用时还有很多需要注意的问题，接下来我们就针对其中比较重要的几点进行详细的讲解，具体如下：

（1）进行四则混合运算时，运算顺序遵循数学中“先乘除后加减”的原则。

（2）在进行自增（++）和自减（--）运算时，如果运算符（++或--）放在操作数的前面则是先进行自增或自减运算，再进行其他运算。反之，如果运算符放在操作数的后面则是先进行其他运算再进行自增或自减运算。

请仔细阅读下面的代码块，思考运行的结果。

```
int num1 = 1;
int num2 = 2;
int res = num1 + num2++;
printf("num2=%d", num2);
printf("res=%d", res);
```

上面的代码块运行结果为：num2=3，res=3，具体分析如下。

第一步：运算 num1+num2，此时变量 num1，num2 的值不变。

第二步：将第一步的运算结果赋值给变量 res，此时 res 值为 3。

第三步：num2 进行自增，此时其值为 3。

（3）在进行除法运算时，若除数和被除数都为整数，得到的结果也是一个整数。如果除法运算有浮点数参与运算，系统会将整型数据隐式转换为浮点类型，最终得到的结果会是一个浮点数。例如，2510/1000 属于整数之间相除，会忽略小数部分，得到的结果是 2，而 2.5/10 的实际结果为 0.25。

请思考下面表达式的结果：

```
3500/1000*1000
```

结果为 3000。因为表达式的执行顺序是从左到右，所以先执行除法运算 3500/1000，得到结果为 3，然后再乘以 1000，最终得到的结果就是 3000。

（4）取模运算在程序设计中有着广泛的应用，例如，判断奇偶数的方法实际上就是对 2 取模，即根据取模的结果是 1 还是 0 判断这个数是奇数还是偶数。在进行取模运算时，运算结果的正负取决于被模数（%左边的数）的符号，与模数（%右边的数）的符号无关。例如，(–5)%3=–2，而 5%(–3)=2。

多学一招：运算符的结合性

运算符的结合性指同一优先级的运算符在表达式中操作的结合方向，即当一个运算对象两侧运算符的优先级别相同时，运算对象与运算符的结合顺序。大多数运算符结合方向是“自左至右”。示例代码如下：

```
a-b+c;
```

上述代码中 b 两侧−和+两种运算符的优先级相同，按先左后右的结合方向，b 先与减号结合，执行 a−b 的运算，然后再执行加 c 的运算。

2.4.3 关系运算符与关系表达式

在程序中，经常会遇到比较两个数据关系情况，例如 a>2，该表达式对两个数据的关系进行比较运算，判断是否符合给定的条件。用于判断两个数据关系的运算符就叫作关系运算符，也称为比较运算符。下面我们将对关系运算符与关系表达式进行讲解。

1. 关系运算符

关系运算符用于对两个数据进行比较，其结果是一个逻辑值（“真”或“假”），如“5>3”，其值为“真”。C 语言的比较运算中，“真”用非“0”数字来表示，“假”用数字“0”来表示。C 语言中的关系运算符有 6 种，其含义与用法如表 2−6 所示。

表 2-6 比较运算符

运算符	运算	范例	结果
==	相等于	4 == 3	0（假）
!=	不等于	4 != 3	1（真）
<	小于	4 < 3	0（假）
>	大于	4 > 3	1（真）
<=	小于等于	4 <= 3	0（假）
>=	大于等于	4 >= 3	1（真）

关系运算符属于双目运算符，它们在运算时需要两个变量，例如 a>b。

2. 关系表达式

由关系运算符连接起来的表达式称为关系表达式，具体示例如下：

```
//假设 a、b、c 的值分别为 10、20、3
a>b             //假，值为 0
a==c            //假，值为 0
b!=c <= a       //真，值为 1
```

上述关系表达式“b!=c<=a”的计算顺序为：先计算 c<=a，再计算 b!=1。c<=a 的结果为 1，b 为 20，因此 b!=1 的结果为真。

在使用比较运算符时，不能将比较运算符“==”误写成赋值运算符“=”。

2.4.4 逻辑运算符与逻辑表达式

有时在程序中，需要对由几种情况组成的复合条件进行判断，例如，小明计划假期出游，但要考虑天气是否良好，以及能否买到火车票，如果两者都能满足，则可以出游，如果有一种情况不满足就不出游。C 语言提供了逻辑运算符来完成复合条件的判断，下面我们将对逻辑运算符与逻辑表达式进行讲解。

1. 逻辑运算符

逻辑运算符用于判断复合条件的真假，其结果仍为“真”或“假”。C 语言中逻辑运算的含义及用法如表 2-7 所示。

表 2-7 逻辑运算符

运算符	运算	范例	结果
!	非	!a	如果 a 为假，则!a 为真 如果 a 为真，则!a 为假
&&	与	a&&b	如果 a 和 b 都为真，则结果为真否则为假
||	或	a||b	如果 a 和 b 有一个或以上为真，则结果为真，二者都为假时，结果为假

逻辑运算符中的!运算符是单目运算符，它只操作一个变量，对其取反，而&&运算符和||运算符为双目运算符，操作两个变量。

2. 逻辑表达式

由逻辑运算符连接起来的表达式称为逻辑表达式，如下面代码中的逻辑表达式（假设 a、b、c 的值分别为 10、20、0）。

```
!a              //值为 0
a&&b            //a 和 b 都为真，结果为真，即值为 1
b||c            //b 和 c 中有一个为真，b 为真，则结果为真，即为 1
!a&&b           //结果为假，即值为 0
!a||b           //结果为真，即值为 1
```

逻辑运算符的优先级为!>&&>||，因此当逻辑表达式中有多个逻辑运算符时，运算符的执行顺序不同。表达式“!a&&b”的执行顺序为：先计算!a，结果为 0，然后计算 0&&b，结果为 0；表达式“!a||b”的执行顺序为：先计算!a，结果为 0，然后计算 0||b，因为 b 为真，所以结果为 1。

需要注意的是，逻辑运算符中的“!”运算符优先级高于算术运算符，但“&&”运算符和“||”运算符的优先级低于关系运算符。

在使用逻辑运算符时需要注意，逻辑运算符有一种“短路”现象：在使用“&&”运算符时，如果“&&”运算符左边的值为假，则右边的表达式就不再进行运算，整个表达式的结果为假，例如下面的表达式（假设 a、b、c、d 依次为 5、4、3、3）：

```
a+b<c&&c==d       //结果为 0
```

在上述表达式中，a+b 的结果大于 c，表达式 a+b<c 的结果为假，因此，右边表达式 c==d 不会进行运算，表达式 a+b<c&&c==d 的结果为假。

在使用“||”运算符时，如果“||”运算符左边的值为真，则右边的表达式就不再进行运算，整个表达式的结果为真，例如下面的表达式（假设 a、b、c、d 依次为 1、2、4、5）：

```
a+b<c||c==d       //结果为 1
```

在上述表达式中，a+b 的结果小于 c，表达式 a+b<c 的结果为真，因此，右边表达式 c==d 不会进行运算，表达式 a+b<c||c==d 的结果为真。

逻辑运算符的这种计算特性可以节省计算开销，提高程序的执行效率。

2.4.5 赋值运算符与赋值表达式

赋值运算符的作用是将常量、变量或表达式的值赋给某一个变量。表 2-8 列举了 C 语言中的赋值运算符及其用法。

表 2-8 赋值运算符

运算符	运算	范例	结果
=	赋值	a=3;b=2;	a=3;b=2;
+=	加等于	a=3;b=2;a+=b;	a=5;b=2;
-=	减等于	a=3;b=2;a-=b;	a=1;b=2;
*=	乘等于	a=3;b=2;a*=b;	a=6;b=2;
/=	除等于	a=3;b=2;a/=b;	a=1;b=2;
%=	模等于	a=3;b=2;a%=b;	a=1;b=2;

在表 2-10 中，“=”的作用不是表示相等关系，而是进行赋值运算，即将等号右侧的值赋给等号左侧的变量。在赋值运算符的使用中，需要注意以下几个问题。

（1）在 C 语言中可以通过一条赋值语句对多个变量进行赋值，具体示例如下：

```
int  x, y, z;
x = y = z = 5;                //为 3 个变量同时赋值
```

在上述代码中，一条赋值语句可以同时为变量 x、y、z 赋值，这是由于赋值运算符的结合性为“从右向左”，即先将 5 赋值给变量 z，然后再把变量 z 的值赋值给变量 y，最后把变量 y 的值赋值变量 x，表达式赋值完成。需要注意的是，下面的这种写法在 C 语言中是不可取的。

```
int  x = y = z = 5;       //这样写是错误的
```

（2）在表 2-12 中，除了“=”，其他的都是复合赋值运算符。接下来我们以“+=”为例，学习复合赋值运算符的用法，示例代码如下：

```
int x=2;
x+=3;
```

上述代码中，执行代码 x += 3 后，x 的值为 5。这是因为在表达式 x+=3 中的执行过程为：

① 将 x 的值和 3 执行相加；

② 将相加的结果赋值给变量 x。

所以，表达式 x+=3 就相当于 x = x + 3，先进行相加运算，在进行赋值。-=、*=、/=、%= 赋值运算符用法都可以此类推。

2.4.6 条件运算符与条件表达式

在编写程序时往往会遇到条件判断，例如，判断 a>b，当 a>b 成立时执行某一个操作，当 a>b 不成立时执行另一个操作，这种情况下就需要用到条件运算符，C 语言提供了一个条件运算符：?:，其语法格式如下所示：

```
表达式 1 ? 表达式 2 : 表达式 3
```

上述表达式由条件运算符连接起来，称为条件表达式。在条件表达式中，先计算表达式 1，若其值为真（非 0）则将表达式 2 的值作为整个表达式的取值，否则（表达式 1 的值为 0）将表达式 3 的值作为整个条件表达式的取值。

条件表达式就是对条件进行判断，根据条件判断结果执行不同的操作，示例代码如下所示：

```
int a = 6, b = 3;
a > b ? a * b : a + b;        //条件表达式
```

上述条件表达式中，判断 a>b 是否为真，若为真，则执行 a*b 操作，将其结果作为整个条件表达式的结果，a*b 结果为 18，因此，条件表达式结果为 18。

由于需要 3 个表达式（数据）参与运算，条件运算符又称为三目运算符。

（1）条件运算符“？”和“：”是一对运算符，不能分开单独使用。

（2）条件运算符的优先级低于关系运算符与算术运算符，但高于赋值运算符。

（3）条件运算符的结合方向自右向左，例如 a>b?a:c>d?c:d 应该理解为 a>b?a:(c>d?c:d)，这也是条件运算符的嵌套情形，即其中的表达式 3 又是一个条件表达式。

2.4.7　位运算符

位运算符是针对二进制数的每一位进行运算的符号，它是专门针对数字 0 和 1 进行操作的。C 语言中的位运算符及其用法如表 2-9 所示。

表 2-9　位运算符及其用法

<table>
<tr><th>运算符</th><th>运算</th><th>范例</th><th>结果</th></tr>
<tr><td rowspan="4">&</td><td rowspan="4">按位与</td><td>0 & 0</td><td>0</td></tr>
<tr><td>0 & 1</td><td>0</td></tr>
<tr><td>1 & 1</td><td>1</td></tr>
<tr><td>1 & 0</td><td>0</td></tr>
<tr><td rowspan="4">|</td><td rowspan="4">按位或</td><td>0 | 0</td><td>0</td></tr>
<tr><td>0 | 1</td><td>1</td></tr>
<tr><td>1 | 1</td><td>1</td></tr>
<tr><td>1 | 0</td><td>1</td></tr>
<tr><td rowspan="2">~</td><td rowspan="2">取反</td><td>~ 0</td><td>1</td></tr>
<tr><td>~ 1</td><td>0</td></tr>
<tr><td rowspan="4">^</td><td rowspan="4">按位异或</td><td>0 ^ 0</td><td>0</td></tr>
<tr><td>0 ^ 1</td><td>1</td></tr>
<tr><td>1 ^ 1</td><td>0</td></tr>
<tr><td>1 ^ 0</td><td>1</td></tr>
<tr><td rowspan="2"><<</td><td rowspan="2">左移</td><td>00000010<<2</td><td>00001000</td></tr>
<tr><td>10010011<<2</td><td>01001100</td></tr>
<tr><td rowspan="2">>></td><td rowspan="2">右移</td><td>01100010>>2</td><td>00011000</td></tr>
<tr><td>11100010>>2</td><td>11111000</td></tr>
</table>

接下来我们通过一些具体示例对表 2-9 中描述的位运算符进行详细介绍，为了方便描述，下面的运算都是针对 byte 类型的数，也就是 1 个字节大小的数。

（1）与运算符“&”是将参与运算的两个二进制数进行“与”运算，如果两个二进制位都为 1，则该位的运算结果为 1，否则为 0。

例如，将 6 和 11 进行与运算，6 对应的二进制数为 00000110，11 对应的二进制数为 00001011，具体演算过程如下所示：

```
  00000110
&
  00001011
――――――――――
  00000010
```

运算结果为 00000010，对应数值 2。

（2）位运算符“|”是将参与运算的两个二进制数进行“或”运算，如果二进制位上有一个值为 1，则该位的运行结果为 1，否则为 0。

例如，将 6 与 11 进行或运算，具体演算过程如下：

```
  00000110
|
  00001011
――――――――――
  00001111
```

运算结果为 00001111，对应数值 15。

（3）位运算符“~”只针对一个操作数进行操作，如果二进制位是 0，则取反值为 1；如果是 1，则取反值为 0。

例如，将 6 进行取反运算，具体演算过程如下：

```
 ~00000110
――――――――――
  11111001
```

运算结果为 11111001，对应数值-7。

（4）位运算符“^”是将参与运算的两个二进制数进行“异或”运算，如果二进制位相同，则值为 0，否则为 1。

例如，将 6 与 11 进行异或运算，具体演算过程如下：

```
  00000110
^
  00001011
――――――――――
  00001101
```

运算结果为 00001101，对应数值 13。

（5）位运算符“<<”就是将操作数所有二进制位向左移动一位。运算时，右边的空位补 0，左边移走的部分舍去。

例如，一个 byte 类型的数字 11 用二进制表示为 00001011，将它左移一位，具体演算过程如下：

```
00001011    <<1
────────────
00010110
```

运算结果为 00010110，对应数值 22。

（6）位运算符“>>”就是将操作数所有二进制位向右移动一位。运算时，左边的空位根据原数的符号位补 0 或者 1（原来是负数就补 1，是正数就补 0）。

例如，一个 byte 的数字 11 用二进制表示为 00001011，将它右移一位，具体演算过程如下：

```
00001011    >>1
────────────
00000101
```

运算结果为 00000101，对应数值 5。

2.4.8 sizeof 运算符

同一种数据类型在不同的编译系统中所占空间不一定相同，例如，在基于 16 位的编译系统中，int 类型占用 2 个字节，而在 32 位的编译系统中，int 类型占用 4 个字节。为了获取某一数据或数据类型在内存中所占的字节数，C 语言提供了 sizeof 运算符，使用 sizeof 运算符获取数据字节数，其基本语法规则如下所示：

```
sizeof(数据类型名称)
或
sizeof(变量名称)
```

通过 sizeof 运算符可获取任何数据类型与变量所占的字节数，示例代码如下：

```
sizeof(int);            //获取 int 数据类型所占的字节数
sizeof(char*);          //获取 char 类型指针所占的字节数
int a = 10;             //定义 int 类型变量
double d = 2.3;         //定义 double 类型变量
sizeof(a);              //获取变量 a 所占字节数
sizeof(d);              //获取变量 d 所占字节数
char arr[10];           //定义 char 类型数组 arr，大小为 10
sizeof(arr);            //获取数组 arr 所占的字节数
```

使用 sizeof 关键字可以很方便地获取到数据或数据类型在内存中所占的字节数。

2.5 运算优先级

在对一些比较复杂的表达式进行运算时，要明确表达式中所有运算符参与运算的先后顺序，我们把这种顺序称作运算符的优先级。表 2-10 列出了 C 语言中运算符的优先级，数字越小优先级越高。

表 2-10　运算符优先级

优先级	运算符
1	. [] ()
2	++ -- ~ !
3	* / %
4	+ -

续表

优先级	运算符
5	<< >>
6	< ><= >=
7	== !=
8	&
9	^
10	|
11	&&
12	||
13	?:（三目运算符）
14	= *= /= %= += -= <<= >>= >>>= &= ^= |=

根据表 2-10 所示的运算符优先级，分析下面代码的运行结果。

```
int a =2;
int b = a + 3*a;
printf ("%d",b);
```

以上代码的运行结果为 8，这是由于运算符“*”的优先级高于运算符“+”，因此先运算 3*a，得到的结果是 6，再将 6 与 a 相加，得到最后的结果 8。

```
int a =2;
int b = (a+3) * a;
printf ("%d",b);
```

以上代码的运行结果为 10，这是由于运算符“()”的优先级最高，因此先运算括号内的 a+3，得到的结果是 5，再将 5 与 a 相乘，得到最后的结果 10。

其实没有必要去刻意记忆运算符的优先级。编写程序时，尽量使用括号“()”来实现想要的运算顺序，以免产生歧义。

多学一招：运算符优先级口诀

虽然运算符优先级的规则较多，但也有口诀来帮助记忆，完整口诀是“单算移关与，异或逻条赋”，具体解释如下所示。

①“单”表示单目运算符：逻辑非（!）、按位取反（~）、自增（++）、自减（--）、取地址（&）、取值（*）。取地址运算符与取值运算符将在第 6 章讲解。

②“算”表示算术运算符：乘、除、求余（*，/，%）级别高于加减（+，-）。

③“移”表示按位左移（<<）和位右移（>>）。

④“关”表示关系运算符：大小关系（>，>=，<，<=）级别高于相等不相等关系（==，!=）。

⑤“与”表示按位与（&）。

⑥“异”表示按位异或（^）。

⑦“或”表示按位或（|）。

⑧“逻”表示逻辑运算符，逻辑与（&&）级别高于逻辑或（||）。

⑨“条”表示条件运算符（?:）。

⑩“赋”表示赋值运算符（=，+=，-=，*=，/=，%=，>>=，<<=，&=，^=，|=，!=）。

2.6 阶段案例——加密

一、案例描述

本案例要求实现对字符串进行加密的功能，其要求是字符串中的每个字符都使用相应字符后面的第 6 个字符代替原来的字符。例如字符串“hello”，加密之后，字符串变为“nkrru”，请编写一个程序对“hello”字符串进行加密。

二、案例分析

本案例加密规则要求使用字符后面的第 6 个字符代替原来的字符，其实质就是字符之间的转换，字符之间的转换可以通过 ASCII 码表实现，先将字符转换为 ASCII 码值，将 ASCII 码值加上 6，然后再将新的 ASCII 码值以字符形式输出，这样就完成了字符之间的转换。例如字符串“hello”，字符‘h’的 ASCII 码值是 104，104+6=110，则 110 对应的字符为‘n’，将 110 以字符形式输出则得到字符‘n’，同理，字符‘e’转换之后为字符‘k’，字符‘l’转换之后为字符‘r’，字符‘o’转换之后为字符‘u’。

三、案例实现

1. 实现思路

（1）定义字符'h'，'e'，'l'，'l'，'o'；

（2）使用算术运算符，将字符对应的 ASCII 码值分别加上 6；

（3）使用 printf()函数连续输出转换后的字符。

2. 完整代码

请扫描右侧二维码查看完整代码。

2.7 阶段案例——数字反转

一、案例描述

从键盘输入一个 3 位的整数 num，将其个、十、百位倒序生成一个数字输出，例如，输入 123，则输出 321。请编程实现该功能。

二、案例分析

一个三位数，将其个、十、百位倒序形成一个数，则需要分别求算出它的个、十、百位数字。求出个、十、百位数字后，将其倒序组合即可。求算个位数字对 10 取模，十位数字先除以 10 再对 10 取模，百位数字直接除以 100。

三、案例实现

1. 实现思路

（1）使用 scanf()函数接收一个整数。

（2）分别求得该整数的个、十、百位。

（3）将个、十、百按百、十、个位顺序分别乘 100、10 和 1 后相加并输出。

2. 完整代码

请扫描右侧二维码查看完整代码。

2.8 本章小结

本章主要讲解了 C 语言中的数据类型以及运算符。其中数据类型包括基本数据类型、构造类型、指针类型；运算符包括算数运算符、关系运算符、逻辑运算符、赋值运算符、条件运算符、位运算符以及 sizeof 运算符。除此之外，本章还介绍了与数据类型相关的关键字、标识符、常量、变量以及类型转换，与运算符相关的运算符优先级以及表达式等知识。通过本章的学习，读者可以掌握 C 语言中数据类型及其运算的一些相关知识。熟练掌握本章的内容，可以为后面的学习打下坚实的基础。

2.9 习题

一、填空题

1. 关键字________用于声明一个整型变量。
2. 标识符只能由________、________、________组成。
3. 关键字________可以修饰一个变量，使其成为常变量。
4. 浮点型数据包括________、________两种。
5. 关键字________用于定义结构体数据类型。
6. 逻辑运算符包括________、________、________。
7. 有定义如下：int a=10;a+=3;，则结果 a 的值为________。
8. 有定义如下：int a = 1,b=3,c=12;，则表达式 b!=c <= a;的结果为________。
9. 有定义如下：int a =10,b=2,c=0;，则表达式 a&&c ? a+b||c : !b;的结果为________。

二、判断题

1. 关键字不可以作为标识符使用。（　　）
2. 标识符可以使用数字开头。（　　）
3. 浮点型属于构造类型。（　　）
4. 数组中的元素类型必须相同。（　　）
5. 枚举使用关键字 union 定义。（　　）
6. 有定义 int a=1.2;，则输出 a 时，a 的值为 1.0。（　　）
7. 有定义 char ch='a'; int i=0;，则表达式 ch&&i 的结果为真。（　　）

三、选择题

1. 下列选项中，哪一项是字符 a 对应的二进制数值？（　　）

   A. 1001001　　B. 1100001　　C. 1110010　　D. 1010001

2. 关于标识符，下列选项中描述错误的是（　　）。

   A. 标识符只能由字母、数字和下划线组成

   B. 标识符不能以数字作为第一个字符

C. 标识符不能以下划线作为第一个字符

D. 标识符不区分大小写字母

3. 下列选项中，不合法的变量是（　　）。

A. int x = 3;　　　　B. char ch = 'c';

C. float f ;　　　　D. case c;

4. 下列选项中，哪一项是合法的短整型常数？（　　）

A. 0L　　　　B. 4962

C. 2.1869e10　　　　D. 00602006

5. 下列选项中，哪一个类型是构造数据类型？（　　）

A. 整型　　　　B. 浮点型

C. 数组　　　　D. 字符型

6. 有定义如下：

```
int a=10,b=20;
char ch='c';
```

则表达式 a%b||!ch;的结果为（　　）。

A. 0　　　　B. 1

C. 2　　　　D. 3

四、简答题

1. 请简述一下标识符命名规则。

2. 请简述自增运算符放在变量前面和后面的区别。

五、编程题

设有一个圆，其半径为 5，请编写一段程序，计算该圆的面积与周长。

3 Chapter

第3章 流程控制

学习目标

- 了解程序的流程图
- 掌握选择结构语句的用法
- 掌握循环结构语句的用法
- 熟悉跳转语句的使用

拓展阅读

前面的章节我们一直在介绍 C 语言的基本语法知识，然而仅仅依靠这些语法知识还不能编写出完整的程序，一个完整的程序还需要加入业务逻辑，并根据业务逻辑关系对程序的流程进行控制。本章我们将针对 C 语言中最基本的 3 种流程控制进行讲解。

3.1 程序流程图

流程图是描述问题处理步骤的一种常用图形工具，它由一些图框和流程线组成。使用流程图描述问题的处理步骤，形象直观，便于阅读。画流程图时必须按照功能选用相应的流程图符号，流程图符号在 1.2.2 小节已进行详细讲解，此处不再赘述。接下来先来看一个简单的流程图，如图 3-1 所示。

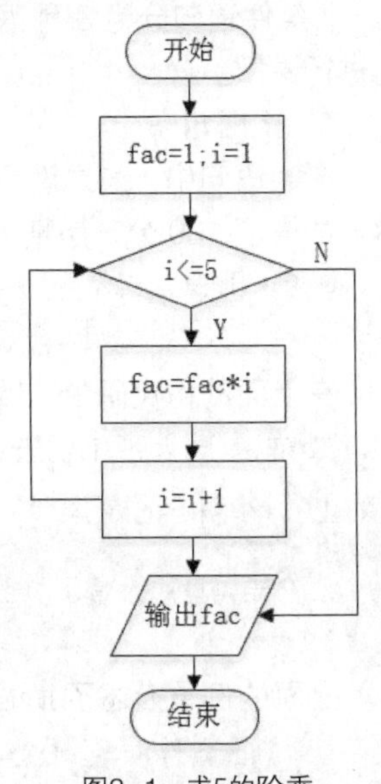

图3-1　求5的阶乘

图 3-1 表示的是计算 5 的阶乘的流程，下面我们介绍一下该流程图的执行顺序，具体如下。

第 1 步：程序开始。

第 2 步：定义变量 fac 与 i，并分别为它们赋值为 1。

第 3 步：判断 i<=5 是否成立，如果不成立，则输出 fac 的值，程序运行结束。如果成立，则执行 fac=fac*i，然后执行 i=i+1 使 i 的值自增 1；再次判断 i<=5 是否成立，循环执行上述操作步骤，直到 i<=5 条件不成立。

第 4 步：输出 fac 的值，fac 就是 i 累积相乘的结果。

第 5 步：程序结束。

掌握流程图的画法可以帮助我们理解程序中的流程控制结构，基本的流程控制结构有3种，即顺序结构、选择结构和循环结构，利用它们可以编写各种复杂程序。在接下来的几节中，我们将分别讲解这3种基本流程结构。

3.2 顺序结构

前面章节讲解的程序都有一个共同的特点，即程序中的所有语句都是从上到下逐条执行的，这样的程序结构称为顺序结构。顺序结构是程序开发中最常见的一种结构，它可以包含多种语句，如变量的定义语句、输入输出语句、赋值语句等。下面我们来看一个顺序结构的简单示例：

```
int a,b,c
a=1;
b=3;
c=a+b;
printf("c=%d\n",c);
printf("<<C语言开发基础教程>>\n");
```

上述代码会从上往下执行，先定义整型变量a、b、c，然后为变量a、b赋值，再将变量a和b的求和结果赋值给变量c，最后分别打印c的值以及<<C语言开发基础教程>>。

3.3 选择结构

在实际生活中我们经常需要做出一些判断，如开车来到一个十字路口，需要对红绿灯进行判断，如果是红灯，就停车等候；如果是绿灯，则继续前行。同样，在C语言中程序也经常需要对一些条件做出判断，这就需要用到选择结构语句，选择结构语句又可分为if条件语句和switch条件语句，本节将对它们进行详细的讲解。

3.3.1 if条件语句

if条件语句分为3种语法格式，每一种格式都有其自身的特点，下面我们分别对这几种if语句进行讲解。

1. if语句

在if语句中，如果满足if后面的条件，就进行相应的处理。例如，小明妈妈跟小明说“如果你考试得了100分，星期天就带你去游乐场玩”，这句话可以通过下面的一段伪代码来描述：

```
如果小明考试得了100分
妈妈星期天带小明去游乐场
```

在上面的伪代码中，“如果”相当于C语言中的关键字if，“小明考试得了100分”是判断条件，“妈妈星期天带小明去游乐场”是执行语句，需要放在{}中。修改后的伪代码如下：

```
if (小明考试得了100分)
{
    妈妈星期天带小明去游乐场
}
```

上面的例子描述了if语句的用法，在C语言中，if语句的具体语法格式如下：

```
if(判断条件)
{
```

```
    执行语句
}
```

上述语法格式中，判断条件的值只能是 0 或非 0，若判断条件的值为 0，按“假”处理，若判断条件的值为非 0，按“真”处理，执行{}中的语句。if 语句的执行流程如图 3-2 所示。

下面以判断变量 x 是否小于 10 为例，演示 if 语句的使用方法，具体代码如下：

```
if(x < 10)
{
    x=x+1;
}
```

以上代码在 if 语句中判断 x 的值是否小于 10，若是，x 的值会加 1。

2. if…else 语句

if…else 语句是指如果满足某种条件，就进行相应的处理，否则就进行另一种处理。if…else 语句的具体语法格式如下：

```
if (判断条件)
{
    执行语句 1
}
else
{
    执行语句 2
}
```

上述语法格式中，判断条件的值只能是 0 或非 0，若判断条件的值为非 0，按“真”处理，if 后面{}中的执行语句 1 会被执行，若判断条件的值为 0，按“假”处理，else 后面{}中的执行语句 2 会被执行。if…else 语句的执行流程如图 3-3 所示。

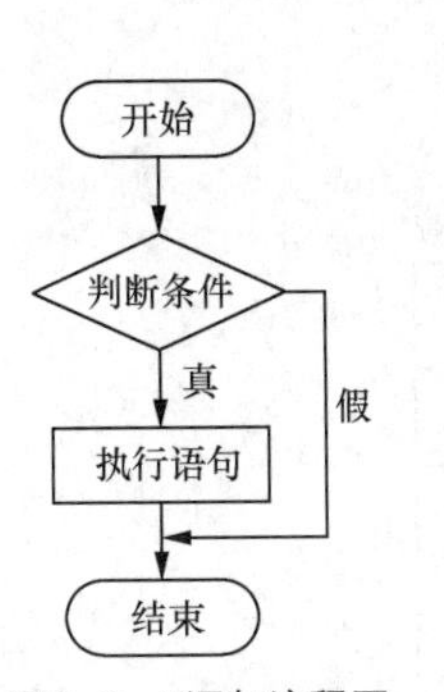

图3-2　if语句流程图

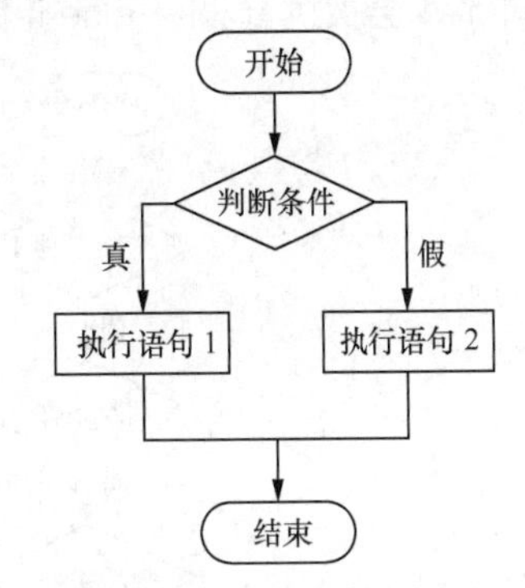

图3-3　if…else语句流程图

接下来以判断奇偶数为例来演示 if…else 语句的用法，具体代码如下：

```
if (num % 2 == 0)
{
    printf("数字%d 是一个偶数\n",num);
}
else
{
    //判断条件不成立
    printf("数字%d 是一个奇数\n",num);
}
```

上述代码中，通过 if 语句判断 num 除以 2 的余数是否为 0，如果余数是 0，则说明 num 能被 2 整除，是一个偶数，否则 num 就是奇数。

3. if…else if 语句

if…else if 语句用于对多个条件进行判断，从而对不同的情况进行不同的处理。if…else if 语句的具体语法格式如下：

```
if (判断条件 1)
{
    执行语句 1
}
else if (判断条件 2)
{
    执行语句 2
}
……
else if (判断条件 n)
{
    执行语句 n
}
else
{
    执行语句 n+1
}
```

上述语法格式中，若判断条件 1 的值为非 0，按“真”处理，if 后面{}中的执行语句 1 会被执行；若判断条件 1 的值为 0，按“假”处理，对条件 2 进行判断；如果判断条件 2 的值为非 0，则执行语句 2。以此类推，如果所有判断条件的值都为 0，意味着所有条件都不满足，else 后面{}中的执行语句 n+1 会被执行。if…else if 语句的执行流程如图 3-4 所示。

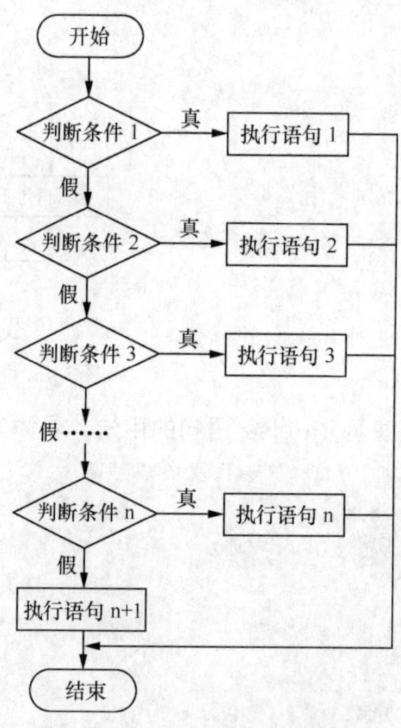

图3-4 if…else if语句的流程图

接下来通过一段对学生考试成绩进行等级划分的代码来演示 if…else if 语句的用法，在该案例中，如果学生的分数大于等于 80 分等级为优；如果分数小于 80 分且大于等于 70 分等级为良；如果分数小于 70 分且大于等于 60 分等级为中；否则，等级为差。示例代码如下：

```
if(grade >= 80)
{
    //满足条件 grade >=80
    printf("该成绩的等级为优\n");
}
else if(grade >= 70)
{
    //不满足条件 grade >= 80 ，但满足条件 grade >= 70
    printf("该成绩的等级为良\n");
}
else if(grade >= 60)
{
    //不满足条件 grade >= 70 ，但满足条件 grade >= 60
    printf("该成绩的等级为中\n");
}
else
{
    //不满足条件 grade >= 60
    printf("该成绩的等级为差\n");
}
```

假设定义了学生成绩 grade 为 75，它不满足第 1 个判断条件 grade>=80，判断第 2 个条件 grade>=70 是否成立，条件成立，因此会打印“该成绩的等级为良”。

多学一招：意大利面条式代码

过多地使用 if 语句或 if…else…语句会导致代码冗长、结构复杂、逻辑混乱、阅读性差，具体示例如下：

```
if(判断条件 1)
{
    执行语句 1
}
if()
{
    执行语句 2
}
else if(判断条件 2)
{
    if(判断条件 3)
    {
        执行语句 3
        if(判断条件 4)
        {
            执行语句 4
        }
    }
    else
```

```
        {
            执行语句5
        }
    }
```

以上示例多次运用 if 语句与 if 嵌套，形如此种代码的结构被形象地称为“意大利面条”，这种代码不利于阅读与维护，在开发中遇到多条件判断时，可以考虑使用 switch…case…语句来优化 if…else 结构。

3.3.2 switch 条件语句

switch 条件语句也是一种很常用的选择语句，和 if 条件语句不同，它针对某个表达式的值做出判断，从而决定程序执行哪一段代码。例如，在程序中使用数字 1～7 来表示星期一到星期天，如果想根据某个输入的数字来输出对应中文格式的星期值，可以通过下面的一段伪代码来描述：

```
用于表示星期的数字
    如果等于1,则输出星期一
    如果等于2,则输出星期二
    如果等于3,则输出星期三
    如果等于4,则输出星期四
    如果等于5,则输出星期五
    如果等于6,则输出星期六
    如果等于7,则输出星期天
    如果不是1～7,则输出此数字为非法数字
```

对于上面一段伪代码的描述，大家可能会立刻想到用刚学过的 if 条件语句来实现，但是由于判断条件比较多，实现起来代码过长，不便于阅读，这时就可以使用 C 语言中的 switch 语句来实现。在 switch 语句中，switch 关键字后面有一个表达式，case 关键字后面有目标值，当表达式的值和某个目标值匹配时，会执行对应 case 下的语句。switch 语句的基本语法格式如下所示：

```
switch(表达式)
{
    case 目标值1:
        执行语句1
        break;
    case 目标值2:
        执行语句2
        break;
    …
    case 目标值n:
        执行语句n
        break;
    default:
        执行语句n+1
        break;
}
```

在上面的语法格式中，switch 语句将表达式的值与每个 case 中的目标值进行匹配，如果找到了匹配的值，就会执行相应 case 后的语句，否则执行 default 后的语句。关于 switch 语句中的 break 关键字将在后面的小节中做具体介绍。此处，读者只需要知道 break 的作用是跳出 switch 语句即可。下面通过数字输出中文格式的星期，代码如下所示：

```
switch (week)
{
 case 1:
    printf("星期一\n");
    break;
 case 2:
    printf("星期二\n");
    break;
 case 3:
    printf("星期三\n");
    break;
 case 4:
    printf("星期四\n");
    break;
 case 5:
    printf("星期五\n");
    break;
 case 6:
    printf("星期六\n");
    break;
 case 7:
    printf("星期天\n");
    break;
 default:
    printf("输入的数字不正确…");
    break;
}
```

在使用 switch 语句的过程中，如果多个 case 条件后面的执行语句是一样的，则该执行语句书写一次即可，这是一种简写的方式。例如，使用数字 1～7 来表示星期一到星期天，当输入的数字为 1、2、3、4、5 时视为工作日，否则视为休息日，这时如果需要判断一周中的某一天是否为工作日，就可以采用 switch 语句的简写方式，示例代码如下：

```
switch (week)
{
case 1:
case 2:
case 3:
case 4:
case 5:
     //当 week 满足值 1、2、3、4、5 中任意一个时，处理方式相同
     printf("今天是工作日\n");
     break;
case 6:
case 7:
     //当 week 满足值 6、7 中任意一个时，处理方式相同
     printf("今天是休息日\n");
     break;
}
```

以上示例中，当变量 week 的值为 1、2、3、4、5 中任意值时，处理方式相同，都会打印“今天是工作日”。同理，当变量 week 值为 6、7 中任意值时，打印“今天是休息日”。

3.4 阶段案例——自动贩卖机

一、案例描述

自动贩卖机是能根据用户的选择和用户投入的钱币自动付货的机器，它是商业自动化的常用设备，不受时间、地点的限制，能节省人力、方便交易，是一种全新的商业零售形式，又被称为 24 小时营业的微型超市，如今在日常生活中几乎随处可见。

本案例要求通过编程模拟一个简单的饮料自动贩卖机。贩卖机内有三种饮料，分别是 Coffee、Tea、Coca-Cola。在屏幕上显示出饮料列表，然后提示用户选择其中一种，当用户输入完毕后，在屏幕上输出用户选择的结果。

二、案例分析

通过分析可以得知，本案例最主要的就是选择功能，如果选择 Coffee 就输出 Coffee，如果选择 Tea 就输出 Tea，如果选择 Coca-Cola，就输出 Coca-Cola，此案例可以使用 if…else if 语句来实现，也可以使用 switch 语句实现。由于 if…else if 语句实现起来代码比较长，因此本案例选择 switch 语句实现。

三、案例实现

1. 实现思路

（1）自动贩卖机界面展示了多种可选择的饮料，这里我们使用 printf()函数输出自动贩卖机界面上可选择的饮料品种。

（2）使用 scanf()函数接收用户输入选择的饮料品种

（3）使用 switch 分支语句对所选择的饮料进行判断。

（4）在选择饮料之后，输出结果前使用一次清屏语句，然后输出所选择的饮料，这样能更清晰直观地观察到输出结果。

2. 完整代码

请扫描右侧二维码查看完整代码。

3.5 循环结构

在实际生活中我们经常会将同一件事情重复做很多次，如走路会重复使用左右脚，打乒乓球会重复挥拍的动作等。同样在 C 语言中，程序也经常需要重复执行同一代码块，这时就需要使用循环语句。循环语句分为 while 循环语句、do…while 循环语句和 for 循环语句 3 种。本节我们将针对这 3 种循环语句分别进行详细的讲解。

3.5.1 while 循环

while 循环语句和 3.3 小节讲到的 if 条件判断语句有些相似，都是根据判断条件来决定是否执行大括号内的执行语句。区别在于，while 语句会反复地进行条件判断，只要条件成立，{}中的语句就会一直执行。while 循环语句的具体语法格式如下：

```
while (循环条件)
{
    执行语句
}
```

在上面的语法格式中，{}中的执行语句被称作循环体，循环体是否执行取决于循环条件，当循环条件的值非0时，循环体就会被执行。循环体执行完毕时会继续判断循环条件，直到循环条件的值为0时，整个循环过程才会结束。

while循环的执行流程如图3-5所示。

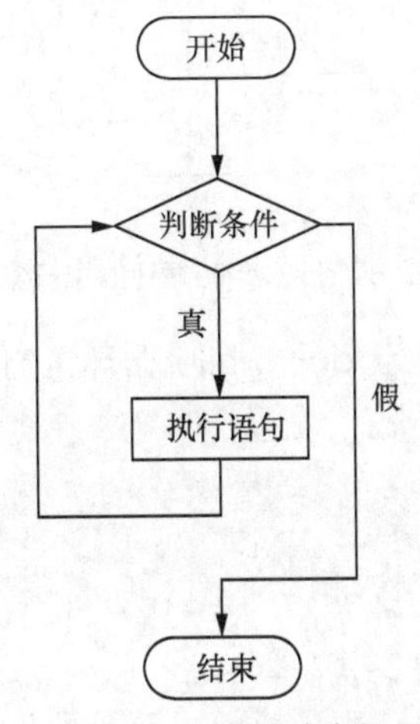

图3-5　while循环的流程图

接下来通过while语句来实现图3-1流程结构图所示的阶乘问题，示例代码如下：

```
while(i<=fac)
{
    res=res*i;
    i++;
}
```

在上述代码中，while循环中的变量i每次在计算乘积后自增1，当i的值大于要计算阶乘的数fac时退出循环。

3.5.2　do…while循环

do…while循环语句和while循环语句功能类似，二者的不同之处在于，while语句先判断循环条件，再根据判断结果来决定是否执行大括号中的代码，而do…while循环语句先要执行一次大括号内的代码再判断循环条件，其具体语法格式如下：

```
do
{
    执行语句
    ……
} while(循环条件);
```

在上面的语法格式中，关键字do后面{}中的执行语句是循环体。do…while循环语句将循环条件放在了循环体的后面。这也就意味着，循环体会无条件执行一次，然后再根据循环条件来决定是否继续执行。

do…while 循环的执行流程如图 3-6 所示。

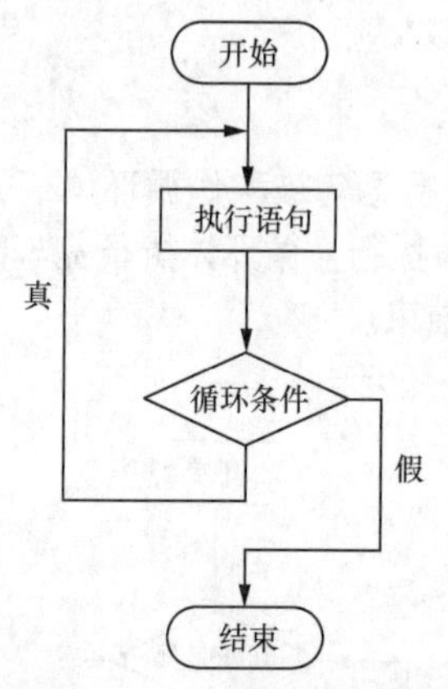

图3-6 do…while循环的执行流程

接下来我们以反转数字为例，展示 do…while 循环语句的用法，例如输入一个数字 1234，将其反转为 4321 输出，具体代码如下：

```
do
{
    res=num%10;          //取末尾倒数第一个数
    printf("%d", res);
    num=num/10;          //每去掉末尾一个数之后舍掉该数
} while( num != 0 );
```

以上代码先执行一次以下操作：使用变量 res 保存 num 求余运算后得到的个位数的值，并将该值打印到终端，之后执行下一句代码，以去掉数字 num 的最低位。以上操作执行后，判断 num 是否不为 0，若条件成立，继续执行这些操作，直到 num 的值为 0，循环结束。

3.5.3 for 循环

在前面的小节中我们分别讲解了 while 循环和 do…while 循环。在程序开发中，还经常会使用另一种循环语句，即 for 循环，它通常用于循环次数已知的情况，其具体语法格式如下：

```
for（初始化表达式；循环条件；操作表达式）
{
    执行语句
}
```

在上面的语法格式中，for 关键字后面()中包括了初始化表达式、循环条件和操作表达式 3 部分内容，它们之间用“;”分隔，{}中的执行语句为循环体。

接下来我们分别用“①”表示初始化表达式、“②”表示循环条件、“③”表示操作表达式、“④”表示循环体，通过序号来分析 for 循环的执行流程，具体如下：

```
for（① ; ② ; ③）
{
    ④
}
```

第 1 步，执行①。

第 2 步，执行②，如果判断条件的值非 0，执行第 3 步；如果判断条件的值为 0，执行第 5 步。

第 3 步，执行④。

第 4 步，执行③，然后继续执行第 2 步。

第 5 步，退出循环。

例如，对自然数 1 ~ 100 求和，实现方式如下：

```
for (i = 1; i <= 100; i++)          //i 的值会在 1～100 之间变化
{
    sum+=i;                          //实现 sum 与 i 的累加
}
```

for 循环的初始条件为 i=1，i<=100 条件成立，执行 sum+=i，sum 值为 1；然后执行 i++操作，i 的值变为 2，i<=100 条件仍然成立，再次执行 sum+=i，sum 值为 3；然后执行 i++操作，重复上述循环步骤，直到 i 增加到 101，i<=100 条件不成立，循环结束。为了让读者能熟悉循环的执行过程，现以表格形式列举循环中变量 sum 和 i 的值的变化情况，具体如表 3–1 所示。

表 3-1　sum 和 i 循环中的值

循环次数	i	sum
第 1 次	1	1
第 2 次	2	3
第 3 次	3	6
……	……	……
第 100 次	100	5050

3.5.4　循环嵌套

有时为了解决一个较为复杂的问题，需要在一个循环中再定义一个循环，这样的方式称作循环嵌套。在 C 语言中，while、do…while、for 循环语句都可以进行嵌套，它们之间也可以互相嵌套。for 循环嵌套是最常见的循环嵌套，其语法格式如下所示：

```
for(初始化表达式; 循环条件; 操作表达式)
{
    for(初始化表达式; 循环条件; 操作表达式)
    {
        执行语句;
    }
}
```

接下来我们通过 for 语句循环嵌套来求算数字 1、2、3 组成不重复的所有二位数组合：

```
for(i=1;i<4;i++)
{
    for(j=1;j<4;j++)
    {
        if(i!=j)
            printf("%d%d\t",i,j);
    }
}
```

程序中使用了 2 层 for 循环，第 1 层循环控制第 1 个数 i，第 2 层控制第 2 个数 j。下面我们来分步骤进行详细的讲解，具体如下。

- 第 1 步，i 初始化为 1，条件 i <4 为真，程序将首次进入第 1 层循环的循环体。

• 第 2 步，j 初始化为 1，条件 j <4 为真，程序将首次进入第 2 层循环的循环体。

• 第 3 步，在第二层循环中，在 i、j 的值不相等的条件下打印 i、j 的值，直到 j<4 不成立，跳出第二层循环，重新执行第一层循环，由第一层循环再次进入第二层循环，这样直到第一层循环的条件不成立，整个循环结束。

在这个过程中，每一个 i 的值都对应 3 个 j 的值，例如第一次循环，i 取值为 1，第二层循环执行 3 次，j 取值分别为 1、2、3。同样，i 取值为 2 与 3 时，第二层循环还会重新进行，j 还会分别取值 1、2、3。

3.5.5 跳转语句

跳转语句用于实现循环执行过程中程序流程的跳转，在 C 语言中，常用的跳转语句有 break 语句和 continue 语句，下面我们分别对这两种语句进行讲解。

1. break 语句

在 switch 条件语句和循环语句中都可以使用 break 语句：当它出现在 switch 条件语句中时，作用是终止某个 case 并跳出 switch 结构；当它出现在循环语句中，作用是跳出当前循环语句，执行后面的代码。接下来我们来演示如何使用 break 语句跳出当前循环，具体代码如下：

```
while (x <= 4)                  //循环条件
{
    printf("x = %d\n", x); //条件成立，打印 x 的值
    if (x == 2)
    {
        break;
    }
    x++;                        //x 进行自增
}
```

以上代码通过 while 循环打印 x 的值（假设 x 初值为 0），当 x 的值为 2 时，使用 break 语句跳出了循环，因此以上代码只会打印出 x=0、x=1、x=2，不打印 x=3、x=4。

2. continue 语句

在循环语句中，如果希望立即中止本次循环，并执行下一次循环，此时就需要使用 continue 语句。接下来以计算 1~100 以内奇数之和为例来演示 continue 语句的用法，代码如下所示：

```
for (int i = 1; i <= 100; i++)
{
    if (i % 2 == 0)             //如果 i 是一个偶数，执行 if 语句中的代码
    {
        continue;               //结束本次循环
    }
    sum += i;                   //实现 sum 和 i 的累加
}
```

以上代码利用 for 循环语句和 if 条件语句实现了计算 1 ~ 100 内奇数之和的功能，for 循环语句用于遍历 1 ~ 100 之间的数，if 条件语句用于判断当前数是奇数还是偶数，如果当前数为偶数，则利用 continue 语句中止本次循环，进行下一次循环，如果当前数为奇数，则执行 sum+=i 操作，这样直到循环结束。

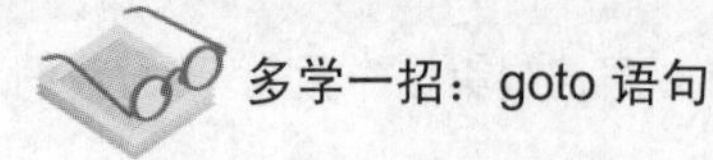
多学一招：goto 语句

break 和 continue 语句一般在循环中使用，用于跳出本层循环。在某些情况下，开发人员

可能需要程序从当前位置跳转到指定位置，此时可使用 goto 语句。goto 语句也称为无条件跳转语句，其语法格式如下：

```
goto 语句标记;
```

以上格式中的语句标记是遵循标识符规范的符号，语句标记后跟冒号（:），放在要跳转执行的语句之前，作为 goto 语句跳转的标识。具体示例如下：

```
hello:
printf("hello world!\n");
goto hello;
```

以上示例中的“hello”为语句标记，当代码顺序执行到第 3 条语句“goto hello;”时，会根据语句标记“hello”跳转回第 1 行，并自此顺序向下执行。

需要注意的是，虽然 goto 语句可随心所欲地更改程序流程，但它不符合模块化程序设计思想，且滥用该语句会降低程序可读性，所以程序开发中应尽量避免使用该语句。

3.6 阶段案例——薪水问题

一、案例描述

已知某公司有一批销售员工，其底薪为 2000 元，员工销售额与提成比例如下：

（1）当销售额<=3000 时，没有提成；

（2）当 3000<销售额<=7000 时，提成 10%；

（3）当 7000<销售额<=10 000 时，提成 15%；

（4）当销售额>10 000 时，提成 20%。

案例要求利用 switch 语句编写程序，通过输入员工的销售额，计算出其薪水总额并输出到屏幕上。

二、案例分析

案例明确要求使用 switch 语句，因为 case 语句后必须为整数，所以只能将销售额与提成的关系转换成一些整数与提成的关系。比如，以 1000 为单位，计算出销售系数：

（1）当销售额<=3000 时，其销售系数为 0、1、2 和 3；

（2）当 3000<销售额<=7000 时，其销售系数为 4、5、6 和 7；

（3）当 7000<销售额<=10 000 时，其销售系数为 8、9 和 10；

（4）当销售额>10 000 时，其销售系数大于 10。

所以，如果销售额恰好为 1000 的整数倍，则销售系数为此倍数；否则，将销售额整除 1000 后加 1。如此便可使用销售系数计算对应的薪水了。

三、案例实现

1. 实现思路

（1）定义出员工的基础薪水并初始化。

（2）分别定义两个整型变量存储销售系数和销售额。

（3）输入销售额，通过案例分析中的转换获得销售系数。

（4）根据不同的销售系数计算出提成，并累加到薪水中。

（5）把最终的薪水输出到屏幕上。

2. 完整代码

请扫描右侧二维码查看完整代码。

3.7 本章小结

本章我们首先讲解了程序的运行流程图，然后讲解了 C 语言中最基本的 3 种流程控制语句，包括顺序结构语句、选择结构语句和循环结构语句，之后介绍了循环嵌套和跳转语句。通过本章的学习，读者应该能够熟练地运用 if 判断语句、switch 判断语句、while 循环语句、do…while 循环语句、for 循环语句，以及 break、continue 跳转语句。

3.8 习题

一、填空题

1. 通常情况下使用________语句来跳出当前循环。
2. for 关键字后面()中包括了 3 部分内容，分别是初始化表达式、________和操作表达式。
3. if 条件语句分为 3 种语法格式，分别是________、________和________。
4. 结构化程序有________、________和________ 3 种。
5. 假设瓜农有一百个西瓜，第一天卖掉一半多两个，以后卖掉剩下的一半多两个，完善以下代码，求解瓜将会在第几天卖完。

```
int main()
{
    int day=1,sum=100,num;
    while(sum!=0)
    {
        _____________
        _____________
        day++;
    }
    printf("%d\n",day);
}
```

二、判断题

1. 程序的运行流程图中，处理框用平行四边形来表示。(　　)
2. 在 C 语言中，跳转语句有 break 语句、goto 语句和 continue 语句。(　　)
3. do…while 循环语句中的循环体至少会执行一次。(　　)
4. while 循环中不能再定义另一个循环。(　　)
5. switch 条件语句中，default 语句可用于处理和前面的 case 都不匹配的值。(　　)

三、选择题

1. C 语言 if 语句嵌套时，if…else 语句配对关系是（　　）。

   A. 每个 else 总是与它最上边的最近的 if 配对

B. 每个 else 总是与最外边的 if 配对
C. 每个 else 与任意 if 配对
D. 每个 else 总是与它上边的 if 配对

2. 当执行如下程序时，(　　)。

```
int x=-1;
do
{
    x=x*x;
} while(!x)
```

A. 循环体执行一次
B. 循环体执行两次
C. 循环体执行无数次
D. 编译提示语法错误

3. 以下选项中哪些描述是正确的？(　　)(多选)
A. 循环语句必须要有终止条件否则不能编译
B. break 关键字用于跳出当前循环
C. continue 用于终止本次循环，执行下一次循环
D. switch 条件语句中可以使用 break

4. 以下程序没有构成死循环的是(　　)。
A. int i=100;

```
    while(1)
    {
        i=1%100+1;
        if(i>100);
        break;
    }
```

B. for(;;)
C. int i=100;

```
    do
    {
        i=i+1;
    } while(i>=1000);
```

D. int i=100;

```
    while(i);
    s=s+1;
```

5. 请先阅读下面的代码：

```
int a =1,b=7;
do
{
    b=b/2;
    a=a+b;
}while(b>1);
```

上面一段程序运行结束时，变量 a 的值为下列哪一项？（　）

A. 3　　　　B. 4　　　　C. 5　　　　D. 6

四、简答题

1. 请说出你知道的跳转语句，并分别说明它们之间的区别。

2. 请说明 while 循环与 for 循环的异同。

五、编程题

1. 编程写出斐波那契数列前 12 项。斐波那契数列是一个古典数学问题：兔子在出生两个月后，就有繁殖能力，一对兔子每个月能生出一对小兔子来。如果所有兔子都不死，那么一年以后可以繁殖多少对兔子?

提示：

（1）第一个月小兔子没有繁殖能力，只有一对。

（2）两个月后，生下一对小兔，共有两对；三个月以后，老兔子又生下一对，小兔子还没有繁殖能力，一共是三对。以此类推。

（3）对于斐波那契数列 1、1、2、3、5、8、13、……，有如下定义：

F(1)=1

F(2)=1

……

F(n)=F(n−1)+F(n−2)

2. 请编写程序，实现对“1+3+5+7+…+99”的求和功能。

提示：

（1）使用循环语句实现自然数 1～99 的遍历。

（2）在遍历过程中，判断当前遍历的数是否为奇数，如果是就累加，否则跳出本次循环。

第 4 章 数组

学习目标

- 理解数组的概念
- 掌握一维数组的定义与使用方法
- 掌握二维数组的定义与使用方法

除了前面章节中所使用的基础类型的数据，C 语言还支持构造类型的数据。构造类型包括数组类型、枚举类型、共用体类型和结构体类型。本章就针对其中的数组类型进行讲解。

4.1 什么是数组

在程序中，经常需要对一批数据进行操作，例如，统计某个公司 100 个员工的平均工资。如果使用基本数据类型来存放这些数据，就需要定义 100 个变量，显然这样做很麻烦，而且很容易出错。这时，可以使用 x[0]、x[1]、x[2]、…、x[99]表示这 100 个变量，并通过方括号中的数字来对这 100 个变量进行区分。

在程序设计中，使用 x[0]、x[1]、x[2]、…、x[n]表示的一组具有相同数据类型的变量集合称为数组 x，数组中的每一项称为数组的元素，每个元素都有对应的下标（n），用于表示元素在数组中的位置序号，下标从 0 开始，置于方括号中。

为了使大家更好地理解数组，接下来，通过一张图来描述数组 x[10]的元素分配情况，如图 4-1 所示。

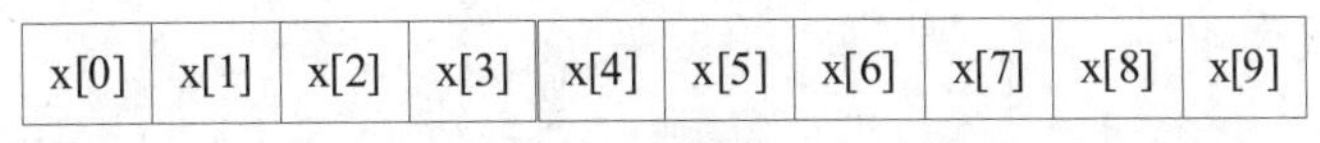

图4-1　数组x[10]

图 4-1 所示的数组 x 包含 10 个元素，这些元素按照下标的顺序进行排列。由于数组元素的下标从 0 开始，数组 x 中的第 n 个元素的下标为 n-1。

需要注意的是，根据数据的复杂度，数组下标的个数是不确定的。数组元素下标的个数也称为维数，根据维数的不同，可将数组分为一维数组、二维数组、三维数组、四维数组等。通常情况下，我们将三维及以上的数组称为多维数组。

小提示：数组在内存中存储时，占用的是一段连续的内存。

4.2 一维数组

一维数组是最基础最常用的数组，掌握了一维数组，会极大提高读者的数据组织能力，除此之外，掌握了一维数组对理解多维数组也有很大的帮助。本节将针对一维数组的相关知识进行详细讲解。

4.2.1 一维数组的定义与初始化

一维数组指的是只有一个下标的数组，它用来表示一组类型相同的数据。在 C 语言中，一维数组的定义方式如下所示：

```
类型说明符  数组名[常量表达式];
```

在上述语法格式中，类型说明符表示数组中所有元素的类型，常量表达式指的是数组的长度，也就是数组中存放元素的个数。例如，定义一个大小为 5 的 int 类型数组，代码如下所示：

```
int array[5];
```

上述代码定义了一个数组，其中，int 是数组的类型，array 是数组的名称，方括号中的 5 是数组的长度。

定义一个数组只是为数组开辟了一块内存空间。这时，如果想使用数组操作数据，还需要对数组进行初始化。数组初始化的常见的方式有 3 种，具体如下。

（1）直接对数组中的所有元素赋值，示例代码如下：

```
int i[5]={1,2,3,4,5};
```

上述代码定义了一个长度为 5 的整型数组 i，数组中元素的值依次为 1、2、3、4、5。

（2）只对数组中的一部分元素赋值，示例代码如下：

```
int i[5]={1,2,3};
```

上述代码定义了一个长度为 5 的整型数组 i，但在初始化时，只对数组中的前 3 个元素进行了赋值，其他元素的值会被默认设置为 0。

（3）对数组全部元素赋值，但不指定长度，示例代码如下：

```
int i[]={1,2,3,4};
```

在上述代码中，数组 i 中的元素有 4 个，系统会根据给定初始化元素的个数定义数组的长度，因此，数组 i 的长度为 4。

注意

（1）数组的下标是用方括号括起来的，而不是圆括号；

（2）数组同变量的命名规则相同；

（3）数组定义中，常量表达式的值可以是符号常量，如下面的定义就是合法的。

```
int a[N];        //假设预编译命令#define N 4,常量表达式的值是符号常量
```

4.2.2 一维数组的访问

一维数组的访问包括读取指定元素和遍历数组，下面我们分别对这两种数组访问方式进行介绍。

1. 读取指定元素

在程序中，经常需要访问数组中的一些元素，这时可以通过数组名和下标来访问数组中的元素。一维数组元素的访问方式如下所示：

```
数组名[下标];
```

在上述方式中，下标指的是数组元素的位置，数组元素的下标是从0开始的。例如定义数组int x[10]={12,34,5,7,9,20,100,72,99,0}，则访问数组中指定元素的示例代码如下所示：

```
x[0]     //访问第1个元素12
x[1]     //访问第2个元素34
x[2]     //访问第3个元素5
...
x[9]     //访问第10个元素0
```

数组元素的下标是从0开始的，因此x[0]访问的是数组x的第1个元素，x[9]访问的是数组x的第10个元素。

2. 遍历一维数组

在操作数组时，经常需要依次访问数组中的每个元素，这种操作称作数组的遍历。在遍历数组时，通过x[0]～x[9]的形式依次遍历是不可取的，而且如果数组很大，例如数组有100个元素，则要重复写100次元素的读取，这是极为麻烦的。

通常，遍历数组使用循环语句实现，以数组元素的下标作为循环条件，只要数组元素下标有效就可以获取数组元素。下面我们分别用for循环与while循环遍历数组x，示例代码如下所示：

```
//for 循环遍历数组
for (i = 0; i < 10; i++)
{
    printf("x[%d]:%d\n", i, x[i]);
}
//while 循环遍历数组
int i=0;
while(i < 10)
{
    printf("x[%d]:%d\n", i, x[i]);
    i++;
}
```

在上述代码中，使用for循环与while循环遍历数组，它们的循环条件都是0<=i<10，只要下标i满足条件就可以依次读取数组元素。

小提示：数组越界

数组元素的下标都有一个范围，即“0～[数组长度-1]”，假设数组的长度为6，其元素下标范围为0～5。当访问数组中的元素时，下标不能超出这个范围，否则程序会报错。

4.2.3 数组元素排序

数组在编写程序时应用非常广泛，其中对于 int 类型的数组，最常用到的操作就是对数组元素进行排序。数组排序的方法有很多，比较常见的两种排序为冒泡排序和快速排序，下面我们分别对这两种排序方法进行讲解。

1. 冒泡排序

在冒泡排序的过程中，以升序排列为例，不断地比较数组中相邻的两个元素，较小者向上浮，较大者往下沉，整个过程和水中气泡上升的原理相似。接下来我们分步骤讲解冒泡排序的整个过程，具体如下。

第 1 步，从第 1 个元素开始，将相邻的两个元素依次进行比较，直到最后两个元素完成比较。如果前一个元素比后一个元素大，则交换它们的位置。整个过程完成后，数组中最后一个元素自然就是最大值，这样也就完成了第 1 轮的比较。

第 2 步，除了最后一个元素，将剩余的元素继续进行两两比较，过程与第 1 步相似，这样就可以将数组中第 2 大的元素放在倒数第 2 个位置。

第 3 步以此类推，对剩余元素重复以上步骤，直到没有任何一对元素需要比较为止。

根据上述步骤，冒泡排序的流程可使用图 4-2 描述。

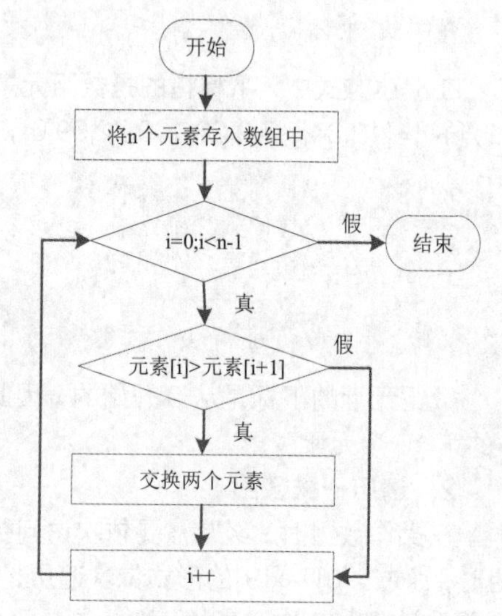

图4-2　冒泡排序流程图（以升序排列为例）

以数组{9,8,3,5,2}为例，使用冒泡排序调整数组顺序的过程如图 4-3 所示。

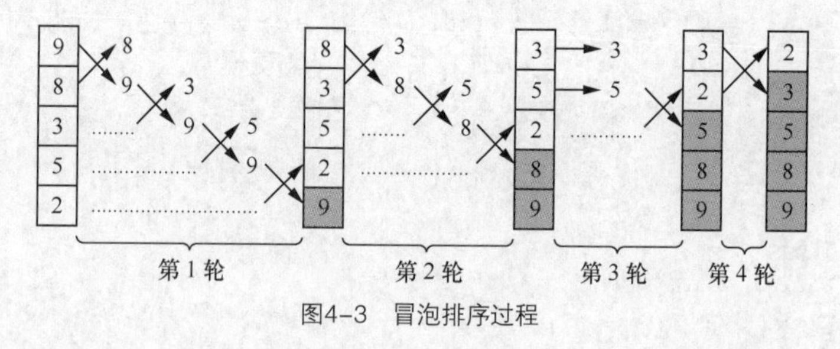

图4-3　冒泡排序过程

在图 4-3 所示的第 1 轮比较中，第 1 个元素 9 为最大值，因此它在每次比较时都会发生位置的交换，最终被放到最后 1 个位置。第 2 轮比较与第 1 轮过程相似，元素 8 被放到倒数第 2 个位置。第 3 轮比较中，第 1 次比较没有发生位置的交换，在第 2 次比较时才发生位置交换，元素 5 被放到倒数第 3 个位置。第 4 轮比较仅需比较最后两个值 3 和 2，由于 3 比 2 大，3 与 2 交换位置。至此，数组中所有元素完成排序，获得排序结果{2,3,5,8,9}。

值得一提的是，当在程序中进行元素交换时，需要一个中间变量实现交换。例如，数组 arr 中的两个元素 arr[j]与 arr[j+1]进行交换，需要先定义一个中间变量 temp，让变量 temp 记录 arr[j]，然后将 arr[j+1]赋给 arr[j]，最后再将 temp 赋给 arr[j+1]，其交换过程如图 4-4 所示。

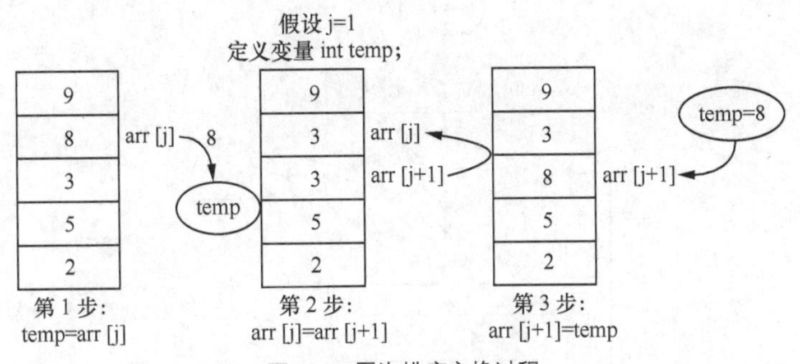

图4-4 冒泡排序交换过程

通过上面的分析，我们可以使用 for 循环遍历数组元素，因为每一轮数组元素都需要两两比较，所以需要嵌套 for 循环完成排序过程。其中，外层循环用来控制进行多少轮比较，每一轮比较都可以确定一个元素的位置；内层循环的循环变量用于控制每轮比较的次数，在每次比较时，如果前者小于后者，就交换两个元素的位置。需要注意的是，由于最后一个元素不需要进行比较，外层循环的次数为数组的长度-1。冒泡排序的示例代码如下所示：

```
for (i = 0; i < 5 - 1; i++)                //外层循环控制比较的轮数
{
    for (j = 0; j < 5 - 1 - i; j++)        //内层循环控制比较的次数
    {
        if (arr[j] > arr[j+1])             //如果前面的元素大于后面的元素
        {                                  //就交换两个元素的位置
            temp = arr[j];
            arr[j] = arr[j+1];
            arr[j+1] = temp;
        }
    }
}
```

2. 选择排序

选择排序的原理与冒泡排序不同，它是指每一次从待排序记录中选择出最大（小）的元素，将其依次放在数组的最前或最后端，来实现数组的排序。接下来我们以升序排列为例分步骤讲解选择排序的整个过程，具体如下。

第 1 步，在数组中选择出最小的元素，将它与 0 下标元素交换，即放在开头第 1 位。

第 2 步，除 0 下标元素外，在剩下的待排序元素中选择出最小的元素，将它与 1 下标元素交换，即放在第 2 位。

第 3 步，以此类推，直到完成最后两个元素的排序交换，就完成了升序排列。

根据上述步骤，选择排序的流程可使用图 4-5 描述。

同样以数组{9,8,3,5,2}为例，使用选择排序调整数组顺序的过程如图 4-6 所示。

在图 4-6 中，一共经历 4 轮循环完成数组的排序，每一轮循环的作用如下。

第 1 轮，循环找出最小值 2，将它与第 1 个元素 9 进行交换。

第 2 轮，循环找出剩下的 4 个元素中的最小值 3，将它与第 2 个元素 8 交换。

第 3 轮，循环找出剩下的 3 个元素中的最小值 5，将它与第 3 个元素 8 交换。

第 4 轮，对最后两个元素进行比较，比较后发现不需要交换，则排序完成。

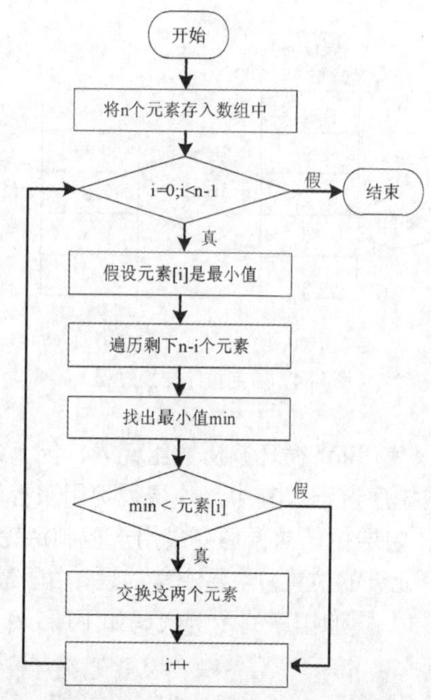

图4-5　选择排序流程图（以升序排列为例）

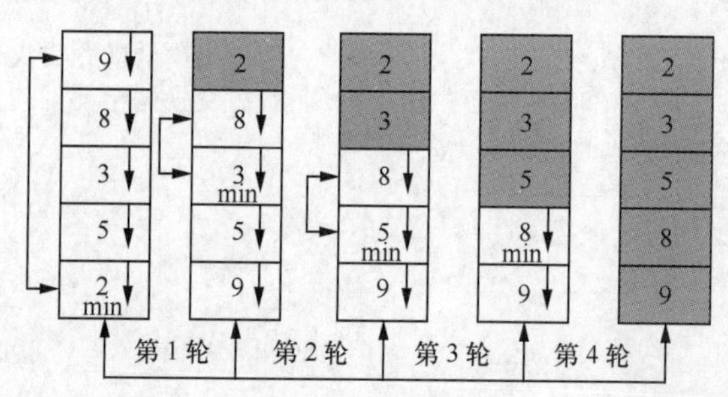

图4-6　选择排序过程

通过上述分析，则选择排序的示例代码如下所示：

```
for (i = 0; i < 5 - 1; i++)          //外层循环控制比较的轮数
{
    min = i;                          //暂定 i 下标处的元素是最小的，用 min 记录其下标
    for (j = i + 1; j < 5; j++)       //内层循环在剩下的元素中找出最小的元素
    {
        if (x[j] < x[min])
            min = j;
    }
    if (min != i)                     //交换两个元素的位置
    {
        temp = x[i];
        x[i] = x[min];
        x[min] = temp;
    }
}
```

4.3 阶段案例——双色球

一、案例描述

双色球是中国福利彩票目前最火的一种玩法，每天都有上亿的彩民关注着双色球的开奖结果。

双色球投注区分为红色球号码区和蓝色球号码区，每注投注号码由 6 个红色球和 1 个蓝色球号码组成。红色球号码从 1～33 中选择，蓝色球号码从 1～16 中选择。每期开出的红色球号码不能重复，但是蓝色球号码可以是红色球号码中的一个。

案例要求编写程序模拟双色球的开奖过程，由程序随机产生 6 个红色球号码和 1 个蓝色球号码并把结果输出到屏幕上。

二、案例分析

由案例描述可知，本案例在实现时需要用到随机数知识。但是需要注意“每期开出的红色球号码不能重复”，而使用随机函数可能会产生重复的号码，因此在编程时需要判断新生成的红色球号码是否已经生成了。如果号码与已生成的红色球号码重复了，则需要重新生成新的红色球号码。

可以使用 for 循环来实现随机生成 6 个不同红色球号码的功能，用数组保存生成的 6 个红色球号码，而且需要在 for 循环中每次都要判断是否出现了重复的号码。蓝色球号码只有一个，且允许与红色球号码重复，因此可以直接用随机函数生成。

三、案例实现

1. 实现思路

（1）先使用系统定时器的值作为随机数种子，为随机数的生成做好准备。

（2）之后分别随机生成 6 个红色球号码和 1 个蓝色球号码。

（3）用外层 for 循环生成 6 个红色球号码，注意在生成新红色球号码的时候用内层 for 循环遍历数组中所有红色球号码，确保没有与之相同的号码，若有，则重新生成。

（4）最后把红色球号码和蓝色球号码分别打印到屏幕上。

2. 完整代码

请扫描右侧二维码查看完整代码。

多学一招：随机数

在 C 语言中可以调用 rand()函数产生一个随机数，rand()函数声明如下所示：

```
int rand(void);
```

在上述声明中，rand()函数的参数为 void，即参数为空，返回值为 int 类型，其返回值范围是 0～RAND_MAX，RAND_MAX 定义在 stdlib.h 中，其值为 2 147 483 647，即 rand()函数产生的随机数范围为 0～2 147 483 647。

如果要生成某个范围内的随机数，一般可分为两种情况，分别如下所示。

（1）生成从 0 到某个值的随机数，例如生成 0 ~ 100 范围内的随机数，则可利用 rand()函数对 100 取余，示例代码如下：

```
int num1 = rand() % 100;
int num2 = rand() % 100;
```

在上述代码中，通过调用 rand()函数对 100 取余产生了两个随机数 num1 与 num2，num1 与 num2 的取值范围在 0 ~ 100 之间。

（2）产生不从 0 开始的随机数，例如产生 10 ~ 100 之间的随机数，则利用 rand()函数对 90（即 100-10）进行取余，然后再加上 10 即可得到 10 ~ 100 之间的随机数，示例代码如下：

```
int a = rand() % 90 + 10;
int b = rand() % 90 + 10;
```

上述代码中，通过调用 rand()函数对 90 取余然后加 10，产生了两个随机数 a 与 b，a 与 b 的取值范围在 10 ~ 100 之间。

需要注意的是，rand()函数产生的随机数并不是真正意义上的随机数，而是一个伪随机数，读者可以对上述代码进行多次运行，则 num1、num2、a、b 每次的随机数值都是一样的，我们称之为伪随机数。如果要产生一个真正的随机数，则必须以某一个数（种子）为基准，按照某个递推公式推算出一系列数。此时就需要为 rand()函数提供种子，为此，C 语言专门提供了一个函数 srand()，为随机数生成器播撒种子，该函数声明如下所示：

```
void srand(unsigned int seed);
```

在上述声明中，参数 seed 为种子，用来初始化 rand()的起始值。其功能为：从 srand(seed)中所指定的 seed 开始，返回一个在[0,RAND_MAX]之间的随机整数。rand()函数是真正的随机数产生器，srand()函数为 rand()函数提供随机数种子，一般在调用 srand()时，都使用系统时间作为随机数种子，使用系统时间作为随机数种子时，需要调用 time()函数获取系统时间，time()函数的返回值为 time_t 类型，要转化为 unsigned int 类型之后再传给 srand()函数，示例代码如下：

```
srand((unsigned int)time(NULL));
```

上述代码表示使用系统时间作为随机数种子。需要注意的是，time()函数定义在头文件 time.h 中，因此调用时要包含 time.h 头文件。在生成随机数时，一般将 srand()函数与 rand()函数结合使用，产生一个真正的随机数。

4.4 二维数组

在实际的工作中，仅仅使用一维数组是远远不够的，例如，一个学习小组有 5 个人，每个人有 3 门课的考试成绩，在保存这 5 个学生的各科成绩时，如果使用一维数组解决是很麻烦的。这时，可以使用二维数组，本节我们将针对二维数组进行详细的讲解。

4.4.1 二维数组定义与初始化

二维数组是指维数为 2 的数组，即数组有两个下标。二维数组是对一维数组的扩展，它可以看作是一维数组的每一个元素是一维数组。二维数组的定义方式与一维数组类似，其语法格式如下：

```
类型说明符 数组名[常量表达式1][常量表达式2];
```

在上述语法格式中，“常量表达式 1”被称为行下标，“常量表达式 2”被称为列下标。

例如，定义一个 3 行 4 列的二维数组，代码如下：

```
int a[3][4];
```

在上述定义的二维数组中，共包含 3×4 个元素，即 12 个元素。接下来我们通过一张图来描述二维数组 a 的元素分布情况，如图 4-7 所示。

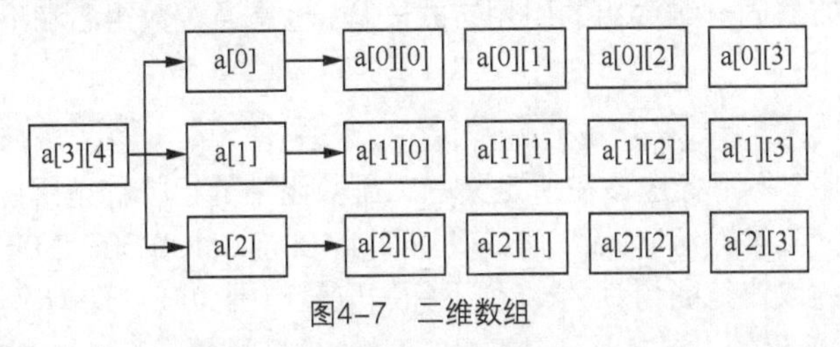

图4-7　二维数组

从图 4-7 中可以看出，二维数组 a 是按行进行存放的，先存放 a[0]行，再存放 a[1]行、a[2]行，并且每行有 4 个元素。

完成二维数组的定义后，需要对二维数组进行初始化，初始化二维数组的方式有 4 种，具体如下。

（1）按行给二维数组赋初值。例如：

```
int a[2][3] = {{1,2,3},{4,5,6}};
```

在上述代码中，等号后面有一对大括号，大括号中的第 1 对括号代表的是第 1 行的数组元素，第 2 对括号代表的是第 2 行的数组元素。

（2）将所有的数组元素按行顺序写在 1 个大括号内。例如：

```
int a[2][3] = {1,2,3,4,5,6};
```

在上述代码中，二维数组 a 共有两行，每行有 3 个元素，其中，第 1 行的元素依次为 1、2、3，第 2 行元素依次为 4、5、6。

（3）对部分数组元素赋初值。例如：

```
int b[3][4] = {{1},{4,3},{2,1,2}};
```

在上述代码中，只对数组 b 中的部分元素进行了赋值，对于没有赋值的元素，系统会自动赋值为 0，数组 b 中元素的存储方式如图 4-8 所示。

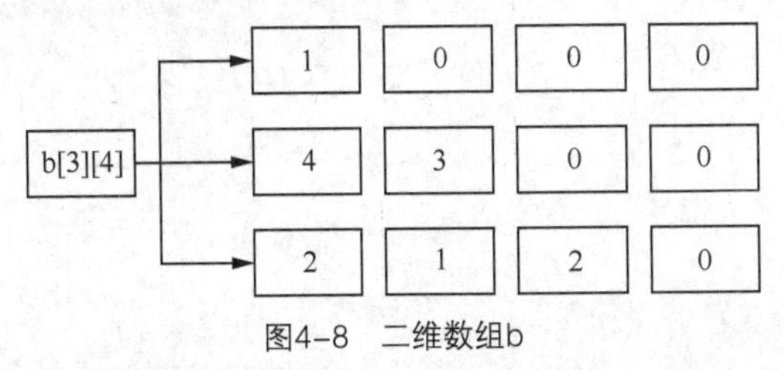

图4-8　二维数组b

（4）如果对全部数组元素置初值，则二维数组的行下标可省略，但列下标不能省略。例如：

```
int a[2][3] = {1,2,3,4,5,6};
```

可以写为：

```
int a[][3] = {1,2,3,4,5,6};
```

系统会根据固定的列数，将后边的数值进行划分，自动将行数定为 2。

4.4.2 二维数组的访问

与一维数组相同，二维数组的访问也包括读取指定元素和遍历数组元素。下面我们分别对二维数组的这两种访问方式进行介绍。

1. 读取指定元素

二维数组的引用方式同一维数组的引用方式一样，也是通过数组名和下标的方式来引用数组元素，其语法格式如下：

```
数组名[行][列];
```

在上述语法格式中，行下标应该在所定义的二维数组中的行下标范围内，列下标应该在其列下标范围内。例如定义二维数组 int a[3][4] = {12,3,4,13,45,0,100,98,72,660,2,88}，则在读取该数组元素时，行下标的取值范围为 0~2，列下标的取值范围为 0~3，示例代码如下所示：

```
a[0][0]                                 //读取第 1 行第 1 列的元素 12
a[0][1]                                 //读取第 1 行第 2 列的元素 3
...
a[1][0]                                 //读取第 2 行第 1 列的元素 45
...
a[2][0]                                 //读取第 3 行第 1 列的元素 72
```

二维数组的下标也是从 0 开始的，因此 a[0][0]是读取第 1 行第 1 列的元素，即第 1 个元素 12。

2. 遍历二维数组

二维数组的遍历与一维数组相似，都是使用循环语句实现，但由于二维数组有两个维数，因此遍历二维数组需要使用双层循环，外层循环遍历二维数组的行，内层循环遍历二维数组的列。下面我们分别使用双层 for 循环和双层 while 循环嵌套遍历二维数组 a，代码如下所示：

```
//for 循环遍历二维数组
for (int i = 0; i < 3; i++)          //循环遍历行
{
    for (int j = 0; j < 4; j++)      //循环遍历列
    {
         printf("[%d][%d]: %d ", i, j, a [i][j]);
    }
    printf("\n");                     //每一行的末尾添加换行符
}
//while 循环遍历二维数组
int i = 0,j = 0;
while(i < 3 )                         //循环遍历行
{
    while(j<4)                        //循环遍历列
    {
        printf("[%d][%d]: %d ", i, j, a [i][j]);
        j++;                          //在行固定的情况下，列值依次增加
    }
    j=0;                              //将 j 归 0，以便进行下一轮循环
    printf("\n");
    i++;                              //遍历完一行后，行值加 1
}
```

使用双层循环遍历二维数组时，外层循环控制行，内层循环控制列，依次遍历数组元素。需要注意的是，在 while 循环中，内层 while 循环控制列，当遍历完一行的所有列时，要将 j 值归 0，

以便进行下一行每列的遍历，否则下一列无法完成遍历。

4.5 阶段案例——杨辉三角

一、案例描述

杨辉三角，又称贾宪三角形、帕斯卡三角形，是二项式系数在三角形中的一种几何排列。其前 10 行样式如下所示。

```
1
1    1
1    2    1
1    3    3    1
1    4    6    4    1
1    5    10   10   5    1
1    6    15   20   15   6    1
1    7    21   35   35   21   7    1
1    8    28   56   70   56   28   8    1
1    9    36   84   126  126  84   36   9    1
```

案例要求通过编程在屏幕上打印出杨辉三角的前 10 行。

二、案例分析

对杨辉三角的图形规律进行总结，结论如下。

（1）第 n 行的数字有 n 项。

（2）每行的端点数为 1，最后一个数也为 1。

（3）每个数等于它左上方和上方的两数之和。

（4）每行数字左右对称，由 1 开始逐渐增大。

根据上面总结的规律，可以将杨辉三角看作一个二维数组 arr[n][n]，并使用双层循环控制程序流程，为数组 arr[n][n]中的元素逐一赋值，假设数组元素记为 arr[i][j]，则元素 arr[i][j]满足：arr[i][j]=arr[i−1][j−1]+arr[i−1][j]。

根据以上分析画出流程图，如图 4-9 所示。

三、案例实现

1. 实现思路

（1）先定义一个二维数组。

（2）定义双层 for 循环，外层循环负责控制行数，内层循环负责控制列数。

（3）根据规律给数组元素赋值。

（4）最后用双层 for 循环将二维数组中的元素打印出来，即把杨辉三角输出到屏幕上。

2. 完整代码

请扫描右侧二维码查看完整代码。

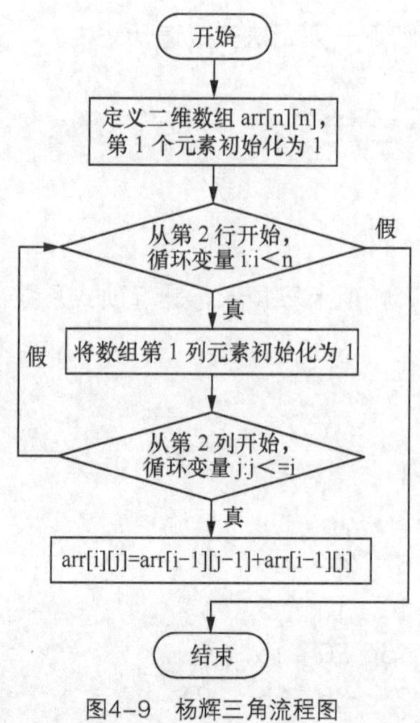

图4-9 杨辉三角流程图

4.6 多维数组

通常情况下，将三维及以上的数组称为多维数组。多维数组的定义方式与二维数组类型，其语法格式具体如下：

```
类型说明符  数组名 [n1][n2]…[nn];
```

定义一个三维数组的示例代码如下：

```
int x[3][4][5];
```

上述代码定义了一个三维数组，数组类型为int，数组名称为x，数组大小为3×4×5=60，即该数组一共可存储60个元素。对于三维数组可以这样理解，数组x中存储了3个元素，每个元素是一个4行5列的二维数组。

多维数组的元素在内存中也是连续存储的，例如定义一个三维数组 int arr[2][2][2] = {{{1,2},{3,4}},{{5,6},{7,8}}}，其在内存中的存储模型如图4-10所示。

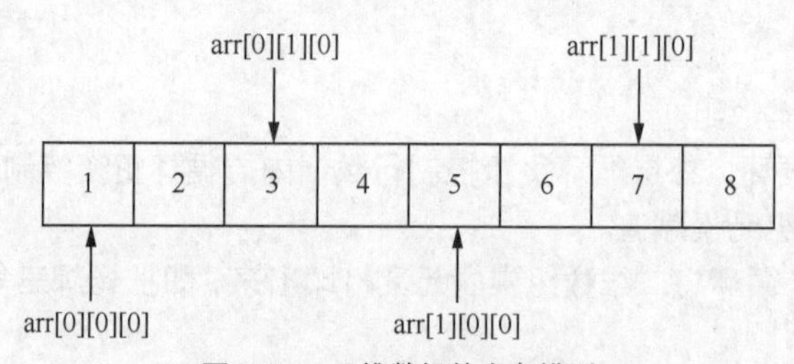

图4-10 三维数组的内存模型

多维数组在实际的工作中使用不多，并且使用方法与二维数组相似，这里不再做详细的讲解，有兴趣的读者可以自己学习。

4.7 本章小结

本章我们首先讲解了什么是数组，其次讲解了一维数组的定义、初始化、引用以及数组的常见操作，最后讲解了二维数组的相关知识，最后简单介绍了多维数组的定义方式。掌握好本章的内容有助于后面课程的学习。

4.8 习题

一、填空题

1. 数组的下标是从________开始的。
2. 定义数组 int arr[10]，则数组的大小为________。
3. 数组的下标是用________括起来的。
4. 定义二维数组 int arr[2][3]，则该数组最多可存放________个元素。
5. 若数组 int a[]={1,4,9,4,23}，则 a[2]=________。
6. 若定义二维数组 int arr[3][3]={46,3,100,44,89,26,38,99,0}，则 arr[1][2]=________。

二、判断题

1. 数组中的元素数据类型必须相同。(　　)
2. 一维数组的元素在内存中是连续排列的。(　　)
3. 二维数组的元素在内存中并不是连续的。(　　)
4. 数组不同于变量，它的名字可以使用关键字。(　　)
5. 数组在初始化时不可以只赋值一部分，必须全部赋值初始化。(　　)
6. 二维数组进行定义与初始化时，行下标与列下标均不能省略。(　　)

三、选择题

1. 若 int a[2][3] = {{1,2,3}, {4,5,6}}，则 a[1][1]的值为 (　　)。
   A. 2　　B. 3　　C. 4　　D. 5
2. 关于数组类型的定义，下列描述中正确的是 (　　)。(多选)
   A. 数组的大小一旦定义就是固定的
   B. 一个数组中的各元素类型可以不一样
   C. 数组的下标类型为整型
   D. 数组元素的下标从 1 开始
3. 若 int i[5]={1,2,3}，则 i[2]的值为 (　　)。
   A. 1　　B. 2　　C. 3　　D. null
4. 下面关于二维数组的定义，正确的是 (　　)。(多选)
   A. int a[2][3] = {{1,2,3}, {4,5,6}};　　B. int a[2][3] = {1,2,3,4,5,6};
   C. int b[3][4] = {{1},{4,3},{2,1,2}};　　D. int a[][3] = {1,2,3,4,5,6};
5. 关于数组的定义与初始化，下列哪一项是错误的？ (　　)
   A. int arr[5] = {1,2,3,4,5};
   B. int arr[] = {1,2,3,4,5};
   C. int arr[5] = {1,2,3};
   D. int arr[5] = {1,2,3,4,5,6};

6. 阅读下列程序：

```
int a[4][4] = { { 1, 3, 5, }, { 2, 4, 6 }, { 3, 5, 7 } };
printf("%d%d%d%d\n", a[0][0], a[1][1], a[2][2], a[3][3]);
```

正确的输出结果为（　　）。

A. 0650　　　　B. 1470

C. 5430　　　　D. 输出值不定

四、简答题

1. 请简述什么是数组。

2. 请简述数组在使用时都有哪些需要注意的事项。

五、编程题

1. 有10名学生的成绩，分别为98.5，90，67，86.5，77.5，66，100，92，83，78，请编写一个程序，通过冒泡排序算法对这10个学生的成绩进行从大到小的排序。

2. 现在有5名学生的成绩，每个学生包括语文、数学、英语3门课程，成绩列表如下：

张同学：{ 88, 70, 90 }

王同学：{ 80, 80, 60 }

李同学：{ 89, 60, 85 }

赵同学：{ 80, 75, 78 }

周同学：{ 70, 80, 80 }

请编写一段程序，计算每个学生的总成绩，这5名学生组成的小组数学总成绩与数学平均成绩、语文总成绩与语文平均成绩、英语总成绩与英语平均成绩。

5 Chapter

第5章 函数

学习目标

- 掌握函数的定义与声明
- 掌握函数的调用方式
- 掌握外部函数与内部函数
- 掌握局部变量与全局变量
- 了解动态库与静态库

拓展阅读

在前面的章节中我们已经接触过一些简单的函数，如程序的主函数main()、标准输出函数printf()。在C语言中，大多数功能都是依靠函数来实现的。本章将针对函数的相关知识进行讲解。

5.1 初识函数

假设有一个游戏程序，程序在运行过程中，要多次发射炮弹、转向、进行战绩统计等，在设计过程中需要将这些功能使用相对应的代码来实现，这时候就要考虑模块化设计，将发射炮弹功能、转向功能、战绩统计功能单独作为一项可以处理的动作。

如果发射炮弹的动作需要编写100行的代码，在每次实现发射炮弹的地方都重复地编写这100行代码，程序会变得很“臃肿”，可读性也非常差。为了解决代码重复编写的问题，可以将发射炮弹的代码提取出来放在一个{}中，并为这段代码起个名字，这样每次发射炮弹时只需通过这个名字调用发射炮弹的代码即可。上述过程中所提取出来用于实现某项特定功能的代码可以看作是程序中定义的一个函数。

5.1.1 函数的定义

函数在C语言中是很重要的概念，在C程序设计模块化编程思想中，模块的功能是由若干个函数实现的，每个函数负责相应的功能。函数可以分为库函数和自定义函数，如使用过的标准输入输出函数、后续章节将介绍的字符串处理函数等都是由系统提供的库函数。接下来我们介绍如何使用自定义函数编写程序，实现相应的功能。

1. 函数的定义

在 C 语言中，最基础的程序模块就是函数。函数被视为程序中基本的逻辑单位，一个 C 程序由一个 main()函数和若干个普通函数组成。定义一个函数的具体语法格式如下：

```
返回值类型 函数名(参数类型 参数名 1,参数类型 参数名 2,…,参数类型 参数 n)
{
    执行语句
    ……
    return 返回值;
}
```

以上语法格式中各项的含义具体如下。

• 返回值类型：用于限定函数返回值的数据类型，当返回值类型为 void 时，return 语句可以省略。

• 函数名：表示函数的名称。

• 参数类型：用于限定调用函数时传入函数中的数据类型。

• 参数：用于接收传入函数中的数据。

• return 关键字：用于结束函数，将函数的返回值返回到函数调用处。

• 返回值：被 return 语句返回的值。

2. 无参函数

函数名后小括号中的“参数类型 参数名 1,参数类型 参数名 2,…,参数类型 参数名 n”又称为参数列表，如果函数不需要接收参数，参数列表可以为空，此时的函数被称为无参函数。定义一个无参函数的示例代码如下：

```
void func()
{
    printf("这是我的第一个函数！\n");
}
```

上述示例代码中，func()函数就是一个无参函数，在定义时参数列表为空。要想执行这个函数，需要在 main()函数中调用它，示例代码如下：

```
void func()
{
    printf("这是我的第一个函数！\n");
}
int main()
{
    func();
    return 0;
}
```

以上代码定义了一个用于将字符串打印到控制台的无参函数 func()，并在 main 函数中调用该无参函数。运行结果如下所示：

```
这是我的第一个函数！
```

由以上运行结果可知，示例代码中的 func()函数被成功调用了。

下面我们通过一张流程图来说明上面例子中函数的调用过程，具体如图 5-1 所示。

由图 5-1 可知，程序自 main()函数开始由上至下顺序执行：程序执行后先进入 main()函数，遇到“func()”语句后跳转到 func()函数，执行 func()函数体；执行完 func()函数后返回到原来的调用点（即“func();”语句），接着执行调用点后面的其他语句。由于以上示例代码中函数调用点之后没有其他语句，主函数执行结束。

3. 有参函数

与无参函数相比，有参函数需要在定义时，在函数名称后面的括号中填写参数。所谓的参数是一个形式变量，用于接收调用函数传入的数据。为了让读者更好地掌握有参函数的用法，接下来我们来演示如何在 main()函数中调用有参函数 func()。

```
void func(int x, int y)
{
    int sum;
    sum= x+y;
    printf("x+y=%d\n", sum);
}
int main()
{
    func(3,5);
    return 0;
}
```

以上代码中定义了一个函数 func()，该函数包含两个参数，分别是 x 和 y。当在 main()函数中调用 func()函数时，该函数接收了参数 3 和 5，因此，程序将打印的 3+5 的结果。运行结果如下所示：

```
x+y=8
```

下面我们通过一张图来描述 func 函数的调用过程，具体如图 5-2 所示。

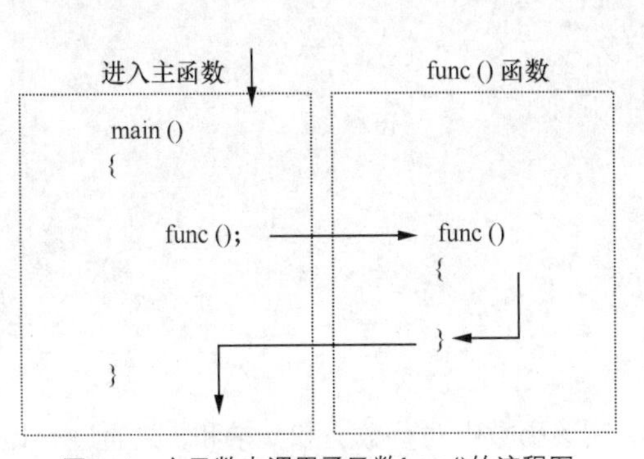

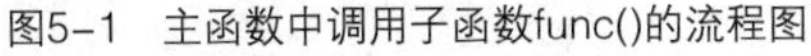
图5-1 主函数中调用子函数func()的流程图

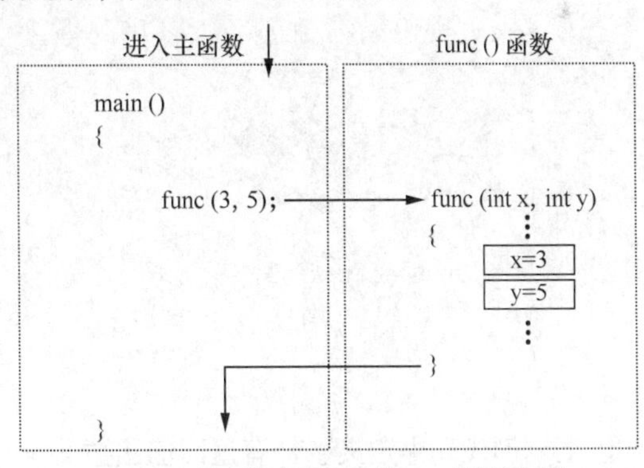

图5-2 主函数中调用函数func()的流程图

4. 函数调用时的数据传递

程序在编译或运行时调用某个函数以实现某种功能的过程称为函数调用。函数在被调用时，可能会通过函数的参数列表进行数据的传递。函数的参数有两种，分别为形式参数和实际参数。

（1）形式参数

在定义函数时，函数名后小括号中的变量名称为形式参数或虚拟参数，简称形参。例如下面的函数声明语句：

```
int func(int a,int b);
```

上述函数声明中，变量 a 和变量 b 就是形式参数，这样的参数用于标识参数列表，并不占用实际内存。

（2）实际参数

当函数被调用时，函数名后小括号内的参数称为实际参数，简称实参。实参可以是常量、变量或者表达式。例如下面的函数调用语句：

```
func(3,5);
```

此行代码就是对函数 func()的调用，小括号内的数据“3”和“5”分别对应形参列表的 a 和 b。当函数被调用时，形参是真正的变量，占有内存空间，此时具体的数据“3”和“5”被传递给函数参数列表中的变量 a 和变量 b，即在函数调用时，形参获取实参的数据（相当于发生了赋值），该数据在本次函数调用中有效，一旦调用的函数执行完毕，形参的值就会被释放。另外需要注意的是，形参和实参之间的数据传递是单向的，即只能由实参传递给形参，不能由形参传递给实参。

对比图 5-1 和图 5-2 可知，有参函数和无参函数的调用过程类似，只不过在调用有参函数时，需要传入实参，并将传入的实参赋值给形参。

在定义有参函数时指定的参数 a 和 b 是形式参数，简称形参，它们只在形式上存在，并不是真正存在的参数。调用函数时传入的参数（如函数调用语句中的 3 和 5）是实际参数，简称实参，与形参相对，实参则是指实际存在的参数，它会占用内存空间。

5. 函数的返回值

函数的返回值是指函数被调用之后，返回给调用者的值。函数返回值的具体语法格式如下：

```
return 表达式;
```

为了让读者更好地学习如何使用 return 语句，接下来我们对有参数函数进行改写，使 func(int x, int y)函数能够返回求和计算的结果，修改后的具体代码如下：

```
int func(int x, int y)
{
    return x+y;
}
int main()
{
    int sum = func(3, 5);
    printf("x+y=%d\n", sum);
    return 0;
}
```

以上示例代码中定义了带有返回值函数 func()，在该函数中对参数 x 和 y 求和，并通过 return 关键字将计算结果返回。运行结果如下所示：

```
x+y=8
```

接下来我们通过一个图例来演示 func()函数的整个调用过程以及 return 语句的返回过程，如图 5-3 所示。

从图 5-3 可以看出，在程序运行期间，参数 x 和 y 是在内存中存储的两个变量。当调用 func(int x,int y)函数时，传入的参数 3 和 5 分别赋值给变量 x 和 y，并将 x+y 的结果通过 return 语句返回，整个方法的调用过程结束后，变量 x 和 y 被释放。

需要注意的是，return 后面表达式的类型和函数定义返回值的类型应保持一致。如果不一致，就有可能会报错。如果函数不需要返回值，则函数的返回值类型应被定义为 void，return 关键字可以省略不写。

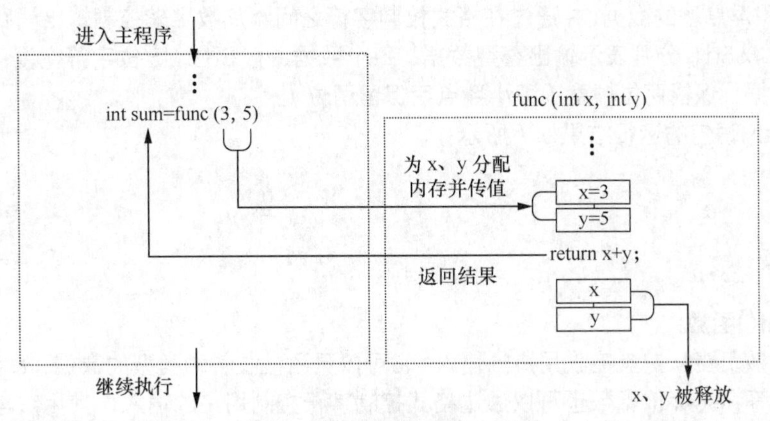

图5-3　func()函数的调用过程

5.1.2 格式化输入/输出

在 C 语言开发中，经常会进行一些输入/输出操作，为此，C 语言提供了 printf()和 scanf()函数，其中，printf()函数用于向控制台输出数据，scanf()函数用于读取用户的输入。下面我们将分别讲解这两个函数的用法。

1. printf()函数

在前面的章节中，我们经常使用 printf()函数输出数据，它可以通过格式控制字符输出多个任意类型的数据。表 5-1 列举了 printf()函数中常用的格式控制字符。

表 5-1　常用格式控制字符

格式控制字符	含　义
%s	输出 1 个字符串
%c	输出 1 个字符
%d	以十进制输出 1 个有符号整数
%u	以十进制输出 1 个无符号整数
%o	以八进制输出 1 个整数
%x	以十六进制输出 1 个小写整数
%X	以十六进制输出 1 个大写整数
%f	以十进制输出 1 个浮点数
%e	以科学计数法输出 1 个小写浮点数
%E	以科学计数法输出 1 个大写浮点数

表 5-1 中列举了很多格式控制字符，使用这些格式控制符可以让 printf()输出指定类型的数据，控制符的用法示例如下：

```
printf("%c", 'H');
printf("%s", "Hello, world!\n");
printf("%d%3d%5d \n",1,2,3);
printf("%f %.2f \n",2.1,2.1);
```

以上示例中的 printf()函数通过格式控制字符“%c”“%s”“%d”“%f”，分别输出了字符、字符串、整型和浮点型的数据，并通过在格式控制字符之间添加数字来控制输出间距和数据精度，其中“%3d”“%5d”分别表示输出整型数据，每个数据占据 3 位、5 位字符宽度；“%.2f”表示输出浮点型数据，保留两位精度（即小数点后保留两位）。

以上 printf()语句的运行结果如下所示：

```
H
Hello, world!
1  2    3
2.100000 2.10
```

2. scanf()函数

scanf()函数负责从键盘接收用户的输入，它可以灵活接收各种类型的数据，如字符串、字符、整型、浮点数等，scanf()函数也可以通过格式控制字符控制用户的输入，其用法与 printf()函数一样。示例如下：

```
int main()
{
    printf("请输入字符串：");
    char str[64];              //字符数组保存读取到的字符串
    scanf("%s", str);
    printf("%s\n", str);
    return 0;
}
```

以上代码首先定义了一个长度为 64 的字符型数组 str，然后利用 scanf()函数获得用户从键盘输入的字符，最后使用 printf()函数将得到的字符串打印在控制台上。本例中用户在程序运行后，先从控制台上输入了字符串“C 语言开发基础教程”，再按下回车符，此时 scanf()函数会把回车符看作是字符串终止的标志（也称为终止符），将整个输入的字符串读取到 str 字符数组中。终端上显示的输出、输入信息和运行结果如下所示：

```
请输入字符串：C 语言开发基础教程
C 语言开发基础教程
```

5.2 函数调用

在 C 语言中，一个良好的应用程序不应在一个函数中实现所有的功能，通常程序由若干功能不同的函数组成，函数之间会存在互相调用的情况。本节将针对函数的调用方式、嵌套调用以及递归调用进行详细的讲解。

5.2.1 函数调用方式

主函数可以调用其他普通函数，普通函数可以互相调用，但是普通函数不能调用主函数。调用函数的具体语法格式如下：

```
函数名(实参 1,实参 2,…,实参 n);
```

从上面的语法格式可以看出，当调用一个函数时，需要明确函数名和实参列表。参数列表中的实参可以是常量、变量、表达式或者为空，多个参数之间使用英文逗号分割。需要注意的是，如果调用的是无参函数，实参列表可以空，但是不能省略括号。在调用函数时，要求实参与形参必须满足3个条件：个数相等、顺序对应、类型匹配。

根据函数在程序中出现的位置不同，可将函数的调用方式分为以下3种。

1. 将函数作为表达式调用

将函数作为表达式调用时，函数的返回值参与表达式的运算，此时要求函数必须有返回值。示例代码如下：

```
int a=max(10,20);
```

此行代码中，函数max()为表达式的一部分，max()的返回值被赋给整型变量a。

2. 将函数作为语句调用

函数以语句的形式出现时，可以将函数作为一条语句进行调用。示例代码如下：

```
printf("hello world!\n");
```

此行代码调用了输出函数printf()，此时不要求函数有返回值，只要求函数完成一定的功能。

3. 将函数作为实参调用

将函数作为实参调用时，其实就是将函数返回值作为函数参数，此时要求函数必须有返回值。示例代码如下：

```
printf("%d\n",max(10,20));
```

此行代码将max()函数的返回值作为printf()函数的实参来使用。

5.2.2 嵌套调用

C语言中函数的定义是独立的，即一个函数不能定义在另一个函数内部。但在调用函数时，可以在一个函数中调用另一个函数，这就是函数的嵌套调用。示例代码如下：

```
void dis(int arr[])          //显示数组元素，函数参数是int类型的数组名
{
    int i;
    for(i=0; i<10; i++)
    {
        printf("%3d",arr[i]);
    }
}
void func()                  //数组元素填充
{
    int arr[10],i;
    for(i=0; i<10; i++)
    {
        arr[i]=i;
    }
    dis(arr);                //调用dis()函数
}
```

在程序中，func()函数调用了dis()函数。如果在main()函数中调用func()函数，则代码运行结果如下所示：

```
0  1  2  3  4  5  6  7  8  9
```

接下来我们通过一张图来描述函数嵌套时的调用流程，如图5-4所示。

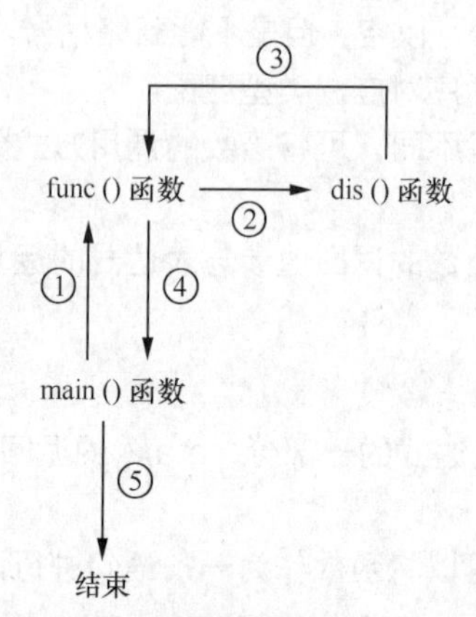

图5-4　函数嵌套调用的执行流程图

图 5-4 展示了程序中含有 3 层函数调用嵌套的情形，总共分为 5 个步骤，具体如下。

① 程序执行 main()函数的开头部分。

② 遇到函数调用语句，调用 func()函数，在 func()函数体中遇到 dis()函数的调用，流程转向 dis()函数入口。

③ dis()函数调用完毕回到 func()函数调用点。

④ func()函数调用完毕，跳转至 main()函数部分。

⑤ 继续执行 main()函数的剩余部分直到结束。

多学一招：函数调用时最多可以嵌套多少层？

大家肯定会问："既然函数嵌套调用和普通的调用看上去没什么区别，那是不是可以进行无限层的函数嵌套调用呢？"很遗憾，函数可以嵌套调用多少层是由程序运行时一个名为"栈"的数据结构决定的。一般而言，Windows 上程序的默认栈大小大约为 8 KB，每一次函数调用至少占用 8 个字节，因此粗略计算下，函数调用只能嵌套大约 1000 层，如果嵌套调用的函数里包含许多变量和参数，实际值要远远小于这个数目。

当然，单纯手动书写代码写出 1000 层嵌套函数调用基本是不可能的，但是一种名为"递归"的方法可以轻松达到这个上限。

5.2.3 递归调用

在数学运算中，会遇到计算多个连续自然数之和的情况。例如，计算 1 ~ n 自然数之和，此时就需要先计算 1 加 2 的结果，用这个结果加 3 再得到一个结果，用新得到的结果加 4，以此类推，直到用 1 ~ (n−1)之和再加 n。

在程序开发中，可通过递归实现以上运算过程。所谓递归即程序对自身的调用，是一个过程或函数在其定义或说明中有直接或间接调用自身的一种方法，它通常把一个大型的复杂问题层层转化为一个与原问题相似但规模较小的问题来求解。递归只需少量程序就可描述出解题过程所需要的多次重复计算，大大地减少了程序的代码量。

在函数递归调用时，需要确定两点：一是递归公式，二是边界条件。递归公式是递归求解过程中的归纳项，用于处理原问题以及与原问题规律相同的子问题。边界条件即终止条件，用于终止递归。

计算自然数之和示例代码如下：

```
int getsum(int n)
{
    if (n == 1)
    {
        return 1;                    //满足条件，递归结束
    }
    int temp = getsum(n - 1);   //在函数体中调用自身
    return temp + n;
}
```

上述代码定义了一个 getsum()函数，该函数是一个递归函数，整个递归过程在 n 等于 1 时结束。如果调用 getsum()函数时，参数 n 传入 4，那么递归函数 getsum()的执行过程如图 5-5 所示。

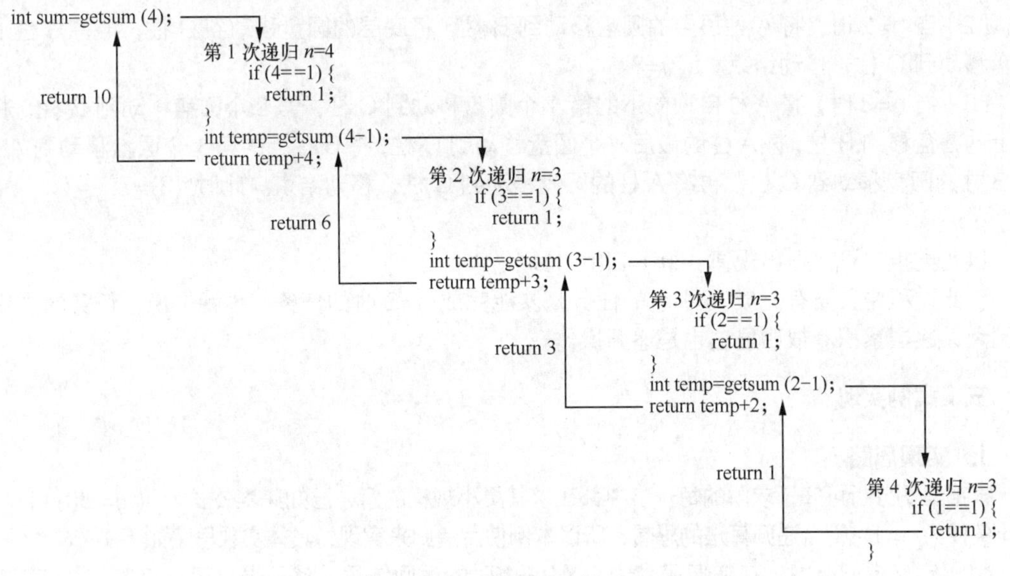

图5-5　递归调用过程

由图 5-5 可知，当 n 值为 4 时，整个递归过程中 getsum()函数被调用了 4 次，每次调用时，n 的值都会递减。当 n 的值为 1 时结束递归下降过程，从下至上的返回值依次进行累计，并且返回到顶层得到最终的结果 10。

5.3 阶段案例——汉诺塔

一、案例描述

汉诺塔是一个可以使用递归解决的经典问题，它源于印度一个古老传说：大梵天创造世界的时候做了 3 根金刚石柱子，一根柱子从下往上按照从大到小的顺序摞着 64 片黄金圆盘，大梵天命令婆罗门把圆盘从下面开始按照从大到小的顺序重新摆放在另一根柱子上，并规定，小圆盘上不能放大圆盘，3 根柱子之间一次只能移动一个圆盘。问：一共需要移动多少次，才能按照要求移完这些圆盘？3 根金刚柱子与圆盘摆放方式如图 5-6 所示。

为了加强对递归的掌握，本案例以汉诺塔为例，要求编程实现 n 层汉诺塔的求解。

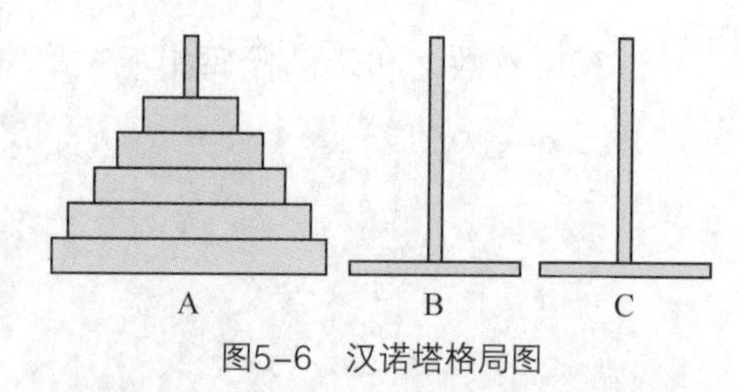

图5-6 汉诺塔格局图

二、案例分析

汉诺塔问题的核心规则是：小圆盘上不能放大圆盘、3 根柱子之间一次只能移动一个圆盘。如果按规则将 64 个圆盘从 A 柱移动到 C 柱的次数为：18 446 744 073 709 551 615 次，每秒钟挪动一个圆盘则完成移动需要 5845.54 亿年以上。

如此大的一个数字，人力难以解答，即便使用计算机计算也相当困难。因此在此案例中只探讨圆盘数量较少的情况。

从少到多进行分析，假设一共有 n 个圆盘，移动的次数为 f(n)。

（1）当 n=1 时，只需将圆盘从 A 移动到 C，移动结束。f(1)=1。

（2）当 n=2 时，将 A 柱顶层的圆盘移动到 B 柱，将底层的圆盘移动到 C 柱，再将 B 柱上的圆盘移动到 C 柱，移动结束。f(2)=3。

（3）当 n=3 时，将 A 柱自顶向下的第 1 个圆盘移动到 C 柱，第 2 个圆盘移动到 B 柱，将 C 柱上的圆盘移到 B 柱，将 A 柱的最后一个圆盘移动到 C 柱，将 B 柱上的第 1 个圆盘移动到 A 柱，将 B 柱的圆盘移动到 C 柱，再将 A 柱的圆盘移动到 C 柱，移动结束。此时 f(3)=7；

……

以此类推，可以得出规律：f(n)=2f(n−1)+1。

在此过程中，只有完成 n=1 时的任务，才能完成 n=2 时的任务，也就是说，任务的规模从小到大，逐层累积。很明显这也是递归操作。

三、案例实现

1．实现思路

根据案例分析可知，求解的每一步中都在求其更小规模的解，已知递推公式为 f(n)=2f(n−1)+1，终止条件为 n=1，符合递归算法的思想，所以本例使用递归来实现，具体实现思路如下。

（1）定义递归函数，在递归函数中定义 n=1 时的返回结果，然后退出函数；如果 n!=1，则返回 2f(n−1)+1 的值。

（2）在 main()中调用递归函数，传入不同值，并输出返回结果。

2．完整代码

请扫描右侧二维码查看完整代码。

5.4 外部函数与内部函数

函数的调用不局限在同一个源文件，不同源文件的函数也是可以互相调用的。当一个程序由多个源文件组成时，根据函数能否被其他源文件调用，将函数分为内部函数和外部函数。本小节我们就围绕这两种函数的特点进行详细的讲解。

5.4.1 外部函数

在实际开发中，一个项目的所有代码不可能在一个源文件中实现，而是把项目拆分成多个模块，在不同的源文件中分别实现，最终再把它们整合在一起。为了减少重复代码，一个源文件有时需要调用其他源文件中定义的函数。在 C 语言中，可以被其他源文件调用的函数称为外部函数。

外部函数的定义方式是在函数的返回值类型前面添加 extern 关键字，表明该函数可以被其他的源文件调用。当有源文件要调用其他源文件中的外部函数时，需要在本文件中使用 extern 关键字声明要调用的外部函数，示例代码如下：

```
extern int add(int x,int y);    //add()函数是定义在其他源文件中的外部函数
```

在上述示例代码中，编译器会通过 extern 关键字判知 add()函数是定义在其他文件中的外部函数。

为了帮助大家理解外部函数的概念，下面通过一个案例来演示外部函数的调用。一个项目中有 first.c 与 second.c 两个源文件，first.c 文件中定义了一个外部函数 add()，second.c 文件中需要调用 add()函数，则 first.c 文件与 second.c 文件的代码分别如下所示：

first.c

```
extern int add(int x,int y)     //定义外部函数 add()
{
    return x+y;
}
```

second.c

```
extern int add(int x,int y);    //使用 extern 关键字声明要调用的外部函数 add()
void main()
{
    printf("%d",add(1,2));     //调用外部函数 add()
}
```

在 first.c 文件中，使用 extern 关键字定义了外部函数 add()，表明 add()函数可以被其他源文件调用。second.c 文件要调用 first.c 文件中的 add()函数，则需要使用 extern 关键字声明 add()函数。需要注意的是，在使用 extern 关键字声明外部函数时，函数的返回值类型、函数名与参数列表都需要与原函数保持一致。

上面讲解的内容是外部函数的标准定义与调用方式，但随着编译器的发展，编译器默认用户定义的函数都是外部函数，因此用户在定义函数时即使不写 extern 关键字，定义的函数也可以被其他源文件调用，调用外部函数的源文件也不必在本文件中使用 extern 关键字声明外部函数。例如上面 first.c 与 second.c 文件中的代码可以简化如下：

first.c

```
int add(int x,int y)            //编译器默认 add()函数为外部函数
{
    return x+y;
}
```

second.c

```
void main()
{
    printf("%d",add(1,2));     //在 second.c 文件中可以直接调用 add()函数
}
```

5.4.2 内部函数

内部函数也称为静态函数，它与外部函数相反，只能在当前源文件中被调用，不能被其他源

文件调用。内部函数的定义方式是在函数的返回值类型前面添加 static 关键字，示例代码如下：

```
static  void show(int x)
{
    printf("%d",x);
}
```

为了让读者更好地理解内部函数，接下来我们在源文件 first.c 和 second.c 中各定义一个 show()函数，但是在 second.c 文件中，将 show()函数定义为内部函数，具体代码如下：

first.c

```
 void show()
{
    printf("%s \n","first.c" );
}
```

second.c

```
static void show()
{
    printf("%s \n","second.c");
}
```

然后在 main.c 文件中调用 show()函数，main.c 文件中的代码如下所示。

main.c:

```
void main()
{
    show();
}
```

上述代码中，first.c 和 second.c 文件都定义了 show()函数，不同的是，second.c 文件中的 show()函数是内部函数。在 main.c 文件中调用 show()函数的输出结果如下所示：

```
first.c
```

从运行结果可以看出，first.c 中的 show()函数被调用成功了，而 second.c 文件中的 show()未被调用，说明内部函数只在 second.c 文件中有效，无法在别的文件中调用。

5.5 局部变量与全局变量

变量既可以定义在函数内，也可以定义在函数外。定义在不同位置的变量，其作用域也不同。根据作用域范围，C 语言中的变量可以分为局部变量和全局变量。

5.5.1 局部变量

定义在函数内部的变量称为局部变量，这些变量的作用域仅限于函数内部，函数执行完毕之后，这些变量就失去作用。举例说明，假设有如下一段代码：

```
int fun()
{
    int a=10;
    return a;
```

```
}
int main()
{
    int a=5;
    int b=fun();
    printf("a=%d,b=%d\n",a,b);
    return 0;
}
```

上述代码中，主函数和func()函数中都定义一个变量a，这两个变量都是局部变量，主函数中的变量a的作用域是从主函数开始到主函数结束，func()函数中的变量a的作用域是从func()函数被调用到func()函数调用结束，当执行完“int b=func();”语句后，func()函数中的变量a就失去作用了。因此main()函数中printf()函数输出的a值为main()函数中定义的变量a，代码的输出结果如下：

```
a=5,b=10
```

“{}”可以起到划分代码块的作用，假设要在某一个函数中使用同名的变量，可以用“{}”进行划分。比如在主函数中定义了两个同名变量：

```
int main()
{
    //代码段 1
    {
        int a=10;
        printf("a=%d\n",a);
    }
    //代码段 2
    {
        int a=5;
        printf("a=%d\n",a);
    }
    return 0;
}
```

变量a定义了两次，但是每次都定义在由大括号划分的代码段中，因此此段程序可以正常运行，输出的结果为：

```
a=10
a=5
```

每个代码段中的a都从定义处生效，到“}”处失效。

5.5.2　全局变量

在所有函数（包括主函数）外部定义的变量称为全局变量，它不属于某个函数，而是属于源程序，因此全局变量可以为程序中的所有函数共用，它的有效范围为从定义开始处到源程序结束。

若在同一个文件中，局部变量和全局变量同名，则全局变量会被屏蔽。示例如下：

```
int a=10;                                    //全局变量 a
int main()
{
    {
        int a=5;                             //局部变量 a
```

```
        printf("a=%d",a);                    //全局变量 a 被屏蔽
    }                                        //局部变量 a 失效
    printf(",a=%d\n",a);
    return 0;
}                                            //全局变量 a 失效
```

上述代码中，在程序开头处定义了一个全局变量 a，其作用域从定义处开始生效，直到程序运行结束才失效。在 main()内部的{}代码块内部定义了一个局部变量 a，它的作用域从“{”开始到“}”结束，当执行这一代码块时，局部变量 a 会屏蔽全局变量 a，因此 printf()函数输出的 a 值为局部变量 a 的值。{}代码块之外，局部变量 a 失效，因此第二个 printf()函数输出的 a 值为全局变量 a 的值。本段代码运行结果如下所示：

```
a=5,a=10
```

多学一招：变量修饰符

在程序的开发中，变量的使用范围、生命周期都有一定的要求。这时，就要对一个变量进行合理的修饰。

1. auto

变量类型前带有 auto 关键字的变量被称为自动变量，变量在定义时如果没有关键字，则默认是 auto 变量。

2. extern

对于不是在本文件作用域范围内定义的全局变量，要想使用必须用 extern 进行声明，如果无 extern 声明,就会造成未定义。经 extern 声明的外部变量，在函数内部可以再进行赋值，但在函数外部不可以进行赋值。

3. static

static 可以修饰局部变量，被 static 修饰的局部变量称为静态变量。其生命周期为整个程序运行期间。静态变量只能初始化一次，若在定义时未初始化，程序运行后它会被初始化为 0。

static 修饰全局变量时只能在当前文件内部使用，要注意的是一个变量被声明为 static 变量之后，不能通过 extern 进行使用。

4. const

使用 const 修饰后，变量只能被访问，不能被修改，因此可有效保护数据。const 经常与指针变量一起使用，在定义指针变量时，const 可以放在变量类型之前，也可以放在变量类型之后，关于 const 与指针的更多知识我们将在后续章节中详细讲解。

5.6 认识静态库与动态库

在 1.5.2 小节我们讲述了程序的编译链接原理，在链接过程中，可执行代码被加载到内存中，程序中所依赖的库也会被加载到内存中。与使用函数一样，使用库可以简化代码，并提高代码的重用性。

在程序的开发中，离不开第三方库的使用。第三方库经过封装而隐藏了具体实现，只提供开发使用的接口。当程序调用库时，只需关心如何调用库中的方法即可，而无须关心方法内部如何实现。例如调用 C 标准库的打印函数 printf()，用户仅仅使用该函数执行打印操作而不必关心它

是如何实现的。

不同的开发平台中库文件存在形式是不一样的，Linux 平台中静态库以.a 作为扩展名，动态库（又称为共享库）以.so 作为扩展名。Windows 平台静态库以.lib 作为扩展名，动态库以.dll 作为扩展名。关于静态库和动态库的相关介绍具体如下：

1. 静态库

静态库（Static Library）是由在实际的开发中利用率很高的功能模块编译成的“库文件”，它可以看作是一组目标文件的集合。在链接步骤中，链接器将所需的静态库文件代码复制到程序中，将一个或多个库或目标文件（先前由编译器或汇编器生成）链接到一块生成可执行程序。

2. 动态库

在计算机发展早期，绝大部分软件开发中使用的都是静态库，但随着代码的累积，静态库的缺点逐渐显露——静态链接方式严重浪费计算机内存和磁盘空间。

为解决空间浪费问题，人们设计了动态库（Dynamic Library）。动态库包含一个或多个已被编译、链接并与使用它们的进程分开存储的函数，可由多个程序同时使用。与使用静态库不同，使用动态库的程序在运行时只装载当前程序所需的部分功能模块。

5.7 阶段案例——体测成绩判定

一、案例描述

2018 年秋季起，我国执行学生体质健康测试的新标准，大学生体测低于 50 分将不能毕业，按结业或肄业处理。此项标准的执行引起了学校以及诸多在校大学生的密切关注，学校建议各级学生参与晨练，部分学生也自觉开始进行适量运动，以提高身体素质。

体测所含项目与每项所占比重如表 5-2 所示。

表 5-2　体测项目及所占比重

单项指标	权重
体重指数（BMI）	15
肺活量	15
50 米	20
坐位体前屈	10
立定跳远	10
引体向上（男）/仰卧起坐（女）	10
1000 米（男）/800 米（女）	20

由表 5-2 可知，男生与女生的测试项目略有不同。根据“大学生体质健康评分标准（2018 年修订版）”，男生女生的判断标准也有所差异。

本案例要求编写程序，实现一个简单的体测成绩判定系统。

二、案例分析

表 5-2 中“单项指标”一栏分为 7 项，前五项为男生女生都需要测试的项目，后两项根据性别决定需要测试的具体项目。

该系统的目的在于模拟体测成绩的判定机制，因此不要求实现所有项目成绩的判定，根据以上分类，结合案例，对将要设计的程序，作如下要求：

（1）根据表 5-2 中给出的评分表，分别实现体重指数、肺活量、引体向上、仰卧起坐这四项指标的计算功能；

（2）可以根据用户的选择，进行单向指标的成绩换算；

（3）实现总成绩的计算功能，并根据表 5-3 对总成绩进行判定（优秀、良好、及格、不及格）；

（4）以菜单的形式向用户展示所有功能。

表 5-3　各项指标评分细则

成绩＼项目	体重指数（25%）		肺活量（35%）		引体向上（男）（40%）	仰卧起坐（女）（40%）
100	17.9~23.9	男	>4800	男	>19	>56
	17.2~23.9	女	>3400	女		
80	0~17.8/24.0~27.9	男	4181~4800	男	16~19	53~56
	0~17.1/24.0~27.9	女	3001~3400	女		
60	≥28.0	男	3101~4180	男	10~15	25~52
	≥28.0	女	2051~3000	女		
30		男	0~3100	男	0~9	0~16
		女	0~2050	女		

表 5-4　体测成绩判定细则

优秀	良好	及格	不及格
95~100	80~94	60~79	<60

总成绩的计算方式为：各项成绩与其所占比重相乘，将相乘后的成绩相加。具体公式如下。

（1）男生：体重指数×25%+肺活量×35%+引体向上×40%

（2）女生：体重指数×25%+肺活量×35%+仰卧起坐×40%

三、案例实现

1. 实现思路

案例要求实现体重指数、肺活量、引体向上、仰卧起坐这四项指标的计算功能，在案例分析中我们将 7 个指标粗略划分为两类，根据划分结果可知，其中体重指数和肺活量为一类，引体向上和仰卧起坐为一类。

按其分类，体重指数和肺活量可设置为同一类函数，这类函数可根据性别，执行不同的代码段，完成针对某条记录的计算；引体向上和仰卧起坐可设置为同一类函数，即只针对性别为男的同学的引体向上成绩的计算，或只针对性别为女的同学的仰卧起坐成绩的计算。

若要实现上述四项指标的计算功能，需要实现四个功能函数。

案例要求程序可以菜单的形式向用户展示所有的功能，为了使程序模块化，可将菜单功能实现为一个函数。菜单函数应能向用户展示所有功能，并获取用户的选择。

同时案例要求程序可实现对某位同学各项总成绩的计算功能，该功能同样可模块化为一个函数。

综上，本案例的所有功能可由如下 6 个函数实现：

（1）求体重指数成绩的函数；

(2)求肺活量成绩的函数；

(3)求引体向上成绩的函数；

(4)求仰卧起坐成绩的函数；

(5)求总成绩的函数；

(6)菜单函数。

当然必不可少的还有主函数，主函数中可根据菜单函数返回的选项，选择需要实现的功能。

2. 完整代码

请扫描右侧二维码查看完整代码。

5.8 本章小结

本章我们主要讲解了 C 语言中的函数，包括函数的定义和声明、函数的调用、局部变量、全局变量以及变量的作用域等。通过本章的学习，读者应能掌握模块化思想，熟练封装功能代码，并以函数的形式进行调用，从而简化代码，提高代码可读性。

5.9 习题

一、填空题

1. 在 C 语言中，用于结束函数并返回函数值的是________关键字。
2. 根据函数的参数列表是否为空，可以将函数分为________函数和________函数。
3. C 语言变量的默认存储类别是________。
4. 函数内部调用自身的过程称为函数的________调用。
5. C 语言中的变量，按作用域范围不同可分为________变量和________变量。

二、判断题

1. 递归调用时必须有结束条件，不然就会陷入无限递归的状态。(　　)
2. C 语言中不允许嵌套调用函数。(　　)
3. 在定义函数时，必须要指定函数中的参数列表。(　　)
4. 当函数没有返回值时，其返回值类型必须声明为 void。(　　)
5. 局部变量就是在函数内部声明的变量。(　　)

三、选择题

1. 下列函数返回值的类型是(　　)。

```
func (float x)
{
    float y;
    y=3*x-1;
    return y;
}
```

A. int　　B. void　　C. float　　D. 不确定

2. 定义内部函数时，必须使用下列哪个关键字？(　　)

A. extern　　B. void　　C. return　　D. static

3. 下列说法不正确的是（　　）。
   A. 主函数 main 中定义的变量在整个文件或程序中有效
   B. 不同的函数中可以使用相同的变量名
   C. 形式参数是局部变量
   D. 在一个函数内部的复合语句中定义变量，这些变量只在本复合语句中有效
4. 下列说法不正确的是（　　）。
   A. 函数中的自动变量可以赋初值，每调用一次，赋值一次
   B. 在调用函数时，实参和对应的形参在类型上只需复制兼容
   C. 外部变量的隐含类别是自动存储类型
   D. 函数形参不可以使用修饰符
5. 下列关于函数的说法中，正确的是（　　）。
   A. 必须要有形参
   B. 可以有形参也可以没有
   C. 数组名不能作形参
   D. 形参必须是变量名

四、简答题

1. 请简要说明局部变量和全局变量的区别。
2. 请简要说明外部函数和内部函数的区别。
3. 请简要说明 static 修饰变量和函数的作用。
4. 请简述使用静态库和动态库的缺点。

五、操作题

请按照题目的要求编写程序并给出运行结果。

1. 请通过递归的方式实现字符串反序列存放。
2. 用循环和递归方法编写函数，将十进制转化为八进制。

Chapter 6

第6章 指针

学习目标

- 了解指针的概念
- 掌握指针运算
- 掌握指针与数组的相关知识
- 掌握指针与函数的相关知识
- 掌握指针数组
- 熟悉二级指针
- 掌握指针与 const 的使用

指针是一种变量，它的值是一个地址。C 语言中的指针非常重要，通过指针，我们可以简化一些 C 编程任务的执行。指针是 C 语言的精髓，同时也是 C 语言最难理解的一部分内容，要想成为一名优秀的 C 程序员，学好指针是很有必要的。接下来，本章将针对指针的相关内容进行详细讲解。

6.1 指针的概念

程序运行过程中产生的数据都保存在内存中，内存是以字节为单位的连续存储空间，每个字节都有一个编号，这个编号称为内存地址。程序中的变量在生存期内都占据一定字节的内存，这些字节在内存中是连续的，其第一个字节的地址就是该变量的地址。

如果在程序中定义一个 int 类型的变量 a：

```
int a=10;
```

那么编译器会根据变量 a 的类型 int，为其分配 4 个字节地址连续的存储空间。假如这块连续空间的首地址为 0x0037FBD0，那么这个变量占据 0x0037FBD0 ~ 0x0037FBCC 这 4 个字节的空间，0x0037FBD0 就是变量 a 的地址。因为通过变量的地址可以找到变量所在的存储空间，所以说变量的地址指向变量所在的存储空间，地址是指向该变量的指针。内存单元和地址的关系如图 6-1 所示。

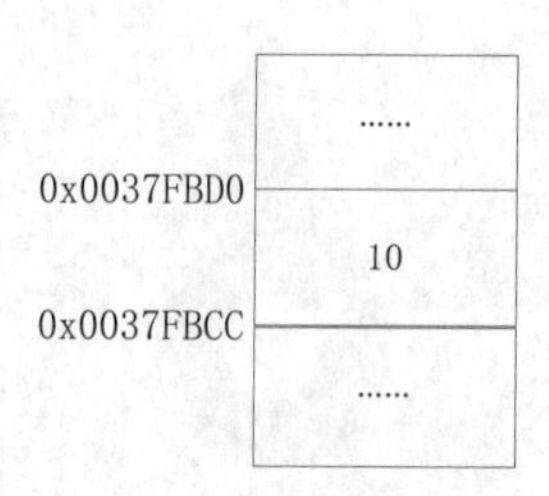

图6-1　内存单元和地址

存储变量 a 的内存地址为 0x0037FBD0，如果用一个变量保存该地址，如变量 p，那么 p 就称为指向变量 a 的指针。若将存储空间视为酒店，那么存储单元好比酒店中的房间，地址好比酒店中房间的编号，而存储空间中存储的数据就相当于房间中的旅客。

定义指针变量的语法格式如下：

```
变量类型 *变量名;
```

上述语法格式中，变量类型指的是指针指向的数据的类型，变量名前的符号“*”表示该变量是一个指针类型的变量。举例说明：

```
int *p;                          //定义一个 int 类型的指针变量 p
```

上述示例中，“*”表明 p 是一个指针变量，int 表明该指针变量指向一个 int 类型数据。

多学一招：内存四区

在 C 语言中，程序运行时操作系统会为其分配内存空间，这段空间主要分为 4 个区域，分别是栈区、堆区、数据区和代码区，也就是“内存四区”，下面我们来对内存四区进行简单介绍。

1. 栈区

栈区是一块连续的内存区域，该区域由编译器自动分配和释放，一般用来存放局部变量。系统会根据程序中的变量、参数等需要的内存空间，自动为其分配固定大小的栈，当程序使用完毕时，栈区空间由系统自动释放。栈区一般比较小，大约只有几十 KB，假如程序需要的内存空间超过栈区的剩余空间，那么系统会提示栈溢出。

虽然栈区的容量小，但由于是系统自动分配的，同时栈区的内存空间是连续的，不会产生内存碎片，因此栈区中数据的执行速度很快。栈区的特点是后进先出。

2. 堆区

堆区域一般由程序员分配或释放，若程序员不释放，程序结束时可能由操作系统回收（程序不正常结束则回收不了）。堆区的上限是由系统中有效的虚拟内存来决定的，因此获得的空间较大，而且获得空间的方式也比较灵活。

虽然堆区的空间较大，但必须由程序员自己申请，而且在申请的时候需要指明空间的大小，不使用的时候还需要手动释放掉，非常麻烦。同时堆区的内存空间不是连续的，容易产生内存碎片，因此堆中数据的执行速度比较慢。

3. 数据区

数据区根据功能又可以分为静态全局区和常量区两个域。静态全局区（static）是存储全局变量和静态变量的区域，初始化的全局变量和静态变量在一块区域，未初始化的全局变量在静态变量的相邻区域。全局区在程序结束后由操作系统释放。常量区是存储字符串常量和其他常量的区域，该区域在程序结束后由操作系统释放。

4. 代码区

代码区用于存放函数体的二进制代码。程序中每定义一个函数，代码区都会添加该函数的二进制代码，用于描述如何运行函数。当程序调用函数时，就会在代码区寻找该函数的二进制代码并运行。

6.2 指针运算

在前面的第 2 章中我们讲解过许多运算符，有算术运算符、逻辑运算符等。在程序中，可以使用这些运算符对各种数据类型的变量进行运算。指针作为一种特殊的数据类型同样可以参与运算，与其他数据类型不同的是，指针的运算都是针对内存中的地址来实现的。本节将针对指针运算及相关运算符进行详细介绍。

6.2.1 取址运算符

在程序中定义变量时系统会为变量在内存中开辟一段空间，用于存储该变量的值，每个变量的存储空间都有唯一的编号，这个编号就是变量的内存地址。C 语言支持以取址运算符“&”获得变量的内存地址，其语法格式如下：

```
& 变量
```

示例代码如下：

```
int a = 10;    //定义变量 a
int *p = &a;   //定义 int 类型的指针 p，并取变量 a 的地址赋值给 p
```

在上述代码中，首先定义了一个 int 类型的变量 a，然后定义了一个 int 类型的指针变量 p，并取变量 a 的地址赋值给变量 p，此时，&a 的值与 p 的值是相同的。

小提示：指针变量的赋值

在为指针变量赋值时，变量数据类型与指针的基类型最好相同，例如，将 int 类型变量的地址赋值给 int 类型指针。如果将 int 类型变量的地址赋值给 float 类型指针，程序虽然不会报错，但由于不同类型指针对应的内存单元数量不同，在解读指针指向的变量时会产生类型不兼容错误。

6.2.2 取值运算符

指针变量存储的数值是内存地址，如果我们希望获取该内存地址中存储的值，可以通过取值运算符“*”得到，使用取值运算符获取值的语法格式如下所示：

```
*指针表达式
```

以上格式中的“*”表示取值运算符，“指针表达式”一般为指针变量名，示例代码如下：

```
int a = 10;      //定义变量 a
int *p = &a;     //定义 int 类型的指针 p，并取变量 a 的地址赋值给 p
int b = *p;      //定义 int 类型变量 b，并取指针变量 p 中存储的变量值赋给 b
```

上述代码中，指针变量p存储的是变量a的地址，当使用*p获取值时，得到的值实际上是变量a的值，因此，最终b的值为10。

6.2.3 常用指针运算

除了上面提到的取址和取值运算，指针在程序中会涉及的运算还包括指针与整数的加、减、自增、自减、同类指针相减等，具体介绍如下：

1. 指针变量与整数相加、减

指针变量可以与整数进行相加或相减操作，具体示例如下：

```
p+n,p-n
```

在上述示例中，p是一个指针变量，p+1表示将指针向后移动1个数据长度。数据长度是指对应的基类型所占的字节数，也称为步长，若指针是int类型的指针，则p的步长为4字节，执行p+1，则p的值加上4个字节，即p向后移动4个字节。

为了帮助读者对指针变量与整数相加减操作的理解，下面我们通过一个图形来表示上述操作，假设p为int类型指针，则p与p+1的位置如图6-2所示。

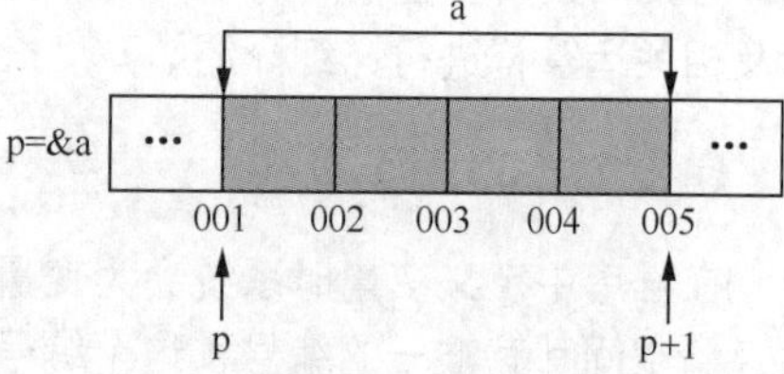

图6-2 指针p+1的内存图解

由图6-2可知，变量a的地址是001，p的值也是001，当执行“p = p+1”时，因为p的基类型是int，在内存中占4个字节，所以p+1后，p就指向了“001+4字节”后面的位置，即地址005的位置。

同样，指针也可以与整数进行相减运算，例如，在图6-2中，p指向地址005，如果执行p-1操作，则指针会重新指向地址001。

指针变量的加减运算实质上是指针在内存中的移动，需要注意的是，对于单独零散的变量，指针的加减运算并无意义，只有指向连续的同类型数据区域，指针加、减整数才有实际意义，因此指针的加减运算通常出现在数组操作中。

2. 指针表达式的自增、自减运算

指针类型变量也可以进行自增或自减运算，具体示例如下：

```
p++ , p-- , ++p, --p
```

上面的代码表达了指针的自增与自减运算，指针的自增、自减运算就是使指针向前或向后移动一个步长。需要注意的是，当自增或自减运算符在指针变量后面时，指针先参与其他运算，然后再进行自增或自减；当自增或自减运算符在指针变量前面时，指针先进行自增或自减运算，然后再进行其他运算。

指针的自增自减运算与指针的加减运算含义是相同的，每自增（减）一次都是向后（前）移动一个步长，即p++、++p最终的结果与p+1是相同的。

3. 同类指针相减运算

同类指针类型可以进行相减操作，具体示例如下：

```
pm-pn
```

上面的示例中，pm和pn是两个指向同一类型的指针变量。同类指针进行相减运算，其结果为两个指针之间数据元素的个数，即指针的步长个数。例如，有连续内存空间上的两个int类型指针pm与pn，若pm与pn之间相差8个字节，则pm-pn结果为2，这是因为int类型指针的步长为4，两个指针相差8字节，则是2个步长。

需要注意的是，同类指针之间只有相减运算，没有相加运算，两个地址相加是没有意义的，此外，不同类型指针之间不能进行相减运算。

多学一招：空指针、无类型指针、野指针

1. 空指针

空指针是没有指向任一存储单元的指针。有时我们可能需要用到指针，但是不确定指针在何时何处使用，因此可先使定义好的指针指向空。具体示例如下：

```
int *p1=0;                          //0是唯一不必转换就可以赋值给指针的数据
int *p2=NULL;                       //NULL是一个宏定义，其作用与0相同
                                    //在ASCII码中，编号为0的字符就是空
```

一般在编程时，先将指针初始化为空，再对其进行赋值操作：

```
int x=10;
int *p=NULL;                        //使指针指向空
p=&x;
```

2. 无类型指针

之前讲述的指针都有确定的类型，如int类型、char类型等，但有时指针无法被给出明确的类型定义，此时就用到了无类型指针。无类型指针使用void*修饰，这种指针指向一块内存，但其类型不定，程序无法根据指针的类型解读内存中的数据，所以若要使用该指针为其他基类指针赋值，必须先转换成其他类型的指针。使用空指针接收其他指针时不需要强转。具体示例如下：

```
void *p=NULL,*q=NULL;               //定义一个无类型的指针变量
int *m=(int*)p;                     //将无类型的指针变量p强制转换为int类型再赋值
int a=10;
q=&a;                               //空指针q接收其他类型的指针时不必强转
```

3. 野指针

野指针是指向未知区域的指针。野指针的形成原因有以下两种。

（1）指针变量没有被初始化。定义的指针变量若没有被初始化，则可能指向系统中任意一块存储空间。若指向的存储空间正在使用，当发生调用并执行某种操作时，就可能造成系统崩溃。所以在定义指针时应使其指向合法空间。

（2）若两个指针指向同一块存储空间，指针与内存使用完毕之后，调用相应函数释放了一个指针与其指向的内存，却未改变另一个指针的指向，此时未被释放的指针就变为野指针。

对野指针进行操作可能会发生不可预知的错误。在编程时，可以通过“if(p==NULL){}”来判断指针是否指向空，但是无法检测该指针是否为野指针，为了避免野指针的出现，在定义指针时最好将其指向NULL。

6.3 指针与数组

指针除了可以指向变量，还可以指向一段连续存放数据的内存空间，如字符串、数组等。本

节我们将对指向数组的指针进行详细的讲解。

6.3.1 指针与一维数组

1. 定义一维数组指针

数组在内存中占据一段连续的空间，对于一维数组来说，数组名默认保存了数组在内存中的地址，而一维数组的第 1 个元素与数组的地址是重合的，因此在定义指向数组的指针时可以直接将数组名赋值给指针变量，也可以取第 1 个元素的地址赋值给指针变量，另外，指向数组的指针变量的基类型与数组元素的类型是相同的。

以 int 类型数组为例，假设有一个 int 类型的数组，其定义如下：

```
int a[5]={1,2,3,4,5};
```

定义一个指向该数组的指针，定义方式如下：

```
int *p1 = a;                //将数组名 a 赋值给指针变量 p1
int *p2 = &a[0];            //取第 1 个元素的地址赋值给指针变量 p2
```

上述代码中，指针 p1 与指针 p2 都指向数组 a。

小提示：数组名与指针

数组名保存了数组的地址，其功能与指针相同，对数组名取值可以得到数组第 1 个元素。但数组名与指针又有不同，数组名是一个常量，不可以再对其进行赋值，另外，对数组名取地址得到的还是数组的地址，因此在上述代码中，定义指向数组的指针还可以通过如下方法：

```
int *p = &a;                //对数组名取地址赋值给指针变量 p
```

2. 使用指针访问一维数组元素

定义了指向数组的指针，则指针可以像使用数组名一样，使用下标取值法对数组中的元素进行访问，格式如下所示：

```
p[下标]                     //下标取值法
```

例如，通过指针 p 访问数组 a 的元素，示例代码如下：

```
p[0]                        //获取数组第 1 个元素 1，相当于 a[0]
p[1]                        //获取数组第 2 个元素 2，相当于 a[1]
```

数组指针除了使用下标形式访问数组元素之外，还可以通过取值运算符“*”访问数组元素，例如通过*p 可以访问到数组的第 1 个元素，如果访问数组后面的元素，如访问第 3 个元素 a[2]，则有两种方式。

（1）移动指针。使指针指向 a[2]，获取指针指向元素的值，代码如下所示：

```
p = p+2;                    //将指针加 2，使指针指向 a[2]
*p;                         //通过*运算符获取到 a[2]元素
```

在上述代码中，指针 p 从数组首地址向后移动了 2 个步长，指向了数组第 3 个元素。数组是一段连续的内存空间，因此可以使指针在这段内存空间上进行加减运算，其内存图解如图 6-3 所示。

在执行 p=p+2 之后，指针 p 向后移动，从第 1 个元素指向第 3 个元素。

（2）不移动指针。通过数组指针的加减运算找到指定元素位置并取值，代码如下所示：

```
* (p+2)                     //获取元素 a[2]
```

上述代码中，指针 p 还是指向数组首地址，以指针当前指向的位置为基准，取后面两个步长处的元素，即 a[2]。

当指针指向数组时，指针与整数加减表示指针向后或向前移动整数个元素，同样指针每自增自减一次，表示向后或向前移动一个元素。当有两个指针分别指向数组不同元素时，则两个指针还可以进行相减运算，结果为两个指针之间的数组元素个数，其内存图解如图 6-4 所示。

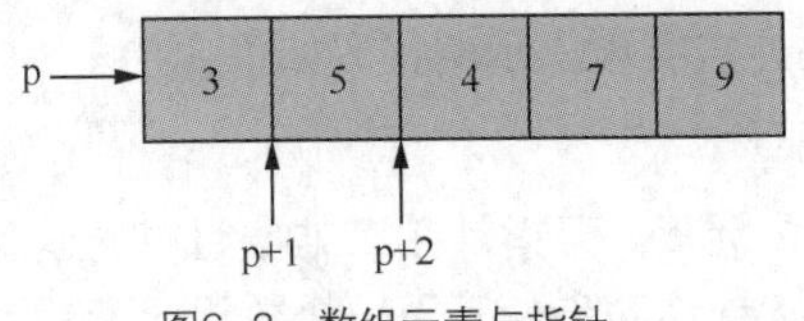

图6-3 数组元素与指针

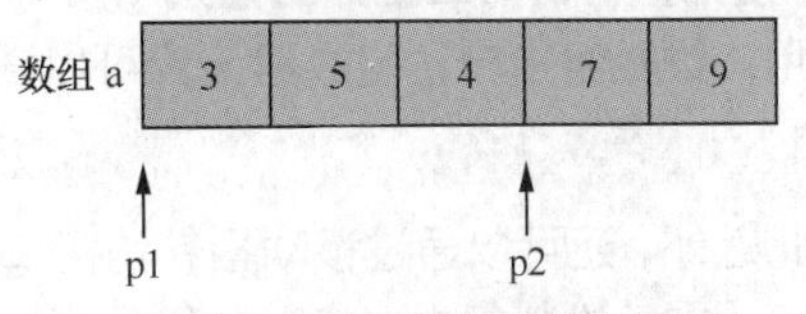

图6-4 数组指针相减内存图解

在图 6-4 中，指针 p1 指向数组首元素，指针 p2 指向数组第 4 个元素，如果执行 p2-p1，结果为 3，表示两个指针之间相差 3 个元素。这是因为指针之间的运算单位是步长，其实 p1 与 p2 之间相差 12 个字节，即相差 3 个 sizeof(int)。

6.3.2 指针与二维数组

上一节我们学习了指针与一维数组的关系，以及如何通过指针引用一维数组。二维数组同样有地址，也可以使用指针引用二维数组，下面我们就介绍指针与二维数组的相关知识。

1. 定义二维数组指针

假设定义一个 2 行 3 列的二维数组，其示例如下：

```
int a[2][3]={{1,2,3},{4,5,6}};
```

其中 a 是二维数组的数组名，该数组中包含两行数据，分别为{1,2,3}和{4,5,6}。从其形式上可以看出，这两行数据又分别为一个一维数组，所以二维数组又视为数组元素为一维数组的一维数组，二维数组的逻辑结构与内存图解如图 6-5 所示。

由图 6-5(c)可知，与一维数组一样，二维数组的首地址与数组第 1 个元素的地址是重合的，因此在定义指向二维数组的指针时，可以将二维数组的数组名赋值给指针，也可以取二维数组的第 1 个元素的地址赋值给指针。

需要注意的是，二维数组指针的定义要比一维数组复杂一些，定义二维数组指针时需指定列的个数，其格式如下：

```
数组元素类型 (* 数组指针变量名)[列数];
```

上述语法格式中，“*数组指针变量名”使用了一个圆括号括起来，这样做是因为“[]”的优先级高于“*”，如果不括起来编译器就会将“数组指针变量名”和“[列数]”先进行运算，构成一个数组。此时就相当于在一个数组前加上了“*”，即定义了一个用来存放指针类型的数组，而不是定义指向数组的指针。

按照上述格式定义指向数组 a 的指针，示例代码如下：

```
int (*p1)[3] = a;                //二维数组名赋值给指针 p1
int (*p2)[3] = &a[0][0];         //取第一个元素的地址赋值给 p2
```

上述代码中，指针 p1 与指针 p2 都指向二维数组 a，这与一维数组指针的定义方式是相同的，但二维数组又可以看作每一行存储的元素为一维数组，如图 6-5(b)所示，在数组 a 中，a[0]是个一维数组，表示二维数组的第 1 行，它保存的也是一个地址，这个地址就是二维数组的首地址，因此在定义二维数组指针时，也可以将二维数组的第 1 行地址赋值给指针，示例代码如下：

```
int (*p3)[3] = a[0];            //取第一行地址赋值给 p3
```

上述代码中，指针 p3 也是指向二维数组 a，对 p1、p2、p3 指针取值，结果都是二维数组的第 1 个元素。虽然可以通过多种方式定义二维数组，但平常使用最多的还是直接使用二维数组名定义二维数组指针。

2. 使用指针访问二维数组元素

使用二维数组指针访问数组元素可以通过下标的方式实现，示例代码如下：

```
p[0][0];                        //访问第 1 个元素
```

除此之外，还可以通过移动指针访问二维数组中的元素，但指针在二维数组中的运算与一维数组不同，在一维数组中，指向数组的指针每加 1，指针移动步长等于一个数组元素的大小，而在二维数组中，指针每加 1，指针将移动一行。以数组 a 为例，若定义了指向数组的指针 p，则 p 初始时指向数组首地址，即数组的第 1 行元素，若使 p+1，则 p 将指向数组中的第 2 行元素，其逻辑结构与内存图解如图 6-6 所示。

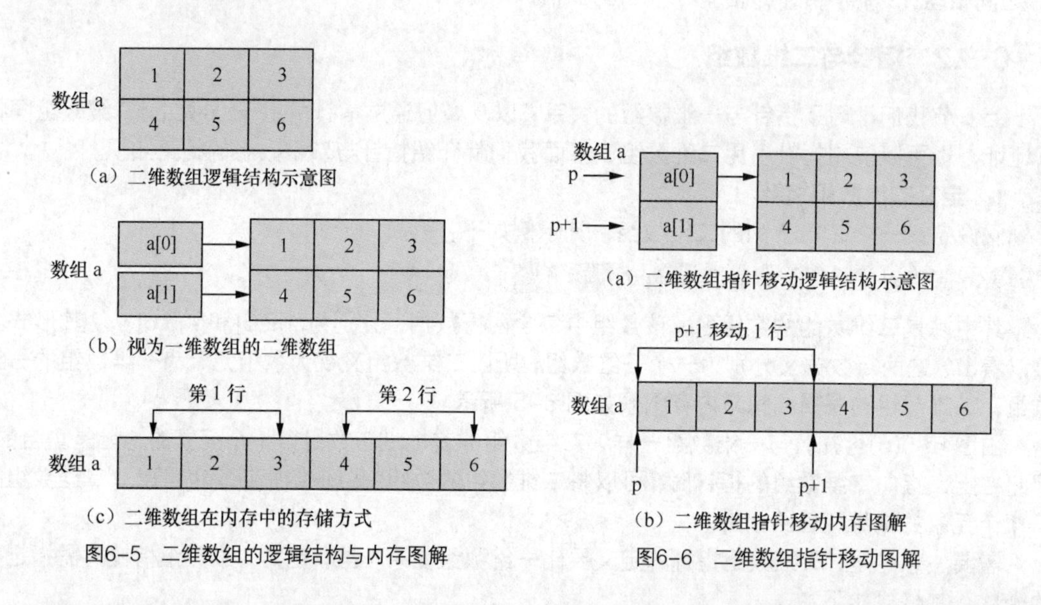

图6-5 二维数组的逻辑结构与内存图解

图6-6 二维数组指针移动图解

由图 6-6 可知，在二维数组 a 中，指针加 1，是从第 1 行移动到了第 2 行，在内存中，则是从第 1 个元素移动到了第 4 个元素，即跳过了一行（3 个元素）的距离。综上，在二维数组中，指针每加 1，就移动 1 行，即移动二维数组中列的个数，如果每行有 n 个元素，则指针的移动距离为 n×步长。

另外，一般用数组名与行号表示一行数据，以上文定义的数组 a 为例，a[0]就表示第 1 行数据，a[1]表示第 2 行数据。a[0]、a[1]相当于二维数组中一维数组的数组名，指向二维数组对应行的第 1 个元素，a[0]=&a[0][0]，a[1]=&a[1][0]。

已经得到二维数组中每一行元素的首地址，那么该如何获取二维数组中单个的元素呢？此时仍将二维数组视为数组元素为一维数组的一维数组，将一个一维数组视为一个元素，再单独获取一维数组中的元素。已知一维数组的首地址为 a[i]，此时的 a[i]相当于一维数组的数组名，类比一维数组中使用指针的基本原则，使 a[i]+j，则可以得到第 i 行中第 j 个元素的地址，对其使用“*”操作符，则* (a[i]+j)表示二维数组中的元素 a[i][j]。若类比取值原则对行地址 a[i]进行转化，则

a[i]可表示为 a+i。

在此需要注意一个问题，即 a+i 与* (a+i)的意义。通过之前一维数组的学习我们都知道，“*”表示取指针指向的地址存储的数据。在二维数组中，a+i 虽然指向的是该行元素的首地址，但它代表的是整行数据元素，只是一个地址，并不表示某一个元素的值，因此*(a+i)仍然表示一个地址，与 a[i]等价。* (a+i)+j 表示二维数组元素 a[i][j]的地址，等价于&a[i][j]，也等价于 a[i]+j。

下面给出二维数组中指针与数据的多种表示方法及意义。仍以数组 a[][]为例，具体如表 6-1 所示。

表 6-1 二维数组中指针与数据的表示形式

表示形式	含义
a	二维数组名，指向一维数组 a[0]，为第 1 行元素首地址，也是 a[0][0]的地址
a[i], * (a+i)	一维数组名，表示二维数组第 i 行元素首地址，等价于&a[i][0]
* (a+i)+j	二维数组元素地址，二维数组中最小数据单元地址，等价于&a[i][j]
* (* (a+i)+j)	二维数组元素，表示第 i 行第 j 列数据的值，等价于 a[i][j]

通过以上描述可知，使用指针访问二维数组中的元素有多种方法，例如定义指向二维数组的指针 p，通过 p 访问二维数组 a 中的第 2 行第 2 列的元素，则有如下几种方式：

```
p[1][1]
* (p[1]+1)
* (* (p+1)+1)
```

6.4 阶段案例——幻方

一、案例描述

将从 1 至 n^2 的自然数排列成纵横各有 n 个数的矩阵，使每行、每列、每条主对角线上的 n 个数之和都相等。这样的矩阵就是魔方阵，也称作幻方。本案例要求编写程序，实现奇数阶的幻方。图 6-7 所示为一个 3 阶幻方。

8	1	6
3	5	7
4	9	2

图6-7 3阶幻方

二、案例分析

观察图 6-7 所示的 3 阶幻方，其中的每一行之和分别为：8+1+6=15，3+5+7=15，4+9+2=15；每一列之和分别为：8+3+4=15，1+5+9=15，6+7+2=15；对角线之和分别为：8+5+2=15，6+5+4=15。其行、列、对角线之和全部相等。其和 $sum=n\times(n^2+1)/2=3\times(3^2+1)/2=15$。幻方的构造规则如下。

假定阵列的行列下标都从 1 开始，在第 1 行中间置 1，对从 2 开始的其余数依次按下列规则存放。

（1）假设当前数的下标为（x，y），则下一个数的放置位置为当前位置的右上方，即坐标为（x−1，y+1）的位置。

（2）如果当前数在第 1 行，则将下一个数放在最后一行的下一列上。

（3）如果当前数在最后一列上，则将下一个数放在上一行的第 1 列上。

（4）如果下一个数的位置已经被占用，则下一个数直接放在当前位置的正下方，即放在下一行同一列上。

三、案例实现

1. 实现思路

（1）使用 scanf()函数读取用户输入的幻方规模。由于本案例针对的是奇数阶的幻方，因此如果用户输入的数据是偶数，则使用 goto 语句回到输入函数之前。

（2）本案例中元素的数量不确定，因此使用 malloc()函数动态申请存储空间。

（3）幻方中的数据存储在 malloc()函数开辟的空间中，在输出时，每输出 n 个数据，进行一次换行。

（4）将所有的操作封装在一个函数中，在主函数中调用该函数。在函数结束之前，使用 free()函数释放函数中申请的堆空间。

2. 完整代码

请扫描右侧二维码查看完整代码。

多学一招：内存分配与回收

在 C 语言中，有很多情况需要程序员自己手动申请空间，例如创建一个动态数组，由于数组大小不确定，无法提前定义，因此系统无法在栈上为数组分配空间。当需要使用动态数组时，需要程序员为数组申请空间，由程序员手动申请的空间是分配在堆上的，当空间使用完毕时，需要程序员手动释放。

1. 内存分配

C 语言中申请空间常用的函数有：malloc()函数、calloc()函数和 realloc()函数，这 3 个函数包含在头文件“stdlib.h”中，都可以在堆上申请空间。

（1）malloc()函数

malloc()函数用于申请指定大小的存储空间，其函数原型如下：

```
void* malloc(unsigned int size);
```

在该原型中，参数 size 为所需空间大小。该函数的返回值类型为 void*，使用该函数申请空间时，需要将空间类型强转为目标类型。假设要申请一个大小为 16 字节、用于存储整型数据的空间，则代码如下：

```
int *s=(int*)malloc(16);
```

当为一组变量申请空间时，常用到 sizeof 运算符，该运算符的作用是求传入参数的字节数。使用该运算符，可在已知数据类型和数据量的前提下方便地传入需要开辟空间的大小。假设为一个包含 8 个 int 类型数据的数组申请存储空间，其方法如下所示：

```
int *arr=(int*)malloc(sizeof(int)*8);
```

该语句的作用是，为整型数组 arr 开辟 8 个 int 类型的存储单元。

（2）calloc()函数

calloc()函数与 malloc()函数基本相同，执行完毕后都会返回一个 void*型的指针，只是在传值的时候需要多传入一个数据。其函数原型如下：

```
void* calloc(unsigned int count,unsigned int size);
```

calloc()函数的作用比 malloc()函数更为全面。经 calloc()函数申请得到的空间会被该函数初始化之后才返回，其数据全为 0，而 malloc()函数申请的空间未被初始化，存储单元中存储的数据不可知。另外 calloc()在申请数组空间时非常方便，它可以将 size 设置为数组元素的空间大小，将 count 设置为数组的容量。

（3）realloc()函数

realloc()函数的函数原型如下:

```
void* realloc(void* memory,unsigned int newSize);
```

realloc()函数的参数列表包含两个参数，参数 memory 为指向堆空间的指针，参数 newSize 为新内存空间的大小。realloc()函数的实质是使指针 memory 所指存储空间的大小变为 newSize。如果 memory 原本指向的空间大小小于 newSize，则系统将试图合并 memory 与其后的空间，若能满足需求，则指针指向不变；如果不能满足，则系统重新为 memory 分配一块大小为 newSize 的空间。如果 memory 原本指向的空间大小大于或等于 newSize，将会造成数据丢失。

2．内存回收

C 语言提供了 free()函数来释放由以上几种方式申请的内存，free()函数的使用方法如下:

```
int *p=(int*)malloc(sizeof(int)*n);     //申请
free(p);                                //释放
```

一个程序结束时，必须保证从堆区申请的所有空间都已被安全释放，否则会导致内存泄漏。使用动态存储分配函数开辟的空间，在使用完毕后若未释放，这一块空间就是泄露的内存，它将会一直占据该存储单元，直到程序结束。

6.5 指针与函数

在前面的章节中，我们学习了指针与变量、指针与数组的关系，除了变量与数组，指针还经常与函数结合使用，指针可以作为函数参数进行传递，提高参数传递的效率，降低直接传递变量的开销。除此之外，还可以定义指向函数的指针，此种指针称为函数指针，函数指针在实际编程开发中也经常使用。

6.5.1 指针变量作为函数参数

在 C 语言中，实参和形参之间的数据传递是单向的值传递，即只能由实参传递给形参，而不能由形参传递给实参。这与 C 语言中内存的分配方式有关。当发生函数调用时，系统会使用形参对应的实参为形参赋值，此时的形参及该函数中的变量都存放在函数调用过程中系统在栈区开辟的空间里，栈区随着函数的调用而被分配，随着函数的结束而被释放，在此过程中，栈区对主调函数不可见，因此主调函数并不能读取栈中形参的数据。若要将栈中的数据传递给主调函数，只能用关键字“return”来实现。

并非所有从主调函数传入被调函数的数据都是不需要改变的。在第 5 章学习函数时我们曾讲到过返回值，利用返回值可以将在被调函数中修改的数据返回给主调函数，但是 C 语言中返回值只能返回一个数据，往往不能达到要求；函数中我们也曾学到过全局变量，然而这种方式违背模块化程序设计的原则，与函数的思想背道而驰。

本节我们将学习一种新的方法，即使用指针变量作为函数的形参，通过传递地址的方式，使形参和实参都指向主调函数中数据所在地址，从而使被调函数可以对主调函数中的数据进行操作。

由于指针既可以获得变量的地址，也可以得到变量的信息，所以指针交换包含两个方面，一是指针指向交换，二是指针所指地址中存储数据的改变。

1. 指针指向交换

若要交换指针的指向，首先需要申请一个指针变量（作为辅助变量），记录其中一个指针原来的指向，再使该指针指向另外一个指针，使另外一个指针指向该指针原来的指向。假设 p 和 q 都是 int 类型的指针，则其指向交换示意图如图 6-8 所示。

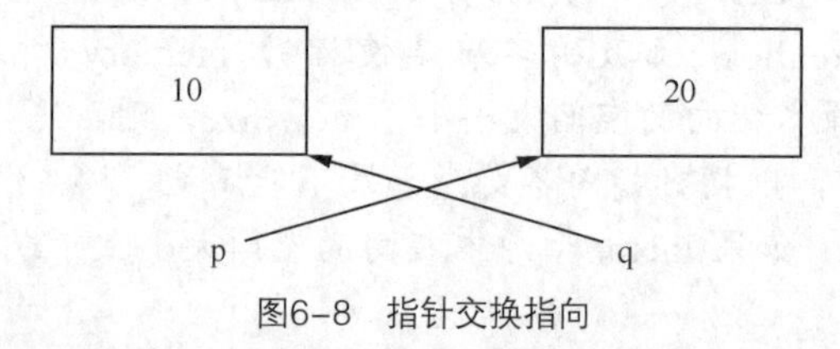

图6-8　指针交换指向

具体的实现方法如下：

```
int *tmp=NULL;                    //创建辅助变量指针
tmp=p;                            //使用辅助指针记录指针 p 的指向
p=q;                              //使指针 p 记录指针 q 的指向
q=tmp;                            //使指针 q 指向 p 原来指向的地址
```

2. 数据交换

若要交换指针指向的空间中的数据，首先需要获取数据，使用“*”运算符可获取数据。假设 p 和 q 都是 int 类型的指针，则数据交换示意图如图 6-9 所示。

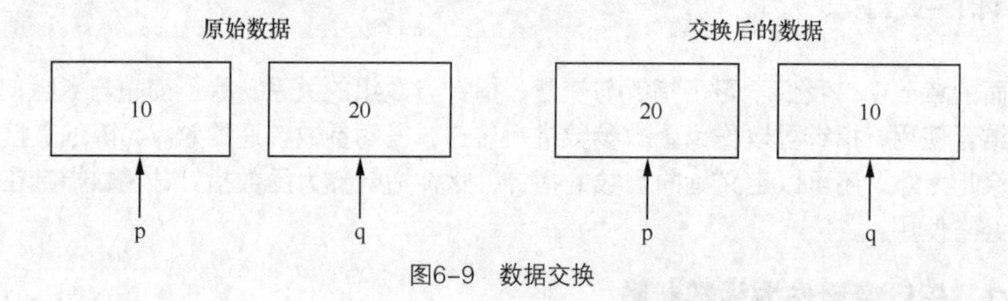

图6-9　数据交换

具体的实现方法如下：

```
int tmp=0;                        //创建辅助变量
tmp=*p;                           //使用辅助变量记录指针 p 指向地址中的数据
*p=*q;                            //将 q 指向地址中的数据放到 p 所指地址中
*q=tmp;                           //将 p 中原来的数据放到 q 所指地址中
```

在 C 语言中，使用指针作为函数参数，就是将变量的地址传递给函数，在函数中可以通过指针操作具体的变量。例如，定义一个函数 func(int *p1,int *p2)，其作用是比较两个数的大小，函数代码如下所示：

```
int func(int *p1, int *p2)
{
    if(*p1 > *p2)
```

```
    {
        return *p1;
    }
    return *p2;
}
```

以上定义的函数 func()接受两个指针作为参数，现有两个变量，定义如下所示：

```
int a = 10;
int b = 20;
```

如果将变量 a 与 b 传递给函数 func()，则要传递两个变量的地址，在传递参数的过程中，可以直接取地址进行传递，还可以定义指向变量的指针，将指针传递给函数，示例代码如下：

```
func(&a,&b);                          //直接取变量 a 与 b 的地址传递给函数
int *pa = &a, *pb = &b;               //定义指向变量的指针
func(pa,pb);                          //将指针作为参数进行传递
```

上述代码中，两次函数调用都是将变量 a 与 b 的地址传递给了函数 func()，在函数内部，可以通过地址访问变量的值，进行比较大小的操作。

除了单独的变量，数组指针也可以作为函数参数。数组指针作为函数参数进行传递时，是将数组的首地址传递给函数，这样在函数内部可以通过地址访问数组元素，对数组进行操作。数组指针作为函数参数与普通变量的指针作为函数是一样的，都是将相应数据的地址传递给函数，在函数内部通过地址操作数据，示例代码如下：

```
//一维数组指针作为函数参数
int arr1[10];
int *p1 =arr1;
func1(p1);
//二维数组指针作为函数参数
int arr2[2][3];
int (*p2)[3] = arr2;
func2(p2);
```

在上述代码中，分别将一维数组与二维数组的指针作为参数传递了相应的函数。需要注意的是，当函数接收一个二维数组指针作为参数时，其参数形式与二维数组指针的定义格式相同，例如上述代码中 func2()函数接收一个二维数组指针，则其参数形式如下所示：

```
void func2(int (*p)[3]);              //函数接收一个二维数组指针作为参数
```

6.5.2 函数指针

前面我们已经学习了如何定义一个指针变量，让其指向变量、数组等。实际上指针还可以指向函数，当指针指向的是一个函数时，这个指针就叫函数指针。本节我们将针对函数指针的定义和使用进行详细的讲解。

1. 函数指针的定义

若在程序中定义了一个函数，在编译时，编译器会为函数代码分配一段存储空间，这段空间的起始地址（又称入口地址）称为这个函数的指针。

在 C 语言中，同样可以定义一个指针指向存放函数代码的存储空间的起始地址，这样的指针叫作函数指针。函数指针的定义格式如下：

```
返回值类型 (*变量名)(参数列表)
```

以上格式中的返回值类型表示指针指向的函数的返回值类型，“*”表示这是一个指针变量，参数列表表示该指针所指函数的形参列表。需要注意的是，由于优先级的关系，“*变量名”要用圆括号括起来。

假设定义一个参数列表为两个 int 类型变量，返回值类型为 int 的函数指针，则其格式如下：

```
int (*p)(int,int);
```

上面的例子中定义了函数指针变量 p，该指针变量只能指向返回值类型为 int 且有两个 int 类型参数的函数。在程序中，可以将函数的地址（即函数名）赋值给该指针变量，但要注意，函数指针的类型应与它所指向的函数原型相同，即函数必须有两个 int 类型的变量，且返回一个 int 类型的数据，假设有一函数声明为：

```
int func(int a,int b);
```

则可以使用以上定义的函数指针指向该函数，即使用该函数的地址为函数指针赋值，赋值代码如下所示：

```
p=func;
```

定义函数指针时，函数指针的参数列表与返回值类型必须要与所指向的函数保持一致，否则会发生错误，例如有如下函数声明：

```
int func1(char ch);
```

则 p=func1 的赋值是错误的，因为函数指针 p 与 func1()函数参数类型不匹配。

2. 函数指针的应用

函数指针主要有两个用途：调用函数、作为函数参数。下面对函数指针的这两种用途分别进行介绍。

（1）调用函数

使用函数指针调用对应函数，方法与使用函数名调用函数类似，将函数名替换为指针名即可。假设要调用指针 p 指向的函数，其形式如下：

```
p(3,5);
```

上述代码与 func(3,5)的效果相同。

（2）作为函数参数

函数指针的另一用途是将函数的地址作为函数参数传入其他函数。将函数的地址传入其他函数，就可以在被调函数中使用该函数。函数指针作为函数参数的示例如下：

```
void func(int (*p)(int,int),int b,int c);
```

上述代码中，p 是一个函数指针，它作为函数 func()的参数使用，则在调用 func()函数时，传入的实际参数 b 与 c 可以被函数指针 p 使用。例如，有一个函数 func()，其定义如下：

```
int func(int a)
{
    return ++a;              //将 a 自增后返回
}
int (*pf)(int) = func;       //定义 func()的函数指针 p
```

另有函数 add()，其参数列表中包含函数指针，具体定义如下所示：

```
void add(int (*p)(int), int a, int b)
{
    printf("%d\n",p(a) + p(b));
}
```

函数add()中参数p是一个函数指针，它有一个int类型的参数，返回一个int类型的数据，与函数func()相同，在调用add()时，可以将函数指针pf作为实参传入，其调用形式如下：

```
add(pf,3,5);
```

上述代码中，函数指针pf作为参数传递给了函数add()，add()函数的实参3与5可以被pf调用。

需要注意的是，函数指针不能进行算术运算，如p+n、p++、--p等，这些运算是无意义的。

多学一招：右左法则

在C语言中，常常会有一些结构复杂的指针嵌套声明，例如int (*func)(int *p)，解读这些声明往往会令读者头痛，为此，有人从C语言标准中总结出了一套解读规则，称为右左法则。

右左法则的声明：首先从左侧第1个未定义的标识符看起，然后往右看，再往左看。每当遇到圆括号时，就应该掉转阅读方向。一旦解析完圆括号里面所有的东西，就跳出圆括号。重复这个过程直到整个声明解析完毕。

例如上述声明int (*func)(int *p)，根据右左法则，其解读过程如下：

（1）从左侧第1个未定义的标识符看起，即从func看起。

（2）往右看，是圆括号；再往左看，是一个“*”符号，则确定func是一个指针。

（3）跳出括号，从右侧看起，右侧是圆括号，表明func是一个函数指针；解读右侧括号中的内容，得知该函数具有一个int *类型的参数。

（4）右侧解读完毕，再看左侧，左侧是int，表明该函数指针指向的函数返回一个int类型的数据。

（5）最后得出结论：func是一个函数指针，它指向的函数有一个int*类型的参数，返回值类型为int。

这就是右左法则，读者可根据此规则解读各种复杂的指针嵌套声明。

6.5.3 回调函数

上一节讲解了函数指针可以作为函数参数使用，通过函数指针调用的函数称为回调函数，回调函数在大型的工程和一些系统框架中很常见，如在服务器领域使用的Reactor架构、MFC编程中使用的“句柄”等。回调函数存在的意义是在特定的条件发生时，调用方对该条件下即时的响应处理。回调函数的简单用法如下：

```
void show(char *s,void (*ptr)(char *)) //回调函数
{
      (*ptr)(s);
}
void print(char *p)
{
     printf(" %s\n",p);
}
int main()
{
     char str[16]="回调函数";
     show(str,print);
     return 0;
}
```

上述代码定义了两个函数：show()函数与 print()函数。show()函数有两个参数，字符指针和函数指针，在函数体中调用函数指针指向的函数（回调函数）实现具体的功能，需要注意的是，show()函数使用了第一个参数作为回调函数的参数。print()函数有一个字符指针参数，其作用是打印字符指针指向的内容。

在 main()函数中，定义一个字符数组 str，然后调用 show()函数，将 str 数组与 print()函数作为参数传给 show()函数，则 print()函数就是 show()函数的回调函数。show()函数将 str 作为参数再次传给 print()函数，通过 print()函数打印出数组 str 的内容。程序的运行结果如下所示：

```
回调函数
```

6.6 指针数组

之前使用到的数组有整型数组、字符型数组或由其他基本数据类型的变量组成的数组。指针变量也是 C 语言中的一种变量，同样的，指针变量也可以构成数组。若一个数组中的所有元素都是指针类型，那么这个数组是指针数组，该数组中的每一个元素都存放一个地址。

6.6.1 定义指针数组

定义一维指针数组的语法格式如下：

```
类型名* 数组名[数组长度];
```

上述语法格式中，类型名表示该指针数组的数组元素指向的变量的数据类型，符号“*”表示指针数组的数组元素是指针变量。

根据上述语法格式，假设要定义一个包含 5 个整型指针的指针数组，其实现如下：

```
int *p[5];
```

上述代码定义了一个长度为 5 的指针数组 p，数组中元素的数据类型都是 int*类型。由于“[]”的优先级比“*”高，数组名 p 先和“[]”结合，表示这是一个长度为 5 的数组，之后数组名与“*”结合，表示该数组中元素的数据类型都是 int*类型。该数组中的每个元素都指向一个整型变量。

指针数组的数组名是一个地址，它指向该数组中的第 1 个元素，也就是该数组中存储的第 1 个地址。指针数组的数组名的实质就是一个指向数组的二级指针。一个单纯的地址没有意义，地址应作为变量的地址存在，所以指针数组中存储的指针应该指向实际的变量。假设现在使用一个字符型的指针数组 a，依次存储如下的多个字符串：

```
"this is a string"
"hello world"
"I love China"
```

则该指针数组的定义如下：

```
char* a[3]={ "this is a string", "hello world", "I love China"};
```

根据以上分析可知，数组名指向数组元素，数组元素指向变量，数组名是一个指向指针的指针。数组名、数组元素与数组元素指向的数据之间的逻辑关系如图 6-10 所示。

图 6-10 中，指针数组名 a 代表指针数组的首地址，a+1 即为第 2 个元素 a[1]所在的地址，以此类推，a+2 为第 3 个元素 a[2]所在地址。

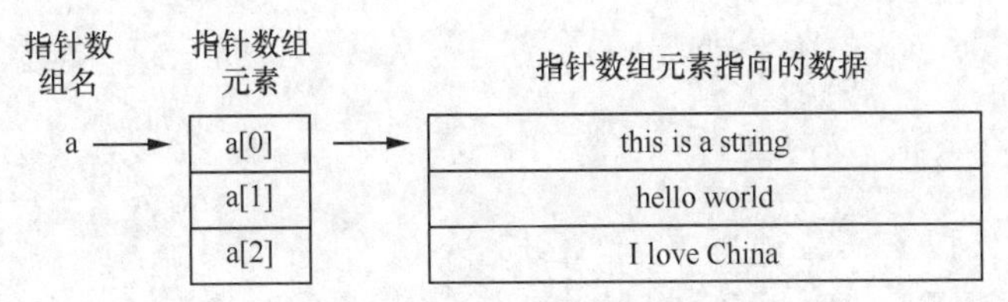

图6-10 指针数组逻辑示意图

指针数组中存储的元素是地址，其访问方式与普通数组相同，例如上面定义的数组 a，其元素访问代码如下：

```
a[0];                          //值为 this is string
a[1];                          //值为 hello world
a[2];                          //值为 I love China
```

可能有读者会奇怪，为什么数组元素输出的不是地址而是地址中的字符串数据？这与字符串的输出属性有关，关于字符串的知识我们将在第 7 章中详细讲解，在这里读者只需要了解指针数组中存储的是变量的地址即可。

6.6.2 指针数组的应用

指针数组在 C 语言编程中非常重要，为了让读者能够更好地掌握指针数组的应用，下面我们带领读者使用指针数组处理一组数据。

有一个 float 类型的数组存储了学生的成绩，其定义如下：

```
float arr[10] = {88.5,90,76,89.5,94,98,65,77,99.5,68};
```

然后定义一个指针数组 str，将数组 arr 中的元素取地址赋给 str 中的元素，示例代码如下：

```
float *str[10];                //定义一个 float 类型的指针数组
for(i = 0; i < 10; i++)
{
    str[i] = &arr[i];          //将 arr 数组中的元素取地址赋予 str 数组元素
}
```

上述代码中，定义了一个 float 类型指针数组 str，然后使用 for 循环将 arr 数组中的元素地址赋给了 str 数组元素，则数组 arr 与数组 str 之间的关系如图 6-11 所示。

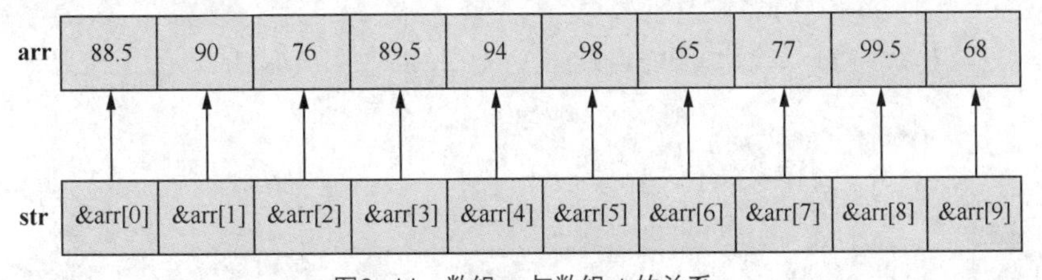

图6-11 数组arr与数组str的关系

指针数组 str 中存储的是数组 arr 中的数组元素地址，可以通过操作指针数组 str 对这一组成绩进行排序，而不改变原数组 arr，例如使用冒泡排序对数组 str 进行从大到小的排序，示例代码如下所示：

```
for(i = 0; i < 10-1; i++)
{
    float *pTm;                //定义临时指针用于交换
```

```
        for(j = 0; j < 10-1-i; j++)
        {
            if(*str[j] < *str[j+1])
            {
                pTm = str[j];
                str[j] = str[j+1];
                str[j+1] = pTm;
            }
        }
    }
```

上述代码使用冒泡排序对指针数组 str 进行从大到小的排序，在 str 数组中，每个元素都是一个指针，因此，在比较元素大小时，使用“*”符号取值进行比较。

排序完成之后，数组 arr 并没有改变，只是指针数组 str 中的指针指向发生了改变，此时数组 str 与数组 arr 之间的关系如图 6-12 所示。

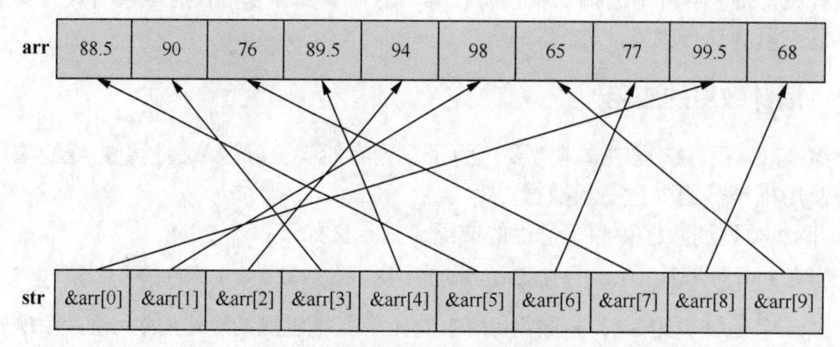

图6-12 排序完成后数组str与数组arr之间的关系

当然，如果在排序过程中，不交换指针数组 str 中的指针，而交换指针指向的数据，则数组 arr 就会被改变。交换 str 中指针指向的数据，示例代码如下：

```
for(i = 0; i < 10-1; i++)
{
    float tpm;                          //定义一个 float 类型的临时变量
    for(j = 0; j < 10-1-i; j++)
    {
        if(*str[j] < *str[j+1])         //交换指针指向的数据
        {
            tpm = *str[j];
            *str[j] = *str[j+1];
            *str[j+1] = tpm;
        }
    }
}
```

上述代码在排序时交换了 str 数组中指针指向的数据，排序完成之后，指针数组 str 与数组 arr 之间的关系如图 6-13 所示。

由图 6-13 可知，在排序中交换了指针指向的数据，则 arr 数组改变，而指针数组 str 中指针的指向并没有改变，但其指向的位置处数据发生了改变，因此指针数组 str 也相当于完成了排序。

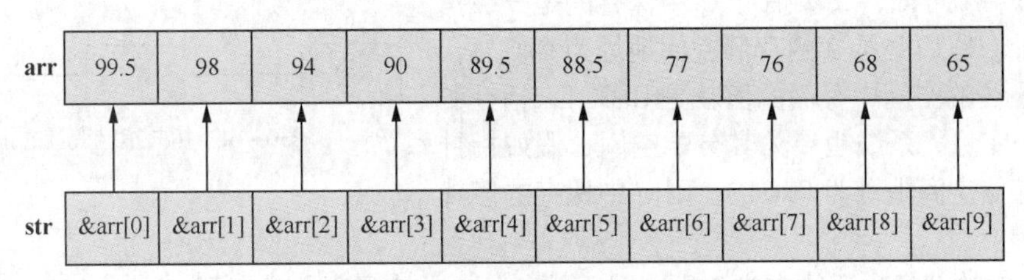

图6-13 交换str数组中指针指向的数据

由上述示例可知，使用指针数组处理数据更加灵活，正因如此，指针数组的应用很广泛，特别是在操作后续章节学习的字符串、结构体、文件等数据时应用更加广泛。

多学一招：指针数组作为main()函数的参数

在前面我们使用的 main()函数都是无参的，实际上该函数也可以接收参数。main()函数是程序的入口，通常用来接收来自系统的参数。main()函数的完整定义方式如下所示：

```
int main( int argc, char *argv[] );
```

从上述代码中可以看出，main()函数有两个参数，参数 argc 表示在命令行中输入的参数个数，参数 argv 是字符串指针数组，各元素值为命令行中各字符串的首地址。数组第 1 个元素指向当前运行程序文件名的字符串。指针数组的长度即参数个数，数组元素初值由系统自动赋予。

假设有一个 main.exe 程序，那么在命令行中输入命令“main.exe arg1 arg2 arg3”来调用该程序后，程序中 main()函数的形参 argc 被赋值为 4，形参 argv 指向长度为 4 的指针数组，该指针数组存入了指向 4 个字符串的指针，这 4 个字符串分别是“main.exe”“arg1”“arg2”和“arg3”。

关于 main()函数中的参数，读者只需要了解即可。

6.7 二级指针

前面几节我们所学的指针都是一级指针，一级指针指向普通的变量和数组，其实指针还可以指向一个指针，即指针中存储的是指针的地址，这样的指针称为二级指针。根据二级指针中存放的数据，二级指针可分为指向指针变量的指针和指向指针数组的指针。

1. 指向指针变量的指针

定义一个指向指针变量的指针，其格式如下：

```
变量类型 **变量名;
```

上述语法格式中，变量类型是指针的基类型，即最终指向的数据的类型，它必须是 C 语言的有效数据类型。两个符号“*”表明这个变量是个二级指针变量。

假设有如下定义：

```
int a=10;                    //整型变量
int *p=&a;                   //一级指针 p，指向整型变量 a
int **q=&p;                  //二级指针 q，指向一级指针 p
```

上述代码中，指针 q 是一个二级指针，其中存储一级指针 p 的地址，而 p 中存储整型变量 a 的地址，它们之间的逻辑关系如图 6-14 所示。

由图 6-14 可知，二级指针 q 中保存的是一级指针 p 的地址，假如变量 a 的存储空间地址为 0x001，则指针变量 p 的空间中存储的值就是 0x001，指针变量也是一个变量，系统也要为其分配空间，假如指针变量 p 的存储空间地址为 0x010，则 q 中保存的值就是 0x010。

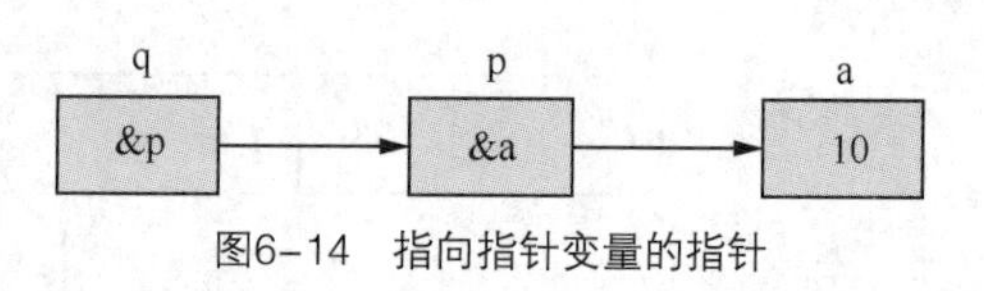

图6-14　指向指针变量的指针

二级指针的解读也遵循右左法则，对声明 int**q，其解读方式如下。

（1）从最左边第 1 个未定义的标识符 q 进行处理。

（2）其右侧没有内容，再看左侧是一个“*”符号，表明 q 是一个指针变量。

（3）接着看左侧，还是一个“*”符号，表明(*q)也是一个指针变量，即*q 的值是一个指针，因此 q 是一个二级指针。

（4）再看左侧是一个 int，表明 q 是一个 int 类型的二级指针。

通过二级指针访问变量时，需要连续使用两个“*”运算符，例如通过二级指针 q 访问变量 a，其代码如下所示：

```
**q   //访问变量 a
```

上述代码相当于* (*q)，*q 的值为 p，因此其结果与*p 是相同的，都是访问变量 a。

2. 指向指针数组的指针

假设要定义一个指针 p，使其指向指针数组 a[]，则其定义语句如下：

```
char *a[3]={0};
char **p=a;
```

以上语句中定义的 p 是指向指针数组的指针，当把指针数组 a 的地址赋给指针 p 时，p 就指向指针数组 a 的首元素 a[0]，a[0]元素是一个指针，p 指向 a[0]，则 p 就是一个指向指针的指针，是一个二级指针。

当然若再次定义指向该指针的指针，会得到三级指针。指针本来就是 C 语言中较为难理解的部分，若能掌握指针的精髓，将其充分利用，自然能够提高程序的效率，大大地优化代码，但是指针功能太过强大，若是因指针使用引发错误，很难查找与补救，所以程序中使用较多的一般为一级指针，二级指针使用的频率要远远低于一级指针，再多级的指针使用的频率则更低，这里不再讲解。

6.8 阶段案例——天生棋局

一、案例描述

中国传统文化源远流长，博大精深，包含着中华儿女的无穷智慧。围棋作为中华民族流传已久的一种策略性棋牌游戏，蕴含着丰富的汉民族文化内涵，是中国文明与中华文化的体现。本案例要求创建一个棋盘，如图 6-15 所示。

在棋盘生成的同时初始化棋盘，要求用户输入棋盘的大小与棋子的数量，根据初始化后棋盘中棋子的位置来判断此时的棋局是否是一局好棋。具体要求如下：

（1）棋盘的大小根据用户的指令确定；

（2）棋盘中棋子的数量由用户设定；

（3）棋子的位置由随机数函数随机确定，若生成的棋盘中有两颗棋子落在同一行或同一列，则判定为“好棋”，否则判定为“不是好棋”。

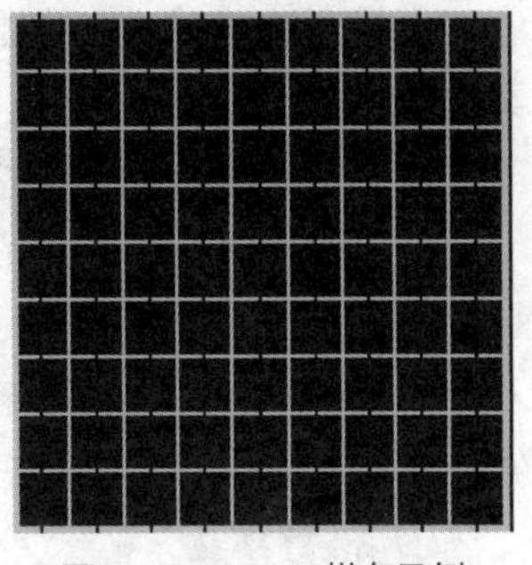
图6-15 10×10棋盘示例

二、案例分析

本案例需要根据用户输入的数据分别确定棋盘的大小和棋子的数量，所以棋盘的大小是不确定的。为了避免存储空间的浪费，防止因空间不足造成的数据丢失，本案例可动态地申请堆上的空间，来存储棋盘。棋盘由 n×n 个表格组成，其形式类似于矩阵，所以本案例中设计使用二级指针指向棋盘地址。

在初始化棋盘时，棋子可以落于每个方格的四个顶点，如图 6-15 中的棋盘最多可容纳 100 个棋子。在创建棋盘时，实质上只开辟了存储空间，空间中尚未存放棋盘信息，所以在生成棋盘之前需要初始化棋盘信息，棋盘信息的初始化可利用指针完成。当棋盘上棋子的数量确定后，在棋盘的范围内使用随机数函数随机确定每个棋子的位置。

在输出棋盘时，根据棋盘的创建与初始化信息搭建棋盘，棋盘的外观可使用制表符搭建。若棋盘对应的位置上有棋子，则将制表符替换为表示棋子的符号。

同时需要注意，由于棋盘是在堆上申请的空间，因此在使用完毕时需要手动释放空间。

三、案例实现

1. 实现思路

（1）定义创建棋盘函数：在创建棋盘时，使用 calloc()函数在堆上申请空间，返回一个二级指针。再使用 for 循环为空间中的每个指针分配空间，同样使用 calloc()。

（2）定义初始化棋盘函数：在 while()循环中，利用随机数在棋盘中生成棋子的位置。

（3）定义输出棋盘函数：使用制表符打印棋盘，在有棋子的位置使用“●”输出。

（4）定义销毁棋盘函数：调用 free()函数释放分配的空间。

（5）在主函数中实现棋盘大小和棋子数量的设置，定义一个二级指针，指向创建棋盘的函数返回的棋盘地址，随后依次调用初始化棋盘函数、输出棋盘函数和销毁棋盘的函数。

2. 完整代码

请扫描右侧二维码查看完整代码。

6.9 指针与 const

在开发一个程序时，为了防止数据被使用者非法篡改，可以使用 const 限定符。const 限定符修饰的变量在程序运行中不能被修改，在一定程度上可以提高程序的安全性和可靠性。

const 限定符通常与指针配合使用，与指针配合使用时有 3 种形式，具体方式如下。

1. 常量指针

常量指针的作用是使当前指针所指向变量的值在程序运行时不能被修改，其语法格式如下：

```
const 数据类型* 指针变量名;
```

上述语法格式中，在数据类型前面添加 const 限定符，那么该指针指向的变量将变为常量，其值不能被改变。

定义常量指针的示例代码如下：

```
int num=10;
const int * p=&num;
```

上述示例代码中，变量 num 为普通变量，当在指针变量 p 的数据类型前使用 const 限定符修饰后，p 就是一个常量指针，不能再通过 p 改变 num 的值。

2. 指针常量

指针常量指的是指针是一个常量，该指针存放的地址不能被改变，其语法格式如下：

```
数据类型* const 指针变量名;
```

上述语法格式在“指针变量名”前面添加 const 限定符，那么该指针变量就变为一个常量，它存储的地址值，即指针指向不能被改变。

定义指针常量的示例代码如下：

```
int num=10;
int * const p=&num;
```

上述示例代码中指针 p 使用 const 限定符修饰，将变量 num 的地址赋值给指针常量 p，那么指针变量 p 存储的地址不能被改变。

3. 指向常量的常指针

指向常量的常指针就是指针所指向的地址不能被改变，且所指向地址中的值也不能被改变，其语法格式如下：

```
const 数据类型* const 指针变量名;
```

上述语法格式中，在“指针变量名”和“数据类型”前都使用 const 限定符修饰，那么该指针的值为常量，且该指针指向的变量也变为常量。

定义指向常量的常指针的示例代码如下：

```
int num=10;
const int * const p=&num;
```

上述语法格式中定义了一个指向常量的常指针 p，并将变量 num 的地址赋值给变量 p。此时，变量 p 的值不能被改变，且变量 num 的值也不能被改变。

6.10 本章小结

本章首先讲解了指针的概念与指针的运算，然后讲解了指针与数组、指针与函数、指针数组的相关知识，最后讲解了二级指针、指针与 const 的相关知识。通过本章的学习，读者应能掌握多种指针的定义与使用方法，使用指针优化代码，提高代码的灵活性。

6.11 习题

一、填空题

1. 获取指针指向的变量的值可以使用________运算符。

2. 在C语言中，运算符________可以获取变量的地址。
3. 当使用指针指向一个函数时，这个指针就称作________。
4. 指向指针的指针被称为________。
5. 有如下定义：

```
int a[3] = {1,2,3};
int *p = a;
```

则p[0]的值为________。
6. 有如下定义：

```
int a[2][3] = {23,45,100,66,2,18};
int (*p)[3] = a;
```

则* (* (p+1)+2)的值为________。
7. 用来存放________的数组称为指针数组。
8. 值为0的指针称为________。

二、判断题

1. 指针变量实际上存储的并不是具体的值，而是变量的内存地址。(　　)
2. 数组名是一个普通的指针。(　　)
3. 二级指针所占内存大小为8字节。(　　)
4. 函数指针所占内存大小根据函数的代码量多少而不同。(　　)
5. 如果希望程序中的数据不能被修改或者防止非法篡改，可以使用const来修饰指针变量。(　　)
6. 如果通过二级指针访问变量的值，则需要使用两个“*”运算符。(　　)

三、选择题

1. 下列关于指针说法的选项中，正确的是(　　)。
   A. 指针是用来存储变量值的类型
   B. 指针类型只有一种
   C. 指针变量可以与整数进行相加或相减
   D. 指针不可以指向函数
2. 下列哪一项运算符，指针不能使用？(　　)
   A. &　　B. +　　C. ++　　D. %
3. 下列选项中哪一个是取地址运算符？(　　)
   A. *　　B. &　　C. #　　D. ￥
4. 若有以下定义和语句：

```
double r = 99, *p = &r;
*p = r;
```

则下列描述正确的是(　　)
   A. 两处*p含义相同，都说明给指针变量p赋值
   B. 在“double r = 99, *p = &r”中，把r的地址赋值给了p所指向的存储单元
   C. 语句*p = r把变量r的值赋给指针变量p
   D. 语句*p = r取变量r的值放回r中
5. 有一个数组int a[3]，下列哪一项不能定义指向一维数组的指针？(　　)

A. int *p = a;　　　B. int *p = a[0];

C. int *p = &a;　　　D. int *p = &a[0];

6. 关于C语言中的二级指针，下列描述中正确的是（　　）。

A. 二级指针中存储的是指针变量的地址

B. 二级指针可以指向任何类型的指针

C. 若有定义“int a = 10, **p;”，则“p=&&a;”成立

D. 若有定义“int a = 10, **p;”，则“p =&(&a);”成立

四、简答题

1. 请简述指针都可以进行哪些运算。

2. 请简述数组指针和指针数组的作用和区别。

五、编程题

1. 编写一个程序，实现对两个整数值的交换。

提示：

（1）定义一个方法实现交换功能，该方法接收两个指针类型的变量作为参数；

（2）在控制台输出交换后的结果。

2. 编写一个程序，实现3×4的二维数组矩阵转置。

提示：

（1）矩阵转置需要定义两个数组，另一个数组存储转置后的数据；

（2）矩阵转置时，原数组的行是另一个数组的列，而原数组的列是另一个数组的行。

7 Chapter

第7章 字符串

学习目标

- 掌握字符串与字符数组的定义
- 掌握字符串的输入和输出方式
- 掌握字符串的基本操作
- 掌握字符串与数字之间的转换方法

拓展阅读

日常生活中的信息都是通过文字来描述的，例如，发送电子邮件、在论坛上发表文章、记录学生信息都需要用到文字。程序中也同样会用到文字，程序中的文字被称作文本信息，C 语言中用于记录文本信息的变量称为字符串。本章将对字符串及字符串的相关函数进行详细的讲解。

7.1 字符数组和字符串

在前面第 5 章中我们以整型数组为例讲解了数组的相关知识，在 C 语言中，字符数组也很常用。字符数组是由字符类型的元素所组成的数组，字符串就存储在字符数组中，在访问字符数组时，可使用下标法读取指定位置的字符，也可使用%s 格式将字符数组中的元素以字符串的形式全部输出。字符串与字符数组密不可分，本节我们将对字符数组和字符串进行详细讲解。

7.1.1 字符数组

字符数组定义方式与整型数组类似，其语法格式如下：

```
char 数组名[数组大小];                  //一维字符数组
```

在上述语法格式中，“char”表示数组中的元素是字符类型，“数组名”表示数组的名称，它的命名遵循标识符的命名规范，“数组大小”表示数组中最多可存放元素的个数。

定义字符数组的示例代码如下：

```
char ch[6];
```

上述示例代码表示定义了一个一维字符数组，数组名为 ch，数组的长度为 6。最多可以存放 6 个字符，例如，ch[0]='a'，ch[1]='b'，ch[2]='c'，ch[3]='d'，ch[4]='e'，ch[5]='f'。字符数组的赋值和整型数组一样，可以在定义字符数组的时候完成，示例代码如下：

```
char c[5]={'h','e','l','l','o'};
```

上面示例代码的作用就是定义了一个字符数组，数组名为 c，数组包含 5 个字符类型的元素，该字符数组在内存中的状态如图 7-1 所示。

c[0]	c[1]	c[2]	c[3]	c[4]
h	e	l	l	o

图7-1　字符数组c的元素分配情况

字符数组的访问方式与整型数组类似，都是通过下标来实现的，例如访问上面定义的字符数组 c 中的元素，代码如下：

```
c[0];    //访问字符数组 c 中的第 1 个元素，值为 h
c[1];    //访问字符数组 c 中的第 2 个元素，值为 e
c[2];    //访问字符数组 c 中的第 3 个元素，值为 l
```

脚下留心：字符数组初始化时注意事项

字符数组的初始化很简单，但是要注意以下几点。

（1）初始项不能多于字符数组的大小，否则编译器会报错。如下代码所示：

```
char str[2] = {'a', 'b', 'c'}; //错误写法
```

（2）如果初始项值少于数组长度，则空余元素均会被赋值为空字符（'\0'）。

```
char str[5] = {'a', 'b', 'c'};  //后面剩余的两个元素均被赋值为'\0'
```

str 数组在内存中的表现如图 7-2 所示。

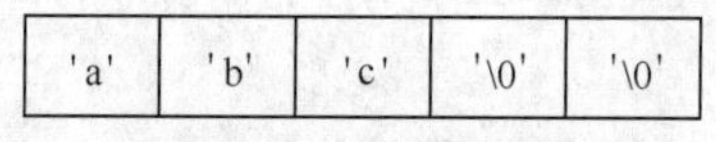

图7-2　str在内存中的表现

（3）如果没有指定数组大小，则编译器会根据初始项的个数为数组分配长度。

```
char str[] = {'a', 'b', 'c'};  //与 char str[3] = {'a', 'b', 'c'};相同
```

（4）二维字符数组的初始化与整型二维数组类似。

```
char str[2][2] = {{'a', 'b'}, {'c', 'd'}};
```

7.1.2　字符串

字符串是由数字、字母、下划线、空格等各种字符组成的一串字符，由一对英文半角状态下的双引号（""）括起来，示例如下：

```
"abcde"
"     "
```

以上内容为两个字符串，只是第 2 个字符串中的字符都是空格。需要注意的是，字符串在末尾都默认有一个'\0'作为结束符。

字符串在各种语言编程中都是非常重要的数据类型，但是在 C 语言中并没有提供“字符串”这个特定类型，字符串的存储和处理都是通过字符数组来实现的，存储字符串的字符数组必须以

空字符'\0'（空字符）结尾。当把一个字符串存入一个字符数组时，也把结束符'\0'存入数组，因此该字符数组的长度是字符串实际字符数加 1。

例如字符串"abcde"在数组中的存放形式如图 7-3 所示。

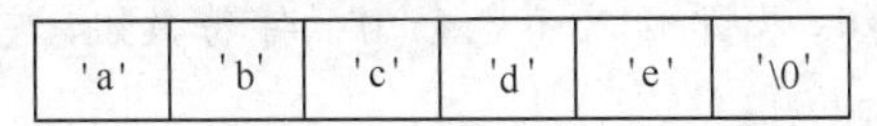

'a'	'b'	'c'	'd'	'e'	'\0'

图7-3 "abcde"字符串在数组中的存储形式

字符串由字符数组进行存储，那么可以直接使用一个字符串常量来为一个字符数组赋值，示例代码如下：

```
char char_array[6] = {"hello"};
char char_array[] = {"hello"};
```

在定义数组时，数组的大小可以省略，让编译器自动确定长度，因此，上述两种初始化字符数组的方式是等同的。双引号之间的“hello”是一个字符串常量，字符数组 char_array 在指定长度时之所以定义为 6，是因为在字符串的末尾还有一个结束标志'\0'。它的作用等同于下列代码：

```
char char_array[6] = {'h', 'e', 'l', 'l', 'o', '\0'};
```

使用字符串直接对字符数组进行初始化，则在输出字符数组的元素时，最后一个字符是'\0'，例如，在输出上面定义的字符数组 char_array 时，最后一个字符 char_array[5]的值是 0。

小提示：'\0'字符

字符串其实就是一个以空字符'\0'结尾的字符数组，在定义存储字符串的数组时，要手动在数组末尾加上'\0'，或者直接使用字符串对数组进行初始化。

字符数组与整型数组不同，在输出时，可以通过%s 格式化输出，直接输出数组名。例如，对上面定义的字符数组 char_array，可以直接以下面的形式输出：

```
printf("%s", char_array);        //结果为 hello
```

对于整型数组来说，直接输出数组名是错误的。

除此之外，字符串在使用过程中经常需要获知其长度，C 语言提供了 strlen()函数用于获取字符串的长度，函数声明如下所示：

```
unsigned int strlen(char *s) ;
```

在上述声明中，参数 s 是指向字符串的指针，返回值是字符串的长度。需要注意的是，使用 strlen()函数得到的字符串的长度并不包括末尾的空字符'\0'。示例代码如下：

```
strlen("hello");                //获取字符串 hello 的长度
strlen(char_array);             //获取字符数组 char_array 中存储的字符串的长度
```

因为 strlen()函数不将字符串末尾的'\0'计入字符串长度，所以上述两行代码的结果均为 5。使用 strlen()函数，读者可以很容易地获取字符串的大小。

小提示：strlen()函数与 sizeof 运算符

strlen()函数与 sizeof 运算符都可用于计算参数所占内存的大小，但它们之间是有所不同的，我们来简单总结一下 strlen()函数与 sizeof 运算符的区别，具体如下。

（1）sizeof 是运算符；strlen()是 C 语言标准库函数，包含在 string.h 头文件中。

（2）sizeof 运算符功能是获得所建立的对象的字节大小，计算的是类型所占内存的多少；strlen()函数是获得字符串所占内存的有效字节数。

（3）sizeof 运算符的参数可以是数组、指针、类型、对象、函数等；strlen()函数的参数是字符串或以'\0'结尾的字符数组，如果传入不包含'\0'的字符数组，它会一直往后计算，直到遇到'\0'，因此计算结果是错误的。

（4）sizeof 运算符计算大小是在编绎时就完成，因此不能用来计算动态分配内存的大小；strlen()结果要在运行时才能计算出来。

7.1.3 字符串与指针

在 C 语言中，字符型指针用 char*来定义，它不仅可以指向一个字符型常量，还可以指向一个字符串。字符串使用字符数组进行存储，因此，指向字符串的指针其实是指向了存储字符串的数组，例如，定义如下代码：

```
char arr[6] = "nihao";                //定义一个字符数组 arr，存储字符串 nihao
char *p = arr;                        //定义一个字符型指针 p，指向数组 arr
```

上述代码定义了一个字符数组 arr 存储字符串“nihao”然后定义了一个字符型指针 p 指向数组 arr，此时字符指针 p 与字符数组 arr 及字符串“nihao”之间的关系如图 7-4 所示。

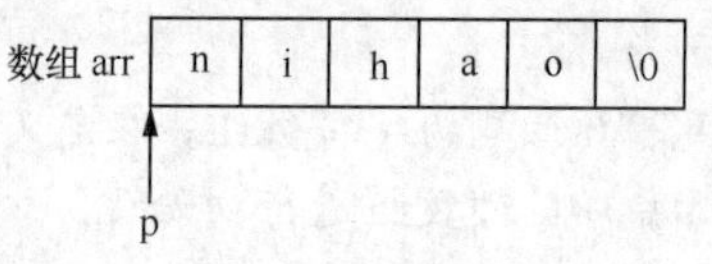

图7-4 指向字符串“nihao”的指针

从图 7-4 中可以看出，指向字符串“nihao”的指针其实是指向了字符数组 arr，同时也指向数组第 1 个字符“n”。由此，我们可以理解为：指向字符串的指针同时也指向了字符串第 1 个字符。

通过字符串指针可以引用字符数组中的元素，它访问数组元素的方式与整型数组相同，分为下标法与指针运算两种方式，示例代码如下：

```
p[1];                                 //访问字符串的第 2 个字符，值为 i
* (p+1);                              //访问字符串的第 2 个字符，值为 i
```

上述代码中，第 1 行代码通过下标形式访问字符数组中的元素，第 2 行代码通过指针运算访问字符数组中的元素。除了访问单个字符，当字符指针指向字符串时，也可以直接输出指针以输出字符数组中存储的字符串，示例代码如下：

```
printf("%s", arr);                    //结果为 nihao
```

读者须谨记，当字符指针指向字符串时，如果以%s 格式化输出，则直接输出字符串；如果以%d 等整型格式化输出，则输出的是字符串所在空间的首地址。

定义指向字符串的指针时，除了使用数组为指针初始化，还可以使用字符串直接给指针进行初始化，示例代码如下：

```
char *p1 = "nihao";                   //使用字符串直接对字符型指针进行初始化
```

上述代码使用字符串直接初始化字符指针，其效果与使用字符数组初始化相同。但需要注意的是，在用字符数组初始化字符指针之前，字符串已经存在于字符数组在栈区开辟的内存空间中，字符指针只需存储字符数组的地址即可；而用字符串常量初始化字符指针时，系统会先将字符串常量放入常量区，再用指针变量存储字符串的首地址，两者之间的区别如图 7-5 所示。

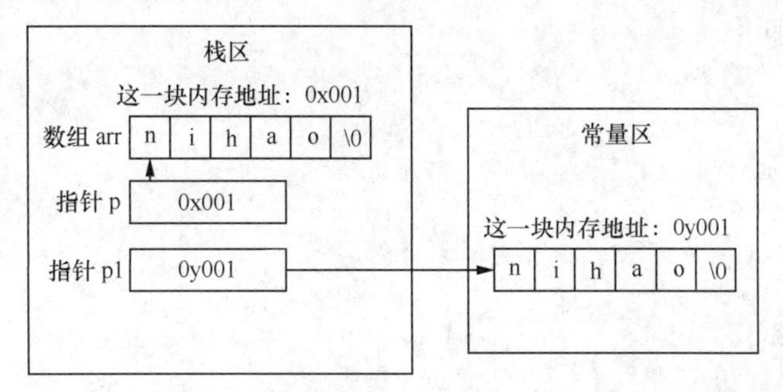

图7-5 使用字符数组与字符串初始化指针

在操作字符串时，使用字符指针要比字符数组更灵活，下面我们简单总结一下字符指针与字符数组在初始化、赋值等方面的一些区别。

（1）初始化

可以对字符指针进行赋值，但不能对数组名进行赋值，示例代码如下：

```
//给字符指针赋值
char *p = "hello";                    //等价于 char *p; p = "hello";
//给数组赋值
char str[6] = "hello";
str = "hello";                        //错误
```

上述代码中，第 2 种赋值方式 str="hello"是错误的，因为数组名是一个指针常量，不可以对其进行赋值。

（2）赋值方式

字符数组（或字符串）之间只能单个元素赋值或使用复制函数；字符指针则无此限制。示例代码如下：

```
//字符指针赋值
char *p1 = "hello", *p2;
p2 = p1;
//字符数组赋值
char str1[6] = "hello", str2[6];
str2 = str1;                          //错误
```

上述代码中，第 2 种赋值方式 str2=str1 是错误的，原因还是数组名是一个指针常量，不可以对其进行赋值。

（3）运算

字符指针可以通过指针运算改变其值，而数组名是一个指针常量，其值不可以改变。示例代码如下：

```
//字符指针
char *p = "chuan zhi bo ke, niu!";
p+=7;
//数组名
char str[6]="hello";
str+=3;                               //错误，数组名是指针常量，不可被更改
```

（4）字符串中字符的引用

数组可以用下标法和指针运算引用数组元素；字符串也可以用这两种方法来引用字符串的字符元素。示例代码如下：

```
//字符数组
char str[100] = "chuan zhi bo ke, niu!";
char ch1 = str[6];                //下标法
char *p =  str;
char ch2 = * (p+6);               //指针运算
//字符串
char *p = "chuan zhi bo ke, niu!";
char ch2 = p[6];                  //下标法
char ch3 = * (p+6);               //指针运算
```

7.2 字符串的输入/输出

在第 4 章中我们学习了 printf()函数和 scanf()函数，它们分别负责向控制台中输出内容和从控制台上接收用户的输入，它们可以接受各种形式的数据的输入/输出，但针对字符和字符串的输入和输出，C 语言还专门提供了 getc()函数、getchar()函数、gets()函数和 putc()函数、putchar()函数、puts()函数，本节将针对这两组函数进行详细的讲解。

7.2.1 常见的输入函数

在 C 语言中，除了 scanf()外，常见的输入函数还有 getc()、getchar()、gets()，下面我们分别对这 3 个函数进行介绍。

1. getc()函数

getc()函数用来读取用户输入的单个字符，其函数声明如下：

```
int getc(FILE *stream);
```

上述格式中，getc()函数的参数为 FILE*类型的文件指针，返回值类型为 int。getc()函数可以从文件指针中读取一个字符，然后将字符强制转换为 int 类型返回，当读取到末尾或发生错误时返回 EOF（-1）。

使用该函数从键盘输入中读取一个字符，示例代码如下：

```
int num = getc(stdin);
```

在上述代码中，使用 getc()函数从标准输入（键盘输入）中读取一个字符，将其结果返回给整型变量 num，假如输入一个字符 a，则输出 num 的值为 97，这是字符 a 对应的 ASCII 码值。需要注意的是，getc()函数的参数 stdin 是 C 语言定义的标准输入流，是一个文件指针，关于文件指针与流我们将在第 10 章进行讲解。

2. getchar()函数

getchar()函数用于从标准输入中读取一个字符，其函数声明如下：

```
int getchar(void);
```

getchar()没有参数，可直接使用，其返回值为读取到的字符，示例代码如下：

```
int num = getchar();
```

上述代码表示使用 getchar()函数从标准输入中读取一个字符，然后将读取的字符返回给num，它的作用与“int num = getc(stdin);”相同。

3. gets()函数

gets()函数用于读取一个字符串，其函数声明如下：

```
char *gets(char *str);
```

gets()函数用于从标准输入设备读取字符串，并将字符串存储到字符串指针变量 str 所指向的内存空间。用户输入数据时以换行表示输入结束，gets()函数读取换行符之前的所有字符（不包括换行符本身），并在字符串的末尾添加一个空字符'\0'来标记字符串的结束，然后返回读取到的字符串指针。gets()函数的使用示例如下：

```
char phoneNumber[12];        //定义一个字符数组
gets(phoneNumber);           //读取数据存入到数组中
```

在上述代码中，首先定义了一个字符数组 phoneNumber，然后调用 gets()函数读取数据，将读取到的数据存储到数组 phoneNumber 中。

需要注意的是，使用 gets()函数时，用户定义的字符数组的长度必须大于用户输入的字符串长度，否则程序会发生“缓冲区溢出”错误。

7.2.2 常见的输出函数

在 C 语言中，除了 printf()函数外，常见的输出函数有 putc()、putchar()、puts()，下面我们分别对这 3 个函数进行介绍。

1. putc()函数

putc()函数用于将一个字符输出到指定流中，其函数声明如下：

```
int putc(int ch, FILE *fp);
```

putc()函数有两个参数：

- ch：被输出的字符，该字符以 int 类型（即 ASCII 码值）进行传递。
- fp：指向文件对象的指针，标识了要被写入字符的流。

putc()函数的返回值类型为 int，putc()函数的功能是将字符 ch 输出到文件指针 fp 指向的流中，并将字符的 ASCII 码值返回。例如，通过 putc()函数将字符 a 输出到标准输出（即屏幕），代码如下：

```
int num = putc('a',stdout);
```

执行上述语句，则屏幕上会输出字符 a，如果使用 printf()函数输出 num 的值，则结果为 97。

2. putchar()函数

putchar()函数用于将一个字符输出到标准输出，其函数声明如下：

```
int putchar(int ch);
```

putchar()函数接收一个字符参数，它将这个字符输出到标准输出，然后返回该字符。通过 putchar()向屏幕输出一个字符，代码如下：

```
int num = putchar('a');
```

上述语句的作用与“int num = putc('a',stdout);”相同，这里不再赘述。

3. puts()函数

puts()函数的用法很简单，它用来输出一整行字符串，其函数声明如下：

```
int puts(const char *str);
```

puts()函数接受一个字符指针类型的参数，该指针指向要输出的字符串，并且会自动在字符串末尾追加换行符'\n'。如果调用成功，则返回一个 int 类型的非负数，否则返回 EOF。

puts()函数的使用示例如下：

```
char arr[20] = "hello world";
puts(arr);
```

上述代码定义了一个字符数组 arr，然后调用 puts()函数将数组 arr 中的字符串输出。

小提示：printf()与 puts()的区别

与 puts()函数相比，printf()函数不会一次输出一整行字符串，而是根据格式化字符串输出一个个“单词”。由于进行了额外的数据格式化工作，在性能上，printf()比 puts()慢。但另一方面，printf()还可以直接输出各种不同类型的数据，因此它比 puts()使用得更广泛。

7.3 字符串操作函数

在程序中，经常需要对字符串进行操作，如字符串的比较、查找、替换等。C 语言中提供了许多操作字符串的函数，这些函数都位于 string.h 文件中。本节将针对这些函数进行详细的讲解。

7.3.1 字符串比较

在实际编程中，经常要比较字符串的大小，例如按字母顺序对姓名进行排序，为此 C 语言提供了 strcmp()函数和 strncmp()函数，下面我们对这两个函数进行详细介绍。

1. strcmp()函数

strcmp()函数用于比较两个字符串的内容是否相等，其函数声明如下：

```
int strcmp(const char *str1, const char *str2);
```

在上述函数声明中，参数 str1 和 str2 代表要进行比较的两个字符串。如果两个字符串的内容相同，strcmp()返回 0，否则返回非零值。

调用 strcmp()函数对两个字符串进行比较，示例代码如下：

```
char *p1 = "nihao";
char *p2 = "hello";
int num = strcmp(p1, p2);
```

上述代码中先定义了两个字符指针 p1、p2，分别指向字符串“nihao”、“hello”，然后将两个指针传入 strcmp()函数比较两个字符串的大小，并使用整型变量 num 记录比较结果。

注意

函数 strcmp()只能接收字符指针作为参数，不接收单个字符；如果传入的是某个字符（如'a'），那么'a'会被视为指针，程序将会报错。

2. strncmp()函数

在 C 语言中，strncmp()函数用来比较两个字符串中前 n 个字符是否完全一致。其函数声明如下：

```
int strncmp(const char *str1, const char *str2, size_t n);
```

在上述函数声明中，参数n表示要比较的字符个数。如果字符串str1和str2的长度都小于n，那么就相当于使用strcmp()函数对字符串进行比较。

strncmp()函数的用法与strcmp()函数的用法相似，示例代码如下：

```
char *p1 = "abcdef";
char *p2 = "abcwdfg";
int num1 = strncmp(p1, p2, 3);          //比较前3个字符，相等，值为0
int num2 = strncmp(p1, p2, 4);          //比较前4个字符，不相等，值为-1
```

上述代码先定义了两个字符指针p1、p2，分别指向字符串“abcdef”、“abcwdfg”，然后调用strncmp()函数取两个字符串的前3个字符进行比较，使用整型变量num1记录比较结果；其次调用strncmp()函数比较两个字符串的前4个字符，使用整型变量num2记录比较结果。由于两个字符串的前3个字符都是abc，num1的值为0；由于两个字符串的第4个字符不同，num2的值为-1。

7.3.2 字符串查找

生活中，我们经常会查找文档，例如从花名册中查找某个人，从报表中查找某个季度的数据，在C语言中，也经常要编程实现文本查找功能，为此，C语言提供了strchr()、strrchr()和strstr() 3个函数来实现对字符串的查找功能，接下来我们将针对这3个函数进行详细的讲解。

1. strchr()函数

strchr()函数用来查找某个字符在指定字符串中第1次出现的位置，其函数声明如下：

```
char *strchr(const char *str, char c);
```

在上述函数声明中，参数str为被查找的字符串，c是指定的字符。如果字符串str中包含字符c，strchr()函数将返回一个字符指针，该指针指向字符c第1次出现的位置，否则返回空指针。

strchr()函数的用法示例如下：

```
char *p = "abcdef";
char *idx1 = strchr(p, 'e');
char *idx2 = strchr(p, 't');
```

上述代码中，在字符“abcdef”中分别查找字符'e'与't'第一次出现的位置，idx1的值为指向字符'e'位置的指针，由于字符串“abcdef”中没有字符't'，因此idx2的值为空。

2. strrchr()函数

strrchr()函数用来查找某个字符在指定的字符串中最后一次出现的位置，其函数声明如下：

```
char *strrchr(const char *str, char c);
```

在上述函数声明中，参数str为被查找的字符串，c是指定的字符。如果字符串str中包含字符c，strchr()函数将返回一个字符指针，该指针指向字符c最后一次出现的位置，否则返回空指针。

由于strrchr()函数的用法与strchr()函数非常相似，这里不再举例说明。

3. strstr()函数

上面两个函数都只能搜索字符串中的单个字符，如果要想判断在字符串中是否包含指定子串时，可以使用strstr()函数，其函数声明如下：

```
char *strstr(const char *haystack, const char *needle);
```

在上述函数声明中，参数haystack是被查找的字符串，needle是子字符串。如果在字符串

haystack 中找到了字符串 needle，则返回子字符串的指针，否则返回空指针。

strstr()函数的用法示例如下所示：

```
char *p = "abcdef";
char *idx1 = strstr(p, "abc");
char *idx2 = strstr(p, "nihao");
```

上述代码先定义了一个指针 p 指向字符串“abcdef”，然后分别在字符串中查找子串“abc”和子串“nihao”，并将查找结果返回给 char*变量 idx1 与 idx2。当查找“abc”子串时，“abc”子串的位置在字符串的开头，因此 idx1 的值为字符串“abcdef”的地址，*idx1 的值为“abcdef”。当查找子串“nihao”时，字符串中没有包含该子串，因此查找不成功，idx2 的值为空。

7.3.3 字符串连接

在程序开发中，经常需要将两个字符串进行连接操作，例如，将电话号码和相应的区号进行连接。为此，C 语言提供了 strcat()函数和 strncat()函数来实现连接字符串的操作。关于这两个函数的相关讲解，具体如下。

1. strcat()函数

strcat()函数的用法很简单，它用来实现字符串的连接。strcat()函数的声明如下所示：

```
char *strcat(char *dest, const char *src);
```

在上述函数声明中，参数 dest 为目标字符串，参数 src 为被连接的字符串，strcat()将参数 src 指向的字符串复制到参数 dest 所指字符串的尾部，覆盖 dest 所指字符串的结束字符，实现拼接。

strcat()函数的用法示例如下所示：

```
char str1[20] = "abcdef";
char str2[10] = "abcwdfg";
char *p = "HELLO";
strcat(str1,p);      //将字符串 p 连接到 str1 后面
strcat(str2,p);      //将字符串 p 连接到 str2 后面
```

上述代码先定义了两个数组 str1 和 str2，大小分别为 20 和 10，然后调用 strcat()函数将字符串“HELLO”分别拼接到 str1 与 str2 后面。代码执行后，“HELLO”被拼接到 str1 之后，str1 字符串由“abcdef”更改为“abcdefHELLO”；但在将“HELLO”拼接到 str2 之后时，会因 str2 空间不足而报错，拼接失败。

需要注意的是，当调用 strcat()函数时，第 1 个参数 dest 必须有足够空间来存储连接进来的字符串，否则会产生缓冲区溢出问题。例如下面的代码就是错误的：

```
char arr[6] = "HELLO";                  //数组 arr 大小为 6
strcat(arr, "China");                   //连接错误
```

上述代码中，数组 arr 大小为 6，当调用 strcat()函数将字符串“China”连接到 arr 中时，由于空间不足会造成缓冲区溢出而出现错误，系统在编译时会报错，因此连接不成功。

2. strncat()函数

为了避免出现缓冲区溢出问题，C 语言提供了可限制拼接长度的函数 strncat()。strncat()函数的声明如下：

```
char *strncat(char *dest, const char *src, size_t n);
```

在上述函数声明中，strncat()函数除了接收两个字符指针 src 和 dest 之外，还接收第 3 个参

数 n，该参数用于设置从 src 所指字符串中取出的字符个数。strncat()的用法示例如下：

```
char str1[20] = "abcdef";
char str2[10] = "abcwdfg";
strncat(str1, str2, 3);
```

上述代码先定义了两个字符数组 str1、str2，之后调用了 strncat()函数，取 str2 字符串的前 3 个字符 abc 连接到 str1 中，拼接完成后 str1 由“abcdef”更改为“abcdefabc”。strncat()函数与 strcat()函数使用方式相同，都要保证第 1 个参数 dest 有足够的空间来存储连接进来的 n 个字符。

7.3.4 字符串复制

我们在操作计算机时总会用到复制功能，将一些数据复制到另一个地方，在 C 语言程序中也经常会遇到字符串复制，为此 C 语言提供了 strcpy()函数用于实现字符串复制功能。

strcpy()函数的声明如下：

```
char *strcpy(char *dest, const char *src);
```

strcpy()函数接收两个 char*类型的参数 dest 和 src，返回值类型为 char*，其功能是把 src 指向的字符串（包括'\0'）复制到 dest 指向的空间，并返回 dest 指针。需要注意的是 src 和 dest 所指向的内存区域不可以重叠，并且 dest 指向的内存必须有足够的空间来存储 src 指向的字符串。

strcpy()函数用法示例如下所示：

```
char arr[15] = "hello,China";
char *p = "ABCD";
strcpy(arr,p);
```

上述代码，定义了一个字符数组 arr 和一个字符指针 p，其中，arr 数组的大小为 15，存储的字符串为“hello,China”，指针 p 指向的字符串为“ABCD”。使用 strcpy()函数将指针 p 指向的字符串复制到数组 arr 中，由于 arr 表示数组的首地址，因此字符串“ABCD”从数组开头处开始复制，它会覆盖掉数组中原有的元素，复制完成之后，以%s 格式化输出数组 arr，其值为“ABCD”。需要注意的是，在复制时，字符串“ABCD”只是覆盖了数组 arr 前 5 个元素，而后面的元素还会存在 arr 中，其复制过程如图 7-6 所示。

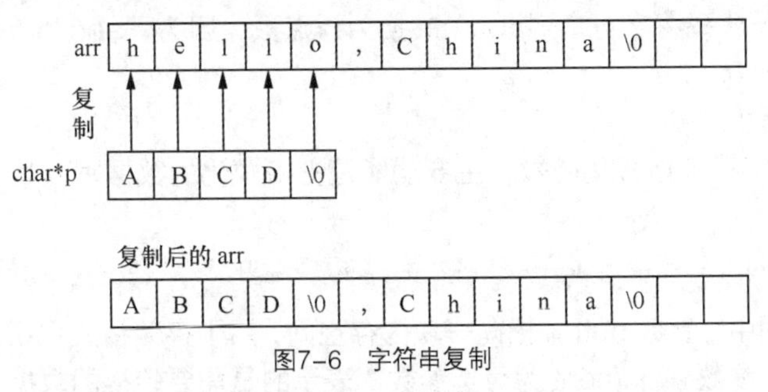

图7-6 字符串复制

由图 7-6 可知，复制完成之后，数组 arr 的元素包含字符串“ABCD\0,China”，当以%s 格式化输出 arr 时，遇到“ABCD”末尾的'\0'就结束，因此只输出了字符串“ABCD”，如果以下标法读取 arr 数组，则可以访问到后面的元素，示例代码如下：

```
arr[6];        //第 7 个元素，值为 C
arr[7];        //第 8 个元素，值为 h
```

7.4 数字与字符串转换

除了字符串之间的比较、查找、连接、复制等，C 语言还提供了一些函数实现字符串与数字之间转换，如 atoi()、atof()、sprintf()等，下面我们将对这些函数进行讲解。

1. atoi()函数

atoi()函数用于将一个数字字符串转换为对应的十进制数，atoi()函数的声明如下：

```
int atoi(const char *str);
```

atoi()函数接收一个字符指针类型的参数 str，返回值类型为 int，其作用是将 str 指向的字符串转换为十进制整数，如果转换成功，将返回转换后的十进制整数；否则返回 0。

atoi()函数位于 stdlib.h 文件中，在调用该函数时需要使用 include 包含 stdlib.h 头文件。

atoi()函数的用法如下所示：

```
int num1 = atoi("123");      //将字符串"123"转换为十进制数据 123
int num2 = atoi("abc");      //"abc"不是数字字符串，转换失败
```

上述代码中，第 1 行代码调用 atoi()函数将数字字符串转换为十进制数据 123，即 num1 的值为 123；第 2 行代码将字符串“abc”转换为十进制数据，此次转换失败，num2 的值为 0。

2. atof()函数

atof()函数用于将一个数字字符串转换为浮点数，其函数声明如下所示：

```
double atof(const char *str);
```

在上述函数声明中，参数 str 用于接受记录数字的字符串，若函数调用成功，将返回转换后的浮点数，否则返回 0。atof()函数声明位于 stdlib.h 文件中，如果使用该函数，则需要包含 stdlib.h 头文件。

atof()函数的用法示例代码如下所示：

```
double f1 = atof("123.1"); //将字符串“123.1”转换为浮点数 123.1
double f2 = atof("abc");          //“abc”不是数字字符串，转换失败
```

上述代码中，第 1 行代码调用 atof()函数将数字字符串“123.1”转换为了浮点数，即 f1 的值为 123.1；第 2 行代码将字符串“abc”转换为浮点数，因为“abc”不是数字字符串，所以转换失败，f2 的值为 0。

3. sprintf()函数

sprintf()函数是字符串格式化函数，主要功能是把格式化的数据写入某个字符串中，其函数声明如下：

```
int sprintf(char *buffer, const char *format, [ argument] … );
```

在上述函数声明中，参数 buffer 指向一块内存空间，用于存储格式化后的数据。参数 format 表示格式化字符串，参数 argument 为可选参数，表示的是需要转换的数据。

例如，将整数 100 转换为十进制表示的字符串，代码如下：

```
sprintf(str, "%d", 100);
```

从上述代码可以看出，sprintf()与 printf()输出函数的使用方法类似，只不过 printf()的输出目标是屏幕，而 sprintf()将把字符串输出到指定的字符数组中。

多学一招：使用函数 itoa()将整数转换为字符串

使用函数 itoa()，可将一个整数转换为不同进制下的字符串，其函数声明如下所示：

```
char *itoa(int val, char *dst, int radix);
```

在上述函数声明中，第 1 个参数 val 表示的是待转换的数，第 2 个参数表示的是目标字符数组，第 3 个参数表示的是要转换的进制。

itoa()函数虽然不是 C 语言标准库中的函数，但它使用起来比较方便，因此已经获得了绝大多数编译器的支持，下面我们在 Dev-C++平台下，使用 itoa()函数将十进制数 100 分别转换为二进制、八进制和十六进制，示例代码如下：

```
//定义 3 个数组
char str1[10];
char str2[10];
char str3[10];

itoa(100,str1,2);        //将十进制数 100 转换为二进制，将转换结果存储到 str1 中
itoa(100,str2,8),        //将十进制数 100 转换为八进制，将转换结果存储到 str2 中
itoa(100,str3,16);       //将十进制数 100 转换为十六进制，将转换结果存储到 str3 中

printf("%s\n",str1);    //输出 str1 的内容，结果为 1100100
printf("%s\n",str2);    //输出 str2 的内容，结果为 144
printf("%s\n",str3);    //输出 str3 的内容，结果为 64
```

上述代码先定义了 3 个大小均为 10 的字符数组 str1、str2 和 str3，然后调用 itoa()函数将十进制数 100 分别转换为二进制、八进制、十六进制，同时分别存储到数组 str1、str2 和 str3 中，最后输出 str1、str2 和 str3 数组中的值。输出的值分别是由 100 转换成的二进制数、八进制数和十六进制数。

需要注意的是，itoa()不是 C 语言标准中规定的函数，因此在某些平台（如 Linux）上是无法使用的，这种情况下可使用 sprintf()。

关于字符串的更多操作函数可参考附录 VII。

7.5 阶段案例——回文字符串

一、案例描述

回文字符串就是正读反读都一样的字符串，比如，“level”和“noon”都是回文字符串。案例要求编写一个程序实现以下功能：从键盘中输入字符串，并判断此字符串是否为回文字符串。

二、案例分析

对本案例进行分析，首先需要分析清楚什么样的字符串是回文字符串，然后再思考怎么判断一个字符串是回文字符串。

（1）回文字符串就是从前往后读和从后往前读都相同的字符串，例如案例描述中的“level”，

从后往前读还是“level”，因此它是一个回文字符串。判断一个字符串是否是回文字符串，可以通过比较第一个字符与倒数第一个字符是否相等，不相等，则不是回文字符串，如果相等则比较第二个字符与倒数第二个字符是否相等，……这样一直将所有字符比较完毕。例如，字符串“abcda”，第一个字符与倒数第一个字符都是‘a’，然后比较第二个字符与倒数第二个字符，由于‘b’与‘d’不相等，因此，“abcda”不是回文字符串。

（2）在实现上可以利用上一章学习的指针，使用两个指针分别指向字符串的开头与末尾，判断两个指针所指向的字符是否相同，如果不同则不是回文字符串；如果相同则将两个指针分别向中间移动，再次比较是否相同，这样直到所有字符比较完毕。

三、案例实现

1. 实现思路：

（1）定义一个数组存储从键盘输入的字符串，并且定义一个变量 length 记录数组中字符串的长度。

（2）分别定义两个指针指向字符串开头与末尾。

（3）比较两个指针指向的字符是否相同，如果不同，提示不是回文字符串，如果相同，则把指向字符串开头的指针加 1，向后移动指针并指向后一个字符，同时把指向字符串末尾的指针减 1，向前移动指针并指向前一个字符，然后继续判断此时指针指向的两个字符是否相同，直到检查完字符串中所有字符为止。

（4）最后根据返回值判断字符串是否为回文字符串。

2. 完整代码

请扫描右侧二维码查看完整代码。

7.6 本章小结

本章我们首先讲解了 C 语言中字符数组、字符串的概念与定义，以及字符串与指针的关系，然后讲解了字符串的输入输出，之后讲解了字符串常用的操作函数，最后讲解了数字与字符串之间的转换。字符串在实际开发中应用广泛，通过本章的学习，希望大家能够熟练掌握字符串的操作。

7.7 习题

一、填空题

1. 在 C 语言中，用于获取字符串长度的函数是________。
2. 数组 char c[3]={'a','b','c'}，表达式 c[1]的值是________。
3. 在 C 语言中，系统会默认在字符串末尾加上________。
4. 在 C 语言中，________函数用来查找指定字符在指定字符串中第一次出现的位置。
5. 当字符数组中的初值个数小于数组长度时，没有赋值的元素会默认赋值为________。
6. 在 C 语言中，________函数可以读取一个字符串，并将字符串存储在数组中。

二、判断题

1. 在 C 语言中，字符串可以用 string 类型定义，例如，string s = "abc"。（ ）

2. 字符型指针用 char*来定义，它不仅可以指向一个字符型常量，还可以指向一个字符串。( )

3. 字符串操作函数都位于 string.h 文件中。( )

4. getchar()函数只能从键盘中读取字符。( )

5. 字符串也可以像基本数据类型一样进行比较相等的操作。( )

6. strcpy()函数用于实现字符串的复制。( )

7. 指向字符串的指针，以%s 格式化输出指针时，结果为字符串的地址。( )

三、选择题

1. 下列选项中，关于字符指针的说法正确的是 ( )。

A. 字符指针实际上存储的是字符串首元素的地址

B. 字符指针实际上存储的是字符串中所有元素的地址

C. 字符指针与字符数组的唯一区别是字符指针可以进行加减运算

D. 字符指针实际上存储的是字符串常量值

2. 代码 char *ch= "abcdef "; printf("*ch ");在控制台输出的结果是 ( )。

A. *ch　　B. "abcdef"　　C. 字符'a'的地址　D. "ab"

3. 下列选项中，哪一个是表示字符串的末尾？ ( )

A. '\n'　　B. '\r'　　C. '\0'　　D. NULL

4. 下列选项中，哪个函数可以读取一个字符串？ ( )

A. gets()　　B. getc()　　C. puts()　　D. putchar()

5. 若有定义 char str1[] = "abc";char str2[] = "dkgabcls";，调用 strstr(str1,str2)函数，则下列描述中正确的是 ( )。

A. 调用 strstr(str1,str2)是在字符串 str2 中查找字符串 str1 第一次出现的位置

B. strstr(str1,str2)输出结果为 abc

C. strstr(str1,str2)输出结果为 abcls

D. strstr(str1,str2)输出结果为 NULL

四、简答题

1. 简述字符串与字符数组的区别。

2. 简述 atoi()函数与 itoa()函数的区别。

五、编程题

1. 编写一个程序，实现字符串比较函数 strcmp()。

提示：字符串的比较是字符串中对应下标上的字符的比较。

2. 现有一个字符串“Spring, the sweet Spring, is the year’s pleasant king.”，请编写一个程序，将字符串中的“Spring”子串替换为“Summer”。

提示：

(1) 调用 strstr()函数找到子串在字符串中出现的位置；

(2) 将找到的子串用指定字符串替换掉。

8 Chapter

第 8 章 结构体

学习目标

- 理解结构体的定义
- 掌握结构体的使用方法
- 掌握结构体数组的定义与使用
- 掌握结构体与指针的用法
- 了解结构体类型的参数在函数间的传递
- 了解 typedef 的使用

拓展阅读

8.1 结构体类型

基础类型用来定义单个变量，数组用来定义某种类型数据的集合，但有些情况需要定义包含多种类型数据的变量，例如定义一个学生变量，该变量可能需要包含字符数组类型的姓名、字符型的性别、整型的年龄、浮点型的成绩等，基础类型和数组无法满足此种需求，所以要用到结构体。本章我们将分结构体类型、结构体数组、结构体与指针、结构体与函数这几个小节对结构体相关知识进行讲解。

8.1.1 结构体类型声明

结构体类型由不同类型的变量组成，组成它的每一个类型的变量都称为该结构体类型的成员。在程序中使用结构体类型之前，要先对结构体类型进行声明。结构体类型的声明方式如下：

```
struct 结构体类型名称
{
     数据类型   成员名 1;
     数据类型   成员名 2;
     …
     数据类型   成员名 n;
};
```

在上述语法格式中，“struct”是声明结构体类型的关键字，在“struct”关键字后声明了“结构体类型名称”，在“结构体类型名称”下的大括号中，声明了结构体类型的成员，每个成员由“数据类型”和“成员名”共同组成。

以描述学生信息为例，假设该信息包含学号(num)、姓名(name)、性别(sex)、年龄(age)、地址（address）5 项，这时可以使用下列语句声明一个名为 student 的结构体类型：

```
struct student
{
    int num;
    char name[10];
    char sex;
    int age;
    char address[30];
};
```

在上述定义中，结构体类型 struct student 由 5 个成员组成，分别是 num、name、sex、age 和 address。

注意

（1）结构体类型声明以关键字 struct 开头，后面跟的是结构体类型的名称，该名称的命名规则与变量名相同。

（2）结构体类型与整型、浮点型、字符型等类似，只是数据类型，而非变量。

（3）声明好一个结构体类型后，并不意味着分配一块内存单元来存放各个数据成员，它只是告诉编译系统结构体类型由哪些类型的成员构成、各占多少字节、按什么格式存储，并把它们当作一个整体来处理。

8.1.2 结构体变量定义

上个小节我们只是声明了结构体类型，它相当于一个自定义数据类型，其中并无具体数据，系统也不会为它分配实际的内存空间。为了能在程序中使用结构体类型的数据，应该定义结构体类型的变量。下面是定义结构体变量的两种方式。

1. 先声明结构体类型，再定义结构体变量

声明好结构体类型后，方可定义结构体变量，定义结构体变量的语法格式如下：

```
struct 结构体类型名 结构体变量名;
```

以 8.1.1 小节中定义的类型 struct student 为例，定义结构体变量的方式如下：

```
struct student stu1,stu2;
```

上述语法结构定义了 2 个结构体类型变量 stu1 和 stu2，这时，stu1 和 stu2 便具有了结构体特征，它们各自都存储了一组基本类型的变量，具体如图 8-1 所示。

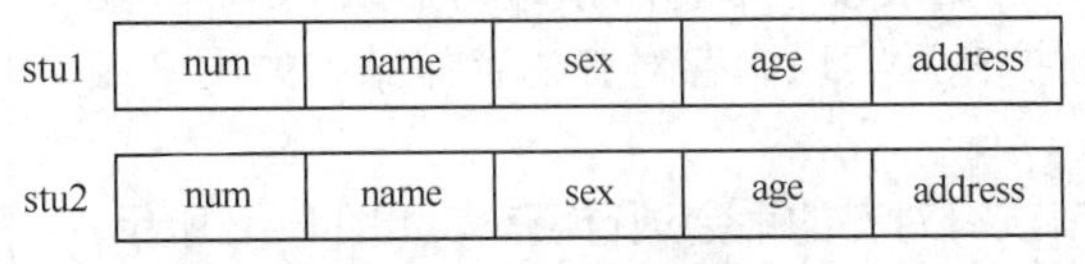

图8-1 stu1、stu2存储结构

从图 8-1 中可以看出，变量 stu1 和 stu2 分别占据了一块连续的内存单元。

2. 在定义结构体类型的同时定义结构体变量

在声明结构体类型的同时定义结构体变量，其语法格式如下：

```
struct 结构体类型名称
{
    数据类型  成员名 1;
    数据类型  成员名 2;
    …
    数据类型  成员名 n;
}结构体变量名列表;
```

以声明 struct student 结构体，并定义 struct student 类型的变量 stu1、stu2 为例，具体示例如下：

```
struct student
{
    int num;
    char name[10];
    char sex;
}stu1,stu2;
```

上述代码在声明结构体类型 struct student 的同时定义了结构体类型变量 stu1 和 stu2，该方式的作用与先定义结构体类型，再定义结构体变量作用相同，其中，stu1 和 stu2 中所包含的成员类型都是一样的。

8.1.3 结构体变量的大小

结构体变量一旦被定义，系统就会为其分配内存。为方便系统对变量的访问，保证读取性能，结构体变量中各成员在内存中的存储遵循字节对齐机制，该机制的具体规则如下。

（1）结构体变量所占内存能够被其最宽基本类型成员的大小所整除。

（2）结构体每个成员相对于结构体首地址的偏移量都是该成员大小的整数倍，如有需要，编译器会在成员之间加上填充字节。

假设程序中声明了如下所示的结构体：

```
struct student
{
    char a;
    double b;
    int c;
    short d;
};
```

按基础数据类型计算，示例代码所示的结构体中 4 项成员共占据 15 个字节，但作为结构体计算，这 4 项成员在编译器优化之后共占据 24 个字节。因为结构体中 double 型变量 b 占据最多字节，所以编译器以 double 类型的长度 8 字节为准。经扩充后实现内存对齐的存储结构如图 8-2 所示。

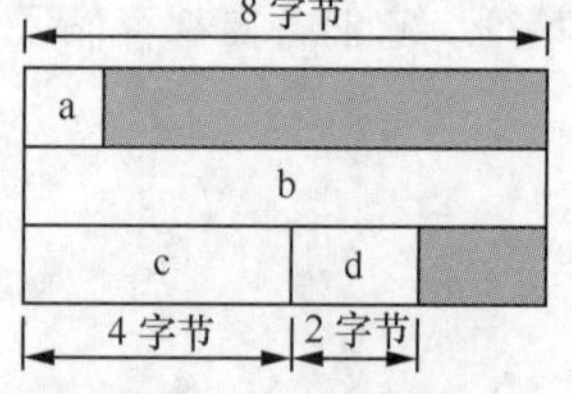

图8-2 字节对齐

计算机在存储时字节没有对齐的话会进行填充，如图 8-2 所示，struct student 类型的结构体以成员 b 的类型 double 为准，对结构体进行了填充，灰色区域是填充区域，具体填充情况为：变量 a 占据 1 字节，扩充 7 个字节；变量 d 占据 2 字节，扩充 2 个字节。打印 struct student 类型变量中各成员地址，具体如下所示：

```
a=0x3afa18
b=0x3afa20
c=0x3afa28
d=0x3afa2c
```

需要说明的是，程序运行结束后其变量所占内存空间会被回收，因此每次运行程序后打印的地址不相同。

脚下留心：结构体嵌套

结构体类型中的成员可以是一个结构体变量。这种情况称为结构体嵌套。简单示例如下：

```
struct Date
{
    int year;
    int month;
    int day;
};
struct student
{
    char num[12];
    double b;
    int c;
    struct Date d;
};
```

当结构体中存在结构体类型成员时，结构体在内存中的存储依旧遵循内存对齐机制，此时结构体以其普通成员以及结构体成员中的最长数据类型为准，对各成员进行对齐。如上示例中，结构体 struct student 中 double 类型为最长数据类型，因此在内存中该结构体以 8 字节为单位进行对齐，具体如图 8-3 所示。

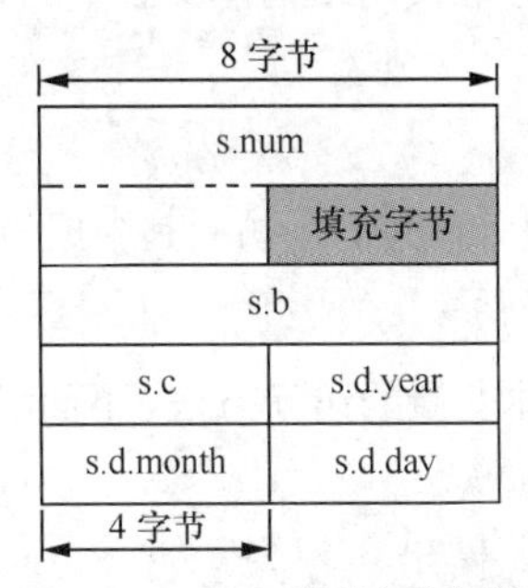

图8-3　struct student类型变量存储示意图

打印图 8-3 所示变量各成员的地址，打印结果如下所示：

```
s.num=0x22fb28
s.b=0x22fb38
s.c=0x22fb40
s.d.year=0x22fb44
s.d.month=0x22fb48
s.d.day=0x22fb4c
```

8.1.4 结构体变量初始化

结构体变量中存储了一组不同类型的数据，为结构体变量初始化的过程，其实就是为结构体中各个成员初始化的过程。根据结构体变量定义方式的不同，结构体变量初始化的方式可分为两种。

（1）声明结构体类型和定义结构体变量的同时，对结构体变量初始化，具体示例如下：

```
struct  Student
{
    int num;
    char name[10];
    char sex;
}stu={20140101,"Zhang San",'M' };
```

上述代码在声明结构体类型 struct Student 的同时定义了结构体变量 stu，并对 stu 中的成员进行了初始化。

（2）先声明结构体类型，之后定义结构体变量并对结构体变量初始化，具体示例如下：

```
struct Student
{
    int num;
    char name[10];
    char sex;
};
struct Student stu = {20140101,"Zhang San",'M'};
```

在上述代码中，首先声明了一个结构体类型 struct Student，然后在定义结构体变量 stu 时对其中的成员进行初始化。

8.1.5 结构体变量访问

定义并初始化结构体变量的目的是使用结构体变量中的成员。在 C 语言中，访问结构体变量中成员的方式如下所示：

```
结构体变量名.成员名
```

以 8.1.4 小节定义的结构体变量 stu 为例，访问其中成员 num 的方法如下所示：

```
stu.num
```

为了帮助大家更好地掌握结构体变量的访问方法，下面我们来演示如何输出结构体中的成员变量，示例代码如下：

```
struct Student
{
    char name[24];
    int age;
};
int main()
{
    struct Student s = {"Zhang San", 23};
    printf("%s %d\n", s.name, s.age);
    return 0;
}
```

以上代码中的结构体 struct Student 包含了 24 个字节大小的字符数组 name 和整型变量 age。在 main()函数执行时初始化结构体变量 s，分别给 name 和 age 赋值。最后终端打印信息如下：

```
Zhang San 23
```

8.2 结构体数组

一个结构体变量可以存储一组数据，如一个学生的学号、姓名、性别等。如果有 10 个学生的信息需要存储，可以采用结构体数组。与前面讲解的数组类似，结构体数组中的每个元素都是结构体类型。本节我们将针对结构体数组的定义、访问及初始化方式进行详细的讲解。

8.2.1 结构体数组的定义

假设一个班有 20 个学生，如果我们需要描述这 20 个学生的信息，可以定义一个容量为 20 的 struct Student 类型数组，与定义结构体变量一样，可以采用两种方式定义结构体数组。

（1）先声明结构体类型，后定义结构体数组，具体示例如下：

```
struct Student
{
    int num;
    char name[10];
    char sex;
};
struct Student stus[20];
```

（2）在声明结构体类型的同时定义结构体数组，具体示例如下：

```
struct Student
{
    int num;
    char name[10];
    char sex;
}stus[20];
```

8.2.2 结构体数组的初始化

结构体数组的初始化方式与数组类似，都通过为元素赋值的方式完成。结构体数组中的每个元素都是一个结构体变量，在为元素赋值的时候，需要将每个成员的值依次放到一对大括号中。

例如，定义一个结构体数组 students，该数组有 3 个元素，每个元素有 num、name、sex 这 3 个成员，可以采用下列两种方式对结构体数组 students 初始化。

（1）　先声明结构体数组类型，然后定义并初始化结构体数组，具体示例如下：

```
struct Student
{
    int num;
    char name[10];
    char sex;
};
```

```
struct Student students[3] = { {20140101, "Zhang San",'M'},
                                {20140102, "Li Si",'W'}
                                {20140103, "Zhao Liu",'M'}
                              };
```

（2）在定义结构体数组的同时，对结构体数组初始化，具体示例如下：

```
struct Student
{
    int num;
    char name[10];
    char sex;
} students[3] = {  {20140101, "Zhang San",'M'},
                  {20140102, "Li Si",'W'},
                  {20140103, "Zhao Liu",'M'}
                 };
```

8.2.3 结构体数组的访问

结构体数组的访问是指对结构体数组元素的访问，结构体数组的每个元素都是一个结构体变量，因此，结构体数组的访问就是对数组元素中的成员进行访问，其语法格式如下：

```
结构体数组变量名[下标].成员名
```

为了帮助读者更好地掌握结构体数组的使用，我们将结构体数组中的成员输出，示例如下：

```
struct Student
{
    char name[50];
    int stuId;
};
int main()
{
    struct Student Stu[2] = {{"Zhang San", 20140000},
                             {"Li Si", 20140001}
                            };
    for (int i = 0; i < 2; i++)
    {
        printf("%s %d\n", Stu [i].name, Stu[i].stuId);
    }
    return 0;
}
```

示例代码中先定义了一个长度为 2 的结构体数组 Stu，并对数组中的元素进行了初始化，然后使用 for 循环，依次输出了数组元素 Stu[0]和 Stu[1]中的成员值。终端输出结果如下：

```
Zhang San 20140000
Li Si 20140001
```

8.3 结构体与指针

在第 6 章学习指针时，指针指向的都是基本数据类型，除了基本数据类型，指针还可以指向结构体，指向结构体的指针称为结构体指针，它的用法与一般指针用法没有太大差异。本节我们将围绕结构体指针进行详细讲解。

8.3.1 结构体指针

使用结构体指针之前，需要先定义结构体指针，结构体指针的定义方式与一般指针类似，具体示例如下：

```
struct Student Stu = {"Zhang San", 20140100, 'M', 93.5};
struct Student *p = &Stu;
```

以上代码定义了一个 struct Student 类型的指针 p，并通过“&”符号将结构体变量 Stu 的地址赋给 p，因此，p 是指向结构体变量 Stu 的指针。

结构体指针访问成员变量的语法格式如下：

```
结构体指针名->成员名
```

当程序中定义了一个指向结构体变量的指针后，就可以通过“指针名->成员变量名”的方式来访问结构体变量中的成员，结构体指针的用法示例如下：

```
struct Student
{
    char name[24];
    int studentId;
};
int main()
{
    struct Student Stu = {"Zhang San", 10001};
    struct Student *p = &Stu;
    printf("%s %d\n", p->name, p->studentId);
    return 0;
}
```

示例先定义了一个结构体类型变量 Stu，并将变量 Stu 中的成员 name 初始化为 Zhang San，成员 studentId 初始化为 10001，然后定义了一个结构体指针 p，将 p 指向 Stu 变量的地址，最后通过 p->name、p->studentId 访问成员 name 和 studentId 的值。终端显示结果如下：

```
Zhang San  10001
```

8.3.2 结构体数组指针

指针可以指向结构体数组，即指针变量可以存储结构体数组的起始地址。例如，下面语句定义了 struct Student 类型的一个结构体数组和一个指向该数组的结构体指针：

```
struct Student stu1[10], *p=&stu1;
```

在上述代码中，p 是一个 student 结构体数组指针，从定义上看，它和结构体指针没什么区别，只不过指向的是结构体数组。

为了帮助读者更好地掌握结构体数组指针的用法，下面我们来演示如何使用结构体数组指针输出多个学生的信息，具体代码如下：

```
struct student
{
```

```
    int num;
    char name[20];
    char sex;
    int age;
} Stu[3]={
            {201401001, "Wang Ming", 'M', 19},
            {201401002, "Zhang Ning", 'W', 23},
            {201401003, "zhou lan"  'M'  20}
};
int main()
{
    struct student *p;
    for (p=Stu; p<Stu+3; p++)
        printf("%ld\t%-12s\t%-2c\t%4d\n",p->num,p->name,p->sex,p->age);
    return 0;
}
```

以上代码在定义结构体数组 Stu 的同时将其初始化，for 循环中的“p=Stu”用于将 p 指向结构体数组 Stu 的第 1 个元素，“p++”用于将指针指向下一个元素，表示每执行一次循环就会跳到下一个数组元素，“Stu+3”表示数组中最后一个元素的地址。程序在 for 循环中使用指针访问结构体数组元素成员，并使用 printf()函数依次打印访问到的成员。终端中输出的结构体数组 Stu 中所有元素的成员值如下：

```
201401001   Wang Ming    M  19
201401002   Zhang Ning   W  23
201401003   zhou lan   M  20
```

8.4 结构体与函数

在函数间不仅可以传递简单的变量、数组、指针等类型的数据，还可以传递结构体类型的数据。本节我们将针对结构体类型数据在函数间的传递进行详细讲解。

8.4.1 结构体变量作为函数参数

结构体变量作为函数参数的用法与普通变量类似，都需要保证调用函数的实参类型和被调用函数的形参类型相同。将结构体变量作为函数参数传递数据，具体示例如下：

```
struct Student
{
    char name[50];
    int stuId;
};
void printInfo(struct Student stu)
{
    printf("name: %s\n", stu.name);
    printf("id: %d\n", stu.stuId);
}
int main()
{
```

```
    struct Student Stu = {"Zhang San", 10001};
    printInfo(Stu);
    return 0;
}
```

示例代码中定义了一个用于输出数据的 printInfo()函数，函数的形式参数是结构体类型。当将结构体变量作为参数传递给函数时，其传参的方式与普通变量相同。在 main()函数中定义结构体变量 Stu 初始化结构体，调用 printInfo()函数，终端打印结果如下：

```
name: Zhang San
id: 10001
```

8.4.2　结构体数组作为函数参数

函数间不仅可以传递一般的结构体变量，还可以传递结构体数组。使用结构体数组作为函数参数传递数据，具体示例如下：

```
struct Student
{
    char name[24];
    int stuId;
};
void printInfo(struct Student Stu[],int len)
{
    int i;
    for (i = 0; i < len; i++)
    {
        printf("name: %s\n", Stu[i].name);
        printf("id: %d\n",Stu[i].stuId);
    }
}
int main()
{
    struct Student Stu[3] =
    {
        { "Zhang San", 1 },
        {"Li Si",2},
        {"Wang Wu", 3}
    };
    printInfo(Stu, sizeof(Stu)/sizeof(Stu[0]));
    return 0;
}
```

以上代码在 main()函数中先定义结构体数组 Stu 并初始化，然后调用 printInfo()函数打印该数组。printInfo()函数有两个参数，第 1 个参数 Stu 接收结构体数组，第 2 个参数接收使用 sizeof 运算符求得的结构体数组长度。printInfo()函数内部接收到传递来的数组名和长度后，使用 for 循环将结构体数组中的所有成员输出。打印结果如下：

```
name: Zhang San
id: 1
name: Li Si
id: 2
name: Wang Wu
id: 3
```

8.4.3 结构体指针作为函数参数

结构体指针变量用于存放结构体变量的首地址，所以将指针作为函数参数传递时，其实就是传递结构体变量的首地址。结构体指针作为函数参数传递数据的示例如下：

```
struct Student
{
    char name[50];
    int studentID;
};
void printInfo(struct Student* stu)
{
    printf("name: %s\n", stu->name);
    printf("id: %d\n\n", stu->studentID);
}
int main()
{
    struct Student student = { "Zhang San", 1 };
    printInfo(&student);
    return 0;
}
```

示例代码中定义了一个用于输出数据的 printInfo()函数，该函数需要接收一个结构体指针类型的参数。结构体指针作为函数参数时，需要传递的是结构体变量的首地址，因此在调用 printInfo()函数时通过“&”符号获取结构体变量 struct Student 的地址作为参数。其终端输出结果如下：

```
name: Zhang San
id: 1
```

8.5 typedef 的使用

typedef 关键字用于为现有数据类型取别名，例如，前面所学过的结构体、指针、数组、int、double 等都可以使用 typedef 关键字为它们另取一个名字。使用 typedef 关键字可以方便程序的移植，减少对硬件的依赖性。接下来我们将针对 typedef 关键字进行详细的讲解。

typedef 关键字语法格式如下：

```
typedef 数据类型 别名;
```

数据类型包括基本数据类型、构造数据类型、指针等，接下来我们就针对这几项进行详细讲解。

（1）为基本类型取别名

使用 typedef 关键字为 unsinged int 类型取别名，示例代码如下：

```
typedef unsinged int u8;
```

上面的语句为数据类型 unsigned int 取了别名 u8,在程序中可以用 u8 定义无符号整型变量，示例代码如下：

```
u8 i,j,k;
```

（2）为数组类型取别名

使用 typedef 关键字为数组取别名，示例代码如下：

```
typedef char NAME[10];
NAME class1,class2;
```

以上代码为可存储 10 个元素的字符型数组取了别名 NAME，并用别名 NAME 定义了两个字符数组 class1 和 class2，这两个字符数组等价于使用语句“char class1[10],class2[10];”定义的字符数组 class1 和 class2。

（3）为结构体取别名

使用 typedef 关键字为结构体类型 struct Student 取别名，示例代码如下：

```
typedef struct  Student
{
   int num;
   char name[10];
   char sex;
}STU;
STU stu1;
```

上面的代码先声明了一个 struct Student 类型的结构体，并使用 typedef 关键字为其取了别名 STU，之后用别名 STU 定义了结构体变量 stu1。此段代码中定义结构体变量的语句等效于下面这行语句：

```
struct Student stu1;
```

需要注意的是，使用 typedef 关键字只是对已存在的类型取别名，而不是定义了新的类型。有时也可以用宏定义来代替 typedef 的功能，但是宏定义在预处理阶段只会被替换，它不进行正确性检查，且在某些情况下不够直观，而 typedef 是直到编译时才替换的，使用 typedef 更加灵活。

8.6 阶段案例——学生成绩管理系统

一、案例描述

案例要求模拟开发一个学生成绩管理系统，此系统具有以下功能：

（1）添加学生信息，包括学号、姓名、语文成绩、数学成绩；

（2）显示学生信息，将所有学生信息打印输出；

（3）修改学生信息，可以根据姓名查找到学生，然后可以修改学生姓名、成绩项；

（4）删除学生信息，根据学号查找到学生，将其信息删除；

（5）查找学生信息，根据学生姓名，将其信息打印输出；

（6）按学生总成绩进行从高到低排序。

这些功能之间的逻辑关系如图 8-4 所示。

二、案例分析

分析案例需求可知，该系统首先会向用户展现一个菜单选择界面，用户可以根据菜单界面的提示，选择不同的功能进入子界面，因此可以针对每一个功能定义一个函数，通过函数调用实现相应功能。由系统需求可知，该系统主要有 6 大功能，因此需要定义 6 个函数。

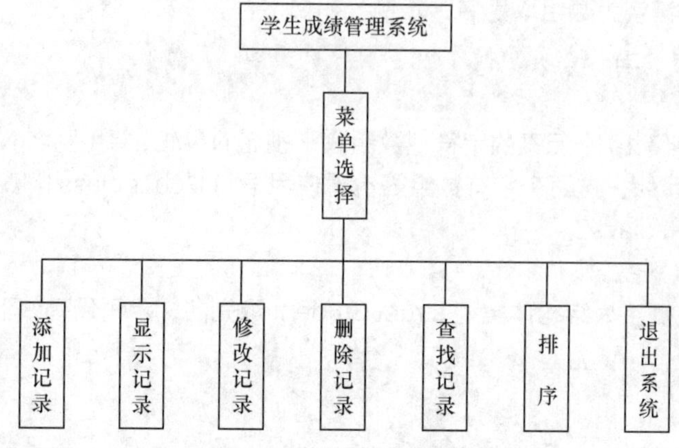

图8-4　学生成绩管理系统

（1）添加记录——add()函数

当用户在功能菜单中选择数字 1 时，会调用 add()函数进入添加记录模块，提示用户输入学生的学号、姓名、语文成绩、数学成绩。当用户输入完毕后，会提示用户是否继续添加，Y 表示继续，N 表示返回。需要注意的是，在添加学号时不能重复，如果输入重复的学号就会提示此学号已存在。

（2）显示记录——showAll()函数

当用户在功能菜单中选择数字 2 时，会调用 show()函数进入显示记录模块，并向控制台输出录入的所有学生的学号、姓名、数学成绩、语文成绩和成绩总和。

（3）修改记录——modify()函数

当用户在功能菜单中选择数字 3 时，会调用 modify()函数进入修改记录模块，输入要修改的学生姓名，当用户输入了已录入的学生姓名后，如果学生信息存在即可修改除学号以外的其他信息，否则输出没有找到该生的记录。

（4）删除记录——del()函数

当用户在功能菜单中选择数字 4 时，会调用 del()函数进入删除记录模块，对学生学号进行判断，如果学号存在即可删除该生的所有信息，否则输出没有找到该生的记录。

（5）查找记录——search()函数

当用户在功能菜单中输入数字 5 时，会调用 search()进入查找记录模块，在该模块中输入查找的学生姓名，如果该学生存在则输出该学生的全部信息，否则输出没有找到该生的记录。

（6）排序——sort()函数

当用户在功能菜单中输入数字 6 时，会调用 sort()函数进入排序记录模块，该模块会输出所有学生的信息，并按总成绩由高到低进行排序。

三、案例实现

1. 实现思路

由于该系统需要定义 6 个函数，而且还涉及变量，代码较多，因此可以分文件实现该系统，将函数声明与定义在头文件 student.h 中实现，函数实现在 student.c 文件中完成，函数调用在 main.c 文件中执行。

（1）定义 student.h 文件

在 student.h 文件中定义项目需要的变量与函数声明。在定义变量时，因为学生信息包括学号、姓名和成绩等不同数据类型的属性，所以需要定义一个学生类型的结构体。在存储学生信息时，可选用数组、字符串指针，考虑到学生要根据总成绩来排序，为方便排序，我们选用数组来存储学生信息。

（2）定义 student.c 文件

在 student.c 文件中实现各个功能函数。

（3）定义 main.c 文件

在 main.c 文件中，定义保存学生信息的结构体数组，构建学生成绩管理系统主界面，使用 while(1)循环控制是否退出系统，在 while 循环中使用 switch 语句判断用户所选择的功能，根据用户选择的功能调用相应的函数。

2. 完整代码

请扫描右侧二维码查看完整代码。

8.7 本章小结

本章我们主要讲解了结构体构造类型，结构体允许将若干个相关的、数据类型不同的数据作为一个整体处理，并且每个数据各自分配了不同的内存空间，而共用体中所有的成员共享同一段内存空间。通过本章的学习，希望大家熟练掌握结构体的定义、初始化以及访问方式，为后期复杂数据的处理提供有力的支持。

8.8 习题

一、填空题

1. 在 C 语言中，结构体类型属于________类型。

2. 结构体变量 a 包含一个 int 类型的成员和一个 float 类型的成员，那么，系统为变量 a 分配的内存是________字节。

3. 以下定义中结构体名是________，结构体变量是________，结构体类型标识符是________。

```
struct apple
{
    char *colour;
}attr;
```

4. 下面定义的语句中，sizeof(a)的值是________，sizeof(a.salary)的值是________。

```
struct date
{
    int day;
    int month;
    int year;
    union
    {
        double salary;
        char city[24];
```

```
    }
} a;
```

5. 程序中定义了一个指向结构体变量的指针后，可以通过________的方式访问结构体变量中的成员。

二、判断题

1. 结构体类型是由不同类型的数据组成的。(　　)

2. 若已知指向结构体变量stu的指针p，在引用结构体成员时，有3种等价的形式，即stu.成员名、*p.成员名、p->成员名。(　　)

3. 结构体指针作为函数参数，是将结构体的首地址传递给函数。(　　)

4. 在定义一个结构体变量时，系统分配给它的存储空间是该结构体中占有最大存储空间的成员所需的存储空间。(　　)

5. 结构体变量在程序运行期间只有一个成员驻留在内存。(　　)

三、选择题

1. 在C语言中，系统为一个结构体变量分配的内存是(　　)。

   A. 各成员所需内存量的总和
   B. 结构体第一个成员所需的内存量
   C. 成员中占内存量最大者所需的容量
   D. 结构体中最后一个成员所需的内存量

2. 有如下程序：

```
struct data
{
    int a,b,c;
};
struct data d[2]={1,2,3,4,5,6};
int t;
t=d[0].a+d[1].b;
printf("%d\n",t);
```

运行程序，其结果为(　　)。

   A. 10　　　　B. 12　　　　C. 4　　　　D. 6

3. 关于结构体作为函数参数，下列描述中错误的是(　　)。

   A. 结构体可以作为函数参数
   B. 结构体数组可以作为函数参数
   C. 结构体指针可以作为函数参数
   D. 结构体成员变量不可以作为函数参数

4. 阅读下列程序：

```
main(){
struct cmplx
{
    int x;
    int y;
}com[2]={1,3,2,7};
    printf("%d\n",com[0].y/com[0].x*com[1].x);
}
```

程序的输出结果为（　　）。

A. 0　　B. 1　　C. 3　　D. 6

5. 有结构体定义如下：

```
struct s
{
    int a;
    float b;
}data, *p;
```

若有 p=&data；则以下对结构体成员引用正确的是（　　）。

A. (*p).data.a　　B. (*p).a　　C. p->data.a　　D. p.data.a

四、简答题

1. 请简述结构体类型的定义方式。
2. 请简述结构体变量的内存分配情况。

五、编程题

某班有 20 个学生，每名学生的数据包括学号、姓名、3 门课成绩，从键盘输入 20 名学生数据，要求打印出 3 门课的总平均成绩，以及最高分的学生数据（包括学号、姓名、3 门课成绩、平均成绩）。

9 Chapter

第9章 预处理

学习目标

- 掌握宏定义的用法
- 掌握文件包含的用法
- 掌握条件编译的3种格式
- 了解断言的作用及其简单使用

拓展阅读

在C语言中，除了前面介绍的语句之外，还有一种特殊的语句，即预处理语句，这类语句的作用不是实现程序的功能，而是给C语言编译系统提供信息，通知C编译器对源程序进行编译之前应该做哪些预处理工作。C语言提供的预处理功能主要包括宏定义、文件包含和条件编译。本章我们将围绕着这些预处理功能进行详细的讲解。

9.1 宏定义

宏定义是最常用的预处理功能之一，它用于将一个标识符定义为一个字符串。这样，在源程序被编译器处理之前，预处理器会将标识符替换成所定义的字符串。根据是否带参数，可以将宏定义分为不带参数的宏定义和带参数的宏定义。本节我们将针对这两种形式的宏定义进行详细的讲解。

9.1.1 不带参数的宏定义

在程序中，经常会定义一些常量，如3.14、"ABC"。如果这些常量在程序中被频繁使用，难免会出现书写错误，为了避免这种错误，可以使用不带参数的宏定义来表示这些常量，其语法格式如下：

```
#define 标识符 字符串
```

在上述语法格式中，"#define"用于标识一个宏定义，"标识符"指的是所定义的宏名，"字符串"指的是宏体，它可以是常量、表达式等。一般情况下，宏定义需要放在源程序的开头，main()函数之外，它的有效范围从宏定义语句开始至源文件结束。

下面我们来看一个具体的宏定义，示例代码如下：

```
#define PI 3.1415
```

上述宏定义的作用就是使用标识符PI来代表值3.1415。如此一来，凡随后源代码中出现PI的地方都会被替换为3.1415，示例代码如下：

```
#define PI 3.1415              //定义一个宏
printf("%f\n",PI);             //输出PI值
```

上述代码中，使用#define定义了一个宏PI，它要标识的宏体为3.1415，当调用printf()函数输出PI时，其值为3.1415。宏替换发生在预处理阶段，替换后的代码如下：

```
printf("%f\n",3.1415);
```

如果程序中有很多地方用到PI，则编译器会将所有的PI都替换为3.1415。如果需要更换PI的值，只在宏定义时进行更改即可，在实际开发中，代码量非常大，如果不使用宏定义，当需要修改某一个值时，需要对每一处进行替换，这会非常烦琐，而且若有遗漏则很可能会导致程序出错。

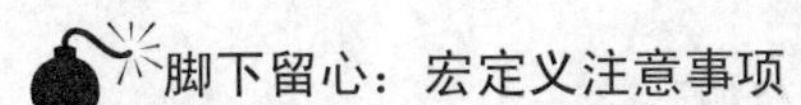

（1）如果宏定义中的字符串出现运算符，需要在合适的位置加上括号，否则会出现意想不到的结果，如下所示：

```
#define S 3+4
```

如果有一个语句a=S*c，宏定义替换后的语句是a=3+4*c，这样的运行结果显然不符合需求。

（2）宏定义的末尾不用加分号，如果加了分号，分号将被视为被替换的字符串的一部分；由于宏定义只是简单的字符替换，并不进行语法检查，宏替换的错误要等到系统编译时才能被发现，如下所示：

```
#define Max=20;
…
if(result==Max)
break;
```

经过宏定义替换后，其中的if语句将变为：

```
if(result==20;)
```

显然上述语句存在语法错误。

多学一招：#undef指令取消宏定义

#undef指令与#define指令功能相反，用于取消宏定义。在#define定义了一个宏之后，可以使用#undef取消该宏定义，如果预处理器在接下来的源代码中看到了#undef指令，那么#undef后面这个宏就都不存在了。#undef取消宏定义时，只在后面加上前面定义的宏名称即可，语法格式如下：

```
#undef 宏名称
```

#undef使用示例代码如下：

```
#define PI 3.1415              //定义宏PI
printf("%f\n",PI);
```

```
#undef PI                          //取消 PI 宏定义
printf("%f\n",PI);                 //编译器报错，因为宏 PI 已经被取消
```

上述代码中，首先定义了宏 PI，宏体为 3.1415，在第 1 次输出 PI 时，编译器会将 PI 替换为 3.1415，然后使用#undef 指令取消了 PI 这个宏，在第 2 次输出 PI 时，编译器会报错，因为此时已经不存在宏 PI 了。

9.1.2 带参数的宏定义

通过 9.1.1 小节的学习，我们会发现不带参数的宏定义只能完成一些简单的替换操作。如果希望程序在完成替换的过程中，能够进行一些更加灵活的操作，例如，根据不同的半径计算圆的周长，这时可以使用带参数的宏定义。带参数的宏定义语法格式如下：

```
#define 标识符(参数 1，参数 2，…) 字符串
```

上述语法格式和不带参数的宏定义有些类似，不同的是多了一个括号，括号中是宏的参数，多个参数之间用逗号进行分隔。对于带参数的宏定义来说，同样需要使用字符串替换宏名，使用实参替换形参。

例如，定义一个宏用于计算不同半径的圆的周长，示例代码如下：

```
#define PI 3.14
#define COMP_CIR(x) 2 * PI * x
float r = 5.0;
float l = COMP_CIR(r);
```

上述代码中，首先定义了一个宏 PI，其次定义了一个带参数的宏 COMP_CIR(x)，该宏用于计算不同半径的圆的周长，COMP_CIR 的宏体为 2*PI*x，其中 x 是宏的参数。然后调用该宏定义计算半径为 5 的圆的周长，在预处理时，上述代码会被预处理器替换成如下形式：

```
float r = 5.0;
float l = 2*3.14*5;     //预处理器进行宏替换
```

在预处理时，由于宏定义 COMP_CIR(x)嵌套了宏定义 PI，程序首先会将宏定义 PI 替换成 3.14，然后将参数 x 替换成半径 r，最后将 COMP_CIR(5)替换为 2*3.14*5。

脚下留心：宏定义中参数的替换

宏定义在程序预处理的时候就执行了，相对于函数来说，宏定义的“开销”要小一些，因此很多程序员喜欢使用宏定义来代替一些函数的功能，例如，求一个数的绝对值，可以定义一个函数，代码如下所示：

```
double compAbs(double x)                        //求绝对值的函数
{
    return x >= 0 ? x : -x;
}
```

如果使用一个宏定义实现该函数的功能，则代码量会比较少，而且会减少函数调用的开销，代码如下所示：

```
#define ABS(x) ((x) >= 0 ? (x) : -(x))          //带参数的宏，求参数绝对值
```

上面代码定义了带参数的宏 ABS(x)，用于计算参数 x 的绝对值，其宏体是一个条件表达式，如果参数 x>0，就返回 x 本身作为其绝对值，如果 x>0 不成立，就取-x 作为其绝对值。该

宏定义本身没有任何问题，但是，在进行参数替换时，要格外注意，稍有不慎就会导致程序出错，例如，定义 double x = 12，分别使用函数 compAbs()与宏 ABS(x)计算++x 的绝对值，代码如下所示：

```
double x = 12;
compAbs(++x);
ABS(++x);
```

上述代码中，使用 compAbs()函数计算得出++x 的绝对值为 13，而使用宏 ABS(x)计算得出++x 的绝对值为 14。这是因为宏 ABS 在替换时，首先会将参数进行替换，替换后的表达式如下所示：

```
((++x) >= 0 ? (++x) : -(++x)));
```

以上表达式中初始值为 12 的变量 x，首先会被自增为 13，然后进行（++x）判断，结果为真，再次执行++x 操作，x 的结果变为 14。

9.2 文件包含

除宏定义外，文件包含也是一种预处理语句，它的作用是将一个源程序文件包含到另外一个源程序文件中。本节我们将针对文件包含进行详细的讲解。

9.2.1 文件包含命令的格式

文件包含其实就是一种头文件引入，它使用#include 实现，其语法格式有两种，具体如下。

格式一：

```
#include <文件名>
```

格式二：

```
#include "文件名"
```

上述两种格式都可以实现文件包含，不同的是，格式一是标准格式，当使用这种格式时，C 编译系统将在系统指定的路径下搜索尖括号（< >）中的文件；当使用格式二时，系统首先会在用户当前工作的目录中搜索双引号（" "）中的文件，如果找不到，再按系统指定的路径进行搜索。

除了包含系统头文件，我们也可以包含自己定义的文件，例如，在文件 foo.h 中定义了一个宏 NUM，该宏需要在项目文件 project.c 中使用，则可以在 project.c 文件中包含文件 foo.h，示例代码如下所示。

foo.h 文件：

```
#define NUM 15
```

project.c 文件：

```
#include "foo.h"
int num = NUM;
printf("num = %d\n", num);
```

在 project.c 文件中包含了 foo.h 文件，则 foo.h 文件中定义的宏 NUM 就可以在 project.c 文件中使用了。在预处理时，project.c 中的代码会被替换成如下形式：

```
    int num = 15;
    printf("num = %d\n", num);
```

9.2.2 多文件包含实例

在程序中，经常需要对程序的功能进行扩充。例如，现在有一个实现了计算月份天数的程序，用户输入一个月份，程序输出该月对应的天数。这时，如果新增一个功能，就需要定义一个新的函数，随着程序功能的增多，源程序的代码同步增加，程序可读性同步下降，不利于后期维护。

很明显，使用文件包含的方式可以很好地解决上面所描述的问题。接下来我们通过一个案例来演示如何使用文件包含实现计算月份天数的功能，具体实现步骤如下。

1. 定义 date.h 文件

程序包含接收用户月份的输入、计算月份对应的天数、输出天数这 3 个函数，因此，定义一个头文件 date.h，用于声明函数，该文件内容如下：

```
int inputMonth();                    // 接收用户输入月份的函数
int dayInMonth(int month);           // 计算月份对应天数的函数
void outputDay(int day);             // 输出指定天数的函数
```

date.h 文件中声明了 3 个函数，其中 inputMonth()函数用于接收用户输入的月份，dayInMonth()函数用于计算指定月份的天数，outputDay()函数用于输出指定月份的天数。

2. 定义 date.c 文件

date.h 头文件中声明的函数将在源文件 date.c 中实现。由于使用了 printf()和 scanf()，date.c 中要引用 stdio.h 头文件。date.c 的实现代码如下所示：

```
1  #include <stdio.h>
2  int days[12] = {31,28,31,30,31,30,31,31,30,31,30,31};
3  int inputMonth()
4  {
5      int month;                    // 输入一个月份
6      scanf("%d", &month);
7      if (month < 1)
8          month = 1;
9      if (month > 12)
10         month = 12;
11     return month;
12 }
13 int dayInMonth(int month)
14 {
15     return days[month - 1];
16 }
17 void outputDay(int day)
18 {
19     if (day < 28)
20         day = 28;
21     if (day > 31)
22         day = 31;
23     printf("%d\n", day);
24 }
```

3. 实现 main.c 文件

在 main.c 文件中调用 main()函数，在 main()函数中调用 date.h 文件中声明的函数实现相应功能，需要包含 date.h 文件。main.c 文件定义如下所示：

```
1   #include <stdio.h>
2   #include "date.h"
3   void main()
4   {
5       int month = inputMonth();
6       int day = dayInMonth(month);
7       outputDay(day);
8   }
```

运行上述代码，在控制台输入月份 3，结果如图 9-1 所示。

```
C:\Windows\system32\cmd.exe
3
31
请按任意键继续. . .
```

图9-1 运行结果

从图 9-1 可以看出，程序输出了 3 月对应的天数。这时，如果想增加计算一年有多少天的功能，只需在 date.h 和 date.c 中分别添加函数的声明和实现即可。

9.3 条件编译

一般情况下，C 语言程序中的所有代码都要参与编译，但有时出于程序代码优化的考虑，我们希望源代码中一部分内容只在指定条件下进行编译。这种根据指定条件决定代码是否需要编译的功能称为条件编译。在 C 语言中，条件编译命令的形式有很多种，本节我们将针对最常用的 3 种方式进行讲解。

9.3.1 #if/#else/#endif 指令

在 C 语言中，最常见的条件编译指令是#if/#else/#endif 指令，该指令根据常数表达式来决定某段代码是否执行。通常情况下，#if 指令、#else 指令和#endif 指令是结合在一起使用的，其语法格式如下：

```
#if 常数表达式
    程序段 1
#else
    程序段 2
#endif
```

在上述语法格式中，编译器只会编译程序段 1 和程序段 2 两段中的一段。当条件为真时，编译器会编译程序段 1，否则编译程序段 2。

假如使用#if、#else、#endif 指令输出程序对不同平台的支持，则示例代码如下所示：

```
//定义宏
#define WIN32   0
#define x64     1
```

```
#define SYSTEM WIN32
//通过判断宏 SYSTEM 的值，输出程序支持的平台
#if SYSTEM == win32
    printf("win32\n");
#else
    printf("x64\n");
#endif
```

上述代码中，首先定义了两个宏，分别用于表示 Windows 32 位和 64 位平台，然后又定义了宏 SYSTEM，由于定义的宏 SYSTEM 是 32 位，通过判断宏 SYSTEM 的值，输出程序支持的平台。在使用条件编译指令判断 SYSTEM 值时，#if 条件成立，程序会输出 win32。

9.3.2 #ifdef 指令

在 C 语言中，如果想判断某个宏是否被定义，可以使用#ifdef 指令，通常情况下，该指令需要和#endif 一起使用。#ifdef 指令的语法格式如下：

```
#ifdef  宏名
        程序段 1
#else
        程序段 2
#endif
```

在上述语法格式中，#ifdef 指令用于控制单独的一段源码是否需要编译，它的功能类似于一个单独的#if/#endif。例如，使用#ifdef 指令控制程序是否输出调试信息，示例代码如下：

```
#define DEBUG
#ifdef DEBUG
    printf("输出调试信息\n");
#endif
```

上述代码首先定义了宏 DEBUG，然后使用#ifdef 指令判断 DEBUG 是否被定义，如果被定义，则输出调用信息。因为宏 DEBUG 已经被定义，所以 printf()函数会被编译，打印“输出调试信息”

9.3.3 #ifndef 指令

#ifndef 指令用来确定某一个宏是否未被定义，它的含义与#ifdef 指令相反，如果宏没有被定义，则编译#ifndef 指令下的内容，否则就跳过。#ifndef 通常与#else、#endif 结合使用，其语法格式如下：

```
#ifndef  宏名
    程序段 1
#else
    程序段 2
#endif
```

使用#ifndef 指令判断宏是否没有被定义，以控制程序是否输出调试信息，示例代码如下：

```
#define DEBUG
#ifndef DEBUG
    printf("输出调试信息\n");
#else
```

```
    printf("不输出调试信息\n");
#endif
```

上述代码首先定义了宏 DEBUG，然后使用#ifndef 指令判断宏 DEBUG 是否未被定义，如果没有定义，则输出调试信息，但由于宏 DEBUG 被定义了，#ifndef 会被跳过，不进行编译，而#else 指令下的语句会被编译，打印“不输出调试信息”。如果将宏 DEBUG 的定义语句去掉，则#ifndef 指令下的语句会被编译，从而打印“输出调试信息”。

#ifndef 指令常用于多文件包含中，如果一个项目有多个文件，有的文件会包含其他文件，如果文件重复包含，编译器会报错，文件重复包含可以通过#ifndef 指令解决。下面我们来介绍使用#ifndef 指令解决文件重复包含的问题，具体步骤如下。

1. 定义 foo.h 文件

首先定义一个头文件 foo.h，内容如下：

```
struct Foo
{
    int i;
};
```

上述 foo.h 头文件中定义了一个结构体 Foo，它包含一个整型变量 i。

2. 定义 bar1.h 与 bar1.c 文件

定义一个头文件 bar1.h，具体如下：

```
#include "foo.h"
void bar1(struct Foo f);
```

头文件 bar1.h 中声明了一个函数 bar1()，它的参数是一个 struct Foo 类型的变量，因此需要在 bar1.h 中包含头文件 foo.h。

bar1()函数的实现在源文件 bar1.c 中，为了简便，将 bar1()定义为一个空函数，则 bar1.c 文件具体如下：

```
#include "bar1.h"
void bar1(struct Foo f)
{
}
```

3. 定义 bar2.h 和 bar2.c 文件

类似地，在 bar2.h 文件中也声明了一个函数 bar2()，它的参数也是一个 struct Foo 类型的变量，则 bar2.h 文件具体如下：

```
#include "foo.h"
void bar2(struct Foo f);
```

bar2()函数的实现在源文件 bar2.c 中，它的实现同样是一个空函数。bar2.c 文件具体如下：

```
#include "bar2.h"
void bar2(struct Foo f)
{
}
```

4. 定义 main.c 文件

在 main.c 文件中定义 main()函数，在 main()函数中定义一个 struct Foo 类型的变量 f，并调用 bar1 和 bar2 两个函数。main.c 文件的具体实现如下：

```
1  #include "foo.h"
2  #include "bar1.h"
3  #include "bar2.h"
4  int main()
5  {
6      struct Foo f = { 1 };
7      bar1(f);
8      bar2(f);
9      return 0;
10 }
```

编译程序，Dev-C++会报错，如图 9-2 所示。

[Error] redefinition of 'struct Foo'
In file included from main.c
[Error] previous definition of 'struct Foo'
In file included from bar2.h
from main.c
[Error] redefintion of 'struct Foo'
In file included from main.c
[Error] previous definition of 'struct Foo'

图9-2 编译错误

从图 9-2 可以看出，程序提示 struct 类型重定义错误。这是因为在 main.c 文件中，第 1 行代码使用#include 指令引用了一次 foo.h 文件，引入了 struct Foo 结构体类型，后两行引入的 bar1.h 和 bar2.h 虽然没有定义 struct Foo，但是两个头文件都分别引用了 foo.h，因此，经过预处理之后，main.c 文件中的代码如下：

```
struct Foo
{
    int i;
};
struct Foo
{
    int i;
};
void bar1(struct Foo f);
 struct Foo
{
    int i;
};
void bar2(struct Foo f);
int main()
{
    struct Foo f = { 1 };
    bar1(f);
    bar2(f);
    return 0;
}
```

这样的 main.c 显然是不能编译通过的。头文件的嵌套导致了 foo.h 最终被多次引用，从而导致 main.c 中多次出现 struct Foo 的定义。

5. 使用#ifndef 指令解决重复包含

为了解决上述问题，可以使用#ifndef 和#define 的组合，对 foo.h 文件进行修改，修改后的代码如下：

```
#ifndef _FOO_H_
#define _FOO_H_
struct Foo
{
    int i;
};
#endif
```

在上述代码中，包含了#ifndef 条件编译指令，该指令内部有一条#define 指令，初次编译时由于宏“_FOO_H_”尚未定义，#ifndef 条件成立，编译 struct Foo。当 foo.h 中的内容被再次编译后，#ifndef 的条件不成立，内容将被跳过，如此便保证了 struct Foo 的定义仅可以被编译一次。利用#ifndef 指令经过预处理后的 main.c 中的代码相当于下列代码：

```
#ifndef _FOO_H_
#define _FOO_H_
struct Foo
{
    int i;
};
#endif
#ifndef _FOO_H_
#define _FOO_H_
struct Foo
{
    int i;
};
#endif
void bar1(struct Foo f);
#ifndef _FOO_H_
#define _FOO_H_
struct Foo
{
    int i;
};
#endif
void bar2(struct Foo f);
int main()
{
    struct Foo f = { 1 };
    bar1(f);
    bar2(f);
    return 0;
}
```

此时再编译程序就不会报错了，尽管 struct Foo 的定义出现了 3 次，但是因为#ifndef 条件编译指令，struct Foo 只会被编译一次。由此可见，当在头文件中嵌套自定义头文件时，使用

#ifndef 可以有效避免重定义错误的发生。

9.4 断言

在程序开发过程中，特别是在调试程序时，往往会对某些假设条件进行检查，C 语言提供了断言来捕获这些假设，以帮助程序员快速地对代码进行调试。断言在 C 语言中是一个很有用的工具，本节我们将对断言进行详细介绍。

9.4.1 断言的作用

C 语言中的断言由宏定义 assert()实现，其声明如下所示：

```
void assert( int expression );
```

assert()接受一个表达式作为参数，如果表达式值为真，则继续往下执行程序，如果表达式值为假，则 assert()会终止程序的执行，且会显示失败信息，包括测试的文件名和代码行号。

例如，定义一个函数 func()，函数实现代码如下所示：

```
void func(int num)
{
    printf("%d\n",num);
}
```

在调用该函数时，我们不希望函数接受 0 作为参数，为了检测函数接受的参数是否为 0，则可以在函数中增加一条断言，代码如下所示：

```
void func(int num)
{
    assert(num != 0);        //判断 num 是否为 0
    printf("%d\n",num);
}
```

增加断言之后，如果函数 func()接受了数据 0，则 assert()会终止程序并打印出错误信息，例如通过以下方式调用 func()函数：

```
func(0);
```

则程序会中断执行，并打印出错误信息，如图 9-3 所示。

图9-3 assert()断言失败

在图 9-3 中，assert()输出了失败信息，包括失败的项目、文件及代码行号。需要注意的是，assert()宏定义在<assert.h>库文件中，因此，在使用 assert()宏进行断言时，要包含<assert.h>头文件。

断言一次只能检测一个条件，如果有多个条件需要检测，则需要多次使用断言，但频繁使用断言会增加程序开销，降低程序的运行效率。此外，断言失败会强制终止程序，因此断言不适合嵌入式程序和服务器。断言检查只能作为辅助条件，不能代替条件检测。

9.4.2　断言与 debug

断言一般用于程序调试中，在程序调试结束后需要取消断言，但如果在程序调试时使用了很多断言，一条一条地取消则比较麻烦，C 语言提供了#define NDEBUG 宏定义禁用 assesrt()断言。

在程序调试结束后，将#define NDEBUG 宏定义插入到<assert.h>头文件之前，就可以禁用掉程序中所有的断言，示例代码如下所示：

```
#include <stdio.h>
#define NDEBUG
#include <assert.h>
```

上一节定义的函数 func()因为增加了断言，则调用 func(0)时，程序终止，如果在<assert.h>头文件之前添加#define NDEBUG 语句，则断言就会取消，可以顺利输出 0 值。

需要注意的是，#define NDEBUG 语句必须放在<assert.h>头文件之前，如果放在后面，则不能取消断言。

9.5　本章小结

本章我们主要讲解了预处理与断言。常用的预处理有 3 种方式，分别是宏定义、文件包含和条件编译。其中，宏定义是最常用的一种预处理方式，文件包含对于程序功能的扩充很有帮助，条件编译可以优化程序代码。断言用于检测假设的条件是否成立，对程序调试非常有帮助。熟练掌握程序预处理方式和断言，对于以后的程序设计至关重要。

9.6　习题

一、填空题

1. 指令________用于定义宏。
2. 指令________用于取消宏定义。
3. 条件编译指令包括________、________、________3 种格式。
4. 指令________用于文件包含。
5. 设有以下宏定义：

```
#define WIDTH 80
#define LENGTH  WIDTH+40
```

则执行语句 v=LENGTH*20; 后，v 的值为________。

6. 在 C 语言中，断言由________宏实现。
7. 宏定义________用于取消断言。

二、判断题

1. 带参数的宏定义中，形参的个数只能是一个，不能是多个。(　　)
2. 文件包含命令中，只能包含扩展名为.h 的文件。(　　)
3. 宏定义在程序预处理阶段被处理。(　　)
4. 文件包含也是一种预处理语句，它的作用是将一个源程序文件包含到另外一个源程序文

件中。(　　)

5. 断言可以代替条件检测。(　　)

6. 宏定义一旦定义就不能再取消。(　　)

7. 断言可以使用#define DEBUG 语句取消。(　　)

三、单选题

1. 下列命令中，哪一项是正确的预处理命令？(　　)

A. define PI 3.14159　　B. #define P(a,b) strcpy(a,b)

C. #define stdio.h　　D. #define PI 3.14159

2. 在宏定义#define MAX 30 中，用宏名代替一个(　　)。

A. 常量　　B. 字符串　　C. 整数　　D. 长整数

3. 阅读下列程序：

```
#define MA(x) x* (x-1)
main()
{
    int a=1,b=2;
    printf("%d \n",MA(1+a+b));
}
```

程序的运行结果是(　　)。

A. 6　　B. 8　　C. 10　　D. 12

4. 关于预处理，下列描述中正确的是(　　)。

A. 每个 C 程序必须在开头使用预处理命令#include<stdio.h>

B. 预处理命令必须位于 C 程序的开头

C. 在 C 语言中，预处理命令都以#开头

D. C 语言的预处理命令只能实现宏定义和条件编译的功能

5. 在宏定义#define PI 3.14 中，用宏名 PI 代替一个(　　)。

A. 单精度数　　B. 双精度数　　C. 常量　　D. 字符串

6. 关于断言，下列说法中正确的是(　　)。

A. 在 C 语言中，断言是由函数 assert()实现

B. 断言一次只能检测多个条件

C. 断言失败，程序就终止运行

D. 断言无法被取消

四、简答题

1. C 语言中的常用的预处理指令有哪几种，各自具有什么特点?

2. 请简述一下 C 语言中的断言及其特点。

五、编程题

1. 定义一个带参的宏，求两个整数的余数，通过宏调用，输出计算的结果。

2. 定义一个大小为 10 的 int 类型数组，如果定义指定宏，则按从大小到小输出，否则按从小到大输出。

10 Chapter

第10章 文件操作

学习目标

- 了解计算机中流和文件的概念
- 了解文件分类与缓冲区的作用
- 掌握使用文件指针引用文件的方法
- 掌握文件位置指针的使用方式
- 掌握文件的打开、关闭与读写操作

拓展阅读

相信大家对文件都不陌生，在现实世界中，一份资料、一个 Word 文档、一张 Excel 表格等都可以称作文件，这些文件都是可见、可读、可写的，而在计算机中，既有可以看到、读到的文件，也有只能读不能写，甚至不可见的文件。本章我们就来学习计算机中文件的相关知识以及文件的操作方法。

10.1 文件概述

对于一台计算机而言，最基本的功能就是存储数据。一般情况下，数据在计算机上都是以文件的形式存放的。程序中需要对文件进行一些操作，例如打开一个文件、向文件写入内容、关闭一个文件等。在程序中实现这些操作并不困难，但为了帮助读者理解文件操作，本节先对流、文件指针、文件位置指针等与文件相关的概念进行讲解。

10.1.1 流

在 C 语言中，人们将在不同的输入/输出等设备（键盘、内存、显示器等）之间进行传递的数据抽象为“流”。例如，当在一段程序中调用 scanf()函数时，会有数据经过键盘传输给存储器；当调用 printf()函数时，会有数据从存储器传输给屏幕，在 C 语言中将这种数据传输抽象表述为“流”。流实际上就是一个字节序列，输入程序的字节序列被称为输入流，从程序输出的字节序列被称为输出流。为了方便读者更好地理解流的概念，可以把输入流和输出流比作两根“水管”，如图 10-1 所示。

根据数据形式，输入输出流可以被细分为文本流（字符流）和二进制流。文本流和二进制流的主要差异是：文本流中输入输出的数据是字符或字符串，可以被修改；二进制流中输入输出的是一系列字节，不能以任何方式修改。

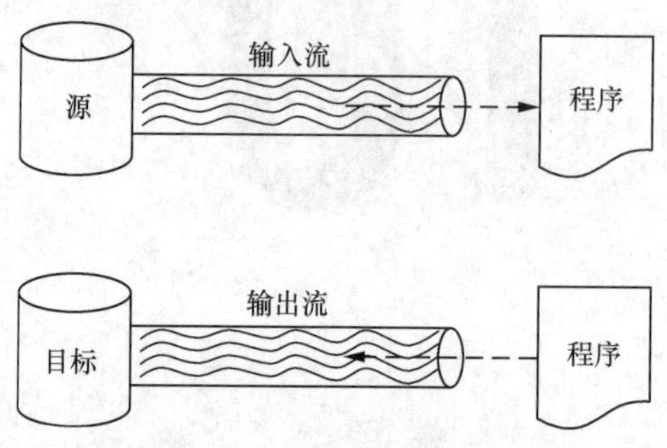

图10-1　输入流和输出流

在 C 语言中，有 3 个系统预定义的流，分别为标准输入流（stdin，全称 standard input）、标准输出流（stdout，全称 standard output）和标准错误输出流（stderr，全称 standard error）。这 3 个标准流分别对应于键盘上的输入、控制台上的正常输出和控制台上的错误输出，它们都定义在头文件 stdio.h 中，程序只要包含这个头文件，在程序开始执行时，这些流将自动被打开，程序结束后，则自动关闭，不需要做任何初始化准备。

10.1.2　文件

文件是存储在外部介质上的数据的集合。操作系统以文件的形式对数据进行管理，如果要访问数据，必须先通过文件名找到相应的文件，之后才能从文件中读取数据。

一个文件需要有唯一确定的文件标识，以便用户根据标识找到唯一确定的文件。文件标识包含 3 个部分，分别为文件路径、文件名主干、文件扩展名，如图 10-2 所示。

D:\itcast\chapter 10\example.dat

路径　文件名主干　扩展名

图10-2　文件标识

在图 10-2 中，根据文件标识可以找到 D:\itcast\chapter10 路径下扩展名为.dat、文件名为 example 的文件。我们通常所说的文件名（图 10-2 所示的 example.dat）只是文件标识的一部分。

文件名主干的命名规则遵循标识符的命名规则，文件扩展名标识文件的性质，一般不超过 3 个字母，如 txt、doc、jpg、c、exe 等。

计算机中的文件分为两类，一类为文本文件，另一类为二进制文件，下面我们分别对这两种文件进行介绍。

1. 文本文件

文本文件又称为 ASCII 文件，ASCII 文件中一个字符占用一个字节，存储单元存放单个字符对应的 ASCII 码。假设当前需要存储一个整型数据 112 185，则该数据在磁盘上存放的形式如图 10-3 所示。

‘1’（49）	‘1’（49）	‘2’（50）	‘1’（49）	‘8’（56）	‘5’（53）
00110001	00110001	00110010	00110001	00111000	00110101

图10-3　文本文件存放形式

由图10-3可知，文本文件中的每个字符都要占用一个字节的存储空间，并且在存储时需要进行二进制和ASCII码之间的转换，因此使用这种方式既消耗空间，又浪费时间。

2. 二进制文件

数据在内存中是以二进制形式存储的，如果不加转换地输出到外存，则输出文件就是一个二进制文件。二进制文件就是存储在内存的数据的映像，也称为映像文件。若使用二进制文件存储整数112 185，则该数据首先被转换为二进制的整数，转换后的二进制形式的整数为11011011000111001，此时该数据在磁盘上存放的形式如图10-4所示。

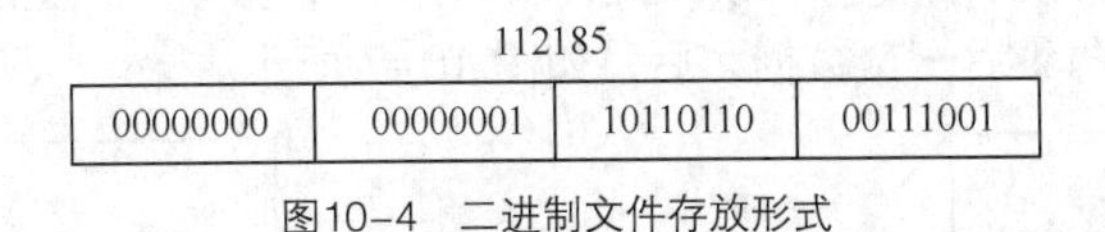

图10-4 二进制文件存放形式

对比图10-4和图10-3可以发现，使用二进制文件存放时，只需要4字节的存储空间，并且不需要进行转换，如此既节省时间，又节省空间。但是这种存放方法不够直观，需要经过转换后才能看到存放的信息。

总体来说，二进制文件较小，生成的速度快，加载的速度也快，但文件内容往往需要解析才可读。文本文件相对较大，生成与加载的速度比二进制文件要慢，但文本文件无须任何转换就可以看到其内容。

10.1.3 文件指针

在C语言中，所有的文件操作都必须依靠指针来完成，因此如果要对文件进行操作，必须先定义指向文件的指针，然后通过文件指针完成对文件的操作。

文件指针的定义格式如下：

```
FILE *变量名;
```

下面定义一个名为fp的文件指针，代码如下所示：

```
FILE *fp;
```

上述代码中，fp为一个文件指针，但该指针尚未与文件建立联系，即它还没有指向任何文件，通常使用fopen()函数为文件指针变量和要操作的数据文件建立联系，fopen()函数将在10.2节讲解。

需要注意的是，一个文件指针变量只能指向一个文件，如果要操作多个文件，就要定义同样数量的文件指针，分别指向不同的文件，如图10-5所示。

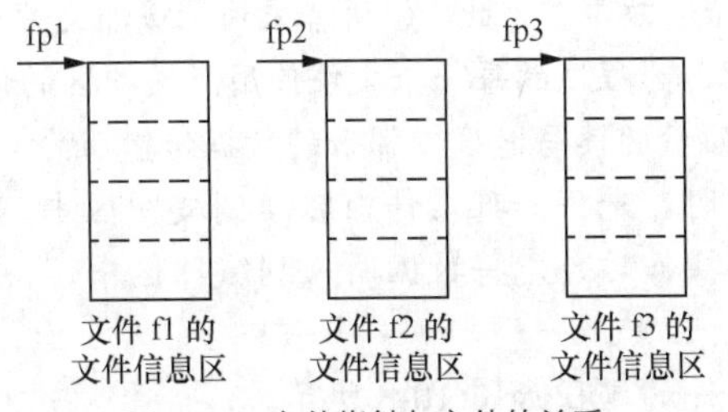

图10-5 文件指针与文件的关系

从图10-5可以看出，文件指针变量fp1、fp2、fp3分别与文件f1、f2和f3进行了关联。

10.1.4 文件位置指针

将一个文件与文件指针进行关联之后，即打开了文件，系统会为每个文件设置一个位置指针，用来标识当前文件的读写位置，这个指针称为文件位置指针。

一般在文件打开时，文件位置指针指向文件的开头，如图 10-6 所示。

图 10-6 所示的文件中存储的数据为“Hello,world”，文件位置指针指向文件开头，此时，对文件进行读取操作，读取的是文件的第 1 个字符'H'。读取完成后，文件位置指针会自动向后移动一个位置，再次执行读取操作，将读取文件中的第 2 个字符'e'，以此类推，一直读取到文件结束，此时位置指针指向最后一个数据之后，如图 10-7 所示。

图10-6 文件位置指针

图10-7 文件读取完毕

由图 10-7 可知，当文件读取完毕时，文件位置指针指向最后一个数据之后，这个位置称为文件末尾，用 EOF 标识，EOF 是英文“end of file”的缩写，被称为文件结束符。EOF 是一个宏定义，其值为-1，定义在 stdio.h 头文件中，通常表示不能再从流中获取数据。

向文件中写入数据与从文件中读取数据是相同的，每写完一个数据后，文件的位置指针自动按顺序向后移动一个位置，直到数据写入完毕，此时文件位置指针指向最后一个数据之后，即文件末尾。

有时，在向文件中写入数据时，希望在文件末尾追加数据，而不是覆盖原有数据，则可以将文件位置指针移至文件末尾再进行写入，关于文件位置指针的移动我们将在 10.4 节进行讲解，这里读者只需要了解文件位置指针可以被移动即可。

多学一招：文件缓冲区

通过程序读写文件时，程序在内存中，文件在磁盘上，因此文件读写需要在内存与磁盘之间传输数据，但是内存的存取速度较快，磁盘的读取速度相对慢一些，它们之间在进行数据传输时速度并不匹配，这样会影响数据传输效率，为此，C 语言采用“缓冲文件系统”处理文件，缓冲文件系统在内存开辟一个“缓冲区”，为程序的每一个文件使用。缓冲区的读写速度比内存稍慢，但比磁盘快很多，它可以缓解由于磁盘的读写速度慢带来的数据传输压力，从而提高数据传输效率。

当程序执行读文件操作时，先将一批文件内容读到缓冲区中，然后再将内容从缓冲区读到程序中。当程序执行写文件操作时，先将数据写入到缓冲区中，待缓冲区装满后再将数据从缓冲区一起写入到磁盘文件中。

通过文件缓冲区读写文件的过程如图 10-8 所示。

使用文件缓冲区可以大大提高文件数据的读写速度，而且可以减少磁盘的读写次数，延长磁盘的使用寿命。

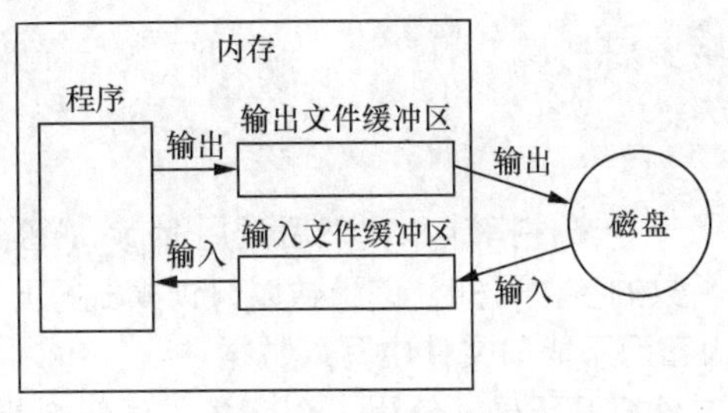

图10-8　文件缓冲区

10.2 文件的打开和关闭

文件最基本的操作就是打开和关闭，在对文件进行读写之前，需要先打开文件；读写结束之后，则要及时关闭文件，下面我们将针对文件的打开与关闭进行详细讲解。

1．打开文件

C 语言提供了一个专门用于打开文件的函数——fopen()，该函数的声明如下：

```
FILE* fopen(char* filename,char* mode);
```

上述函数声明中，返回值类型 FILE*表示该函数返回值为文件指针类型；参数 filename 用于指定文件的绝对路径，即用来确定文件包含路径名、文件名主干和扩展名的唯一标识；参数 mode 用于指定文件的打开模式，函数的返回值为一个文件类型的指针，如果文件打开失败，则返回空指针。

文件的打开模式即文件的读写形式，如只读模式、只写模式等，在对文件进行操作时，需要根据本次操作的目的，使用不同的模式打开文件。常用的文件打开模式具体如表 10-1 所示。

表 10-1　文件打开模式

打开模式	名称	描述
r/rb	只读模式	以只读的形式打开一个文本文件/二进制文件，如果文件不存在或无法找到，fopen()函数调用失败，返回 NULL
w/wb	只写模式	以只写的形式创建一个文本文件/二进制文件，如果文件已存在，重写文件
a/ab	追加模式	以只写的形式打开一个文本文件/二进制文件，只允许在该文件末尾追加数据，如果文件不存在，则创建新文件
r+/rb+	读取/更新模式	以读/写的形式打开一个文本文件/二进制文件，如果文件不存在，fopen()函数调用失败，返回 NULL
w+/wb+	写入/更新模式	以读/写的形式创建一个文本文件/二进制文件，如果文件已存在，则重写文件
a+/ab+	追加/更新模式	打开一个文本/二进制文件，允许进行读取操作，但只允许在文件末尾添加数据，若文件不存在，则创建新文件

文件正常打开时，函数返回指向该文件的文件指针；文件打开失败时，函数返回 NULL。一般在调用该函数之后，为了保证程序的健壮性，会进行一次判空操作。文件的打开方式如下：

```
FILE* fp;                          //定义文件指针
fp=fopen("D:\\test.txt","r");      //打开文件
if(fp==NULL)                       //判空操作
{
```

```
        printf("File open error!\n");
        exit(0);
    }
```

上述代码中，首先定义了一个文件指针 fp，然后调用 fopen()函数打开文件，即将文件与指针 fp 关联起来，由 fopen()函数的参数可知，该函数以只读模式打开了 D:\test.txt 文件，表示只能读取文件 D:\test.txt 中的内容而不能向文件中写入数据。

打开文件之后，为保证文件打开正确，使用一个 if 条件语句判断 fp 指针是否为空，如果为空表示文件打开失败，则输出错误信息，退出程序。

2. 关闭文件

打开文件之后就可以对文件进行读写操作了，对文件读写结束之后需要关闭文件。关闭文件的目的是释放缓冲区等资源。若打开的文件不关闭，随着文件打开的数量越来越多，将会慢慢耗尽系统资源。

C 语言提供了一个专门用于关闭文件的函数—fclose()，函数声明如下：

```
int fclose(FILE *fp);
```

上述函数声明中，参数 fp 表示待关闭的文件，函数返回值类型为 int，如果成功关闭则返回 0，否则返回 EOF。

fclose()函数的用法示例如下：

```
FILE* fp;                              //定义文件指针
fp=fopen("D:\\test.txt","r");          //打开文件
…                                      //文件操作代码
fclose(fp);                            //关闭文件
```

上述代码中，调用 fopen()函数打开文件，对文件读写完毕之后，调用 fclose()函数关闭文件。

10.3 文件的读写

在程序开发中，经常需要对文件进行读写操作，文件的读写操作分为两种形式，一种是以字符的形式进行读写，一种是以二进制的形式进行读写，本节我们将针对这两种文件读写方式进行详细的讲解。

10.3.1 单字符读写文件

单字符读写文件就是每次从文件中读取一个字符，或者每次向文件中写入一个字符，C 语言提供了 fgetc()和 fputc()函数实现对文件的单字符读写，下面我们就分别来学习一下这两个函数的使用方法。

1. fgetc()函数

fgetc()函数用于读取文件的单个字符，其函数声明如下：

```
int fgetc(FILE* fp);
```

在上述函数声明中，参数 fp 表示一个文件指针，返回值类型为 int，即返回从文件中读取到的字符的 ASCII 码，如果读取失败则返回-1。

例如，从文件 D:\test.txt 中读取字符，该文件内容如图 10-9 所示（本章后续学习中用到的文件，如果没有特殊说明，均以此文件为例）：

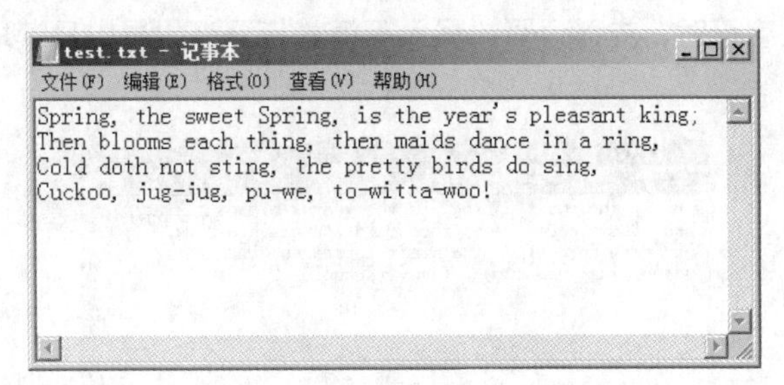
test.txt - 记事本
文件(F) 编辑(E) 格式(O) 查看(V) 帮助(H)
Spring, the sweet Spring, is the year's pleasant king;
Then blooms each thing, then maids dance in a ring,
Cold doth not sting, the pretty birds do sing,
Cuckoo, jug-jug, pu-we, to-witta-woo!

图10-9　D:\test.txt文件内容

调用 fgetc()函数从 D:\test.txt 文件中读取一个字符，示例代码如下：

```
FILE *fp;                                    //定义文件指针
char ch;                                     //定义字符变量 ch
fp = fopen("D:\\test.txt","r");              //打开文件
ch=fgetc(fp);                                //读取文件中的字符，返回给 ch
printf("%c\n",ch);                           //将返回的字符输出，值为'S'
fclose(fp);                                  //关闭文件
```

上述代码中，首先定义了一个文件指针，然后调用 fopen()函数以只读模式打开文件，接着调用 fgetc()函数从文件 fp（即 D:\test.txt 文件）中读取一个字符，并将读取的字符赋值给变量 ch，最后输出 ch，其值为字符'S'。

如果文件内容较长，可以在循环中使用 fgetc()函数读取全部文件，示例代码如下所示：

```
ch=fgetc(fp);
while(ch != EOF)                             //判断文件是否读取结束
{
    printf("%c",ch);
    ch=fgetc(fp);
}
```

上述代码中，循环读取的条件是文件未到达末尾，即 ch!=EOF，每次读取将字符输出，再进行下一次读取。在读取文件的过程中，文件位置指针会自动向后移动一个位置，因此可以循环读取文件中的内容。

2. fputc()函数

fputc()函数用于向文件中写入一个字符，其函数声明如下：

```
int fputc(char ch, FILE* fp);
```

在上述函数声明中，参数 ch 表示要写入文件的内容，fp 表示一个文件指针，返回值为 int 类型，表示写入字符的 ASCII 码值，如果写入失败则返回−1。

fputc()函数用法示例如下所示：

```
FILE *fp;
fp = fopen("D:\\test.txt","r+");             //以 r+读写模式打开文件
fputc('a',fp);                               //向文件中写入字符'a'
fclose(fp);                                  //关闭文件
```

上述代码中，打开文件之后，通过 fputc()函数向文件中写入了一个字符'a'，再次打开 D:\test.txt 文件，则第一个字符'S'变成了'a'，如图 10-10 所示。

读者也可以通过 fgetc()读取文件中的字符并输出，以验证第 1 个字符是否为'a'。需要注意

的是，当向文件中写入字符时，应以读写、写入等模式打开，如果以只读取模式打开，则无法向文件中写入数据。

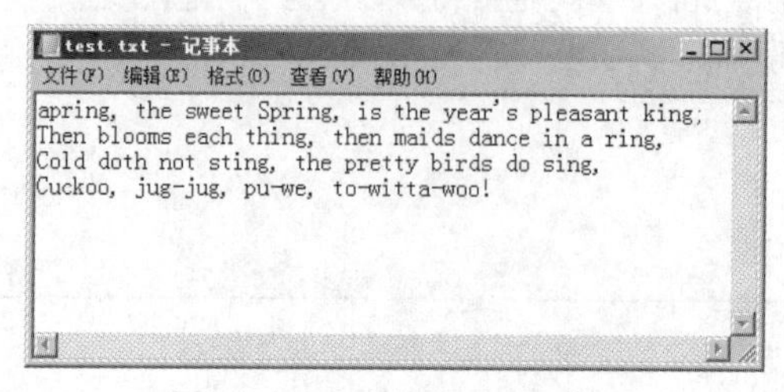

图10-10 向文件写入了字符'a'

10.3.2 单行读写文件

上一节中我们讲解了如何逐个字符对文件进行读写操作，当处理文件的数据量较大时，这种做法效率非常低。为了提高效率，C 语言还提供了 fgets()函数和 fputs()函数，这两个函数可以实现按行或按固定长度对文件进行读写操作，下面我们分别学习一下这两个函数的使用方法。

1. fgets()函数

fgets()函数用于从文件中读取一行字符串，或读取指定长度的字符串，其函数声明如下：

```
char *fgets(char *buf, int count, FILE *fp);
```

上述函数声明中，参数 buf 用来存储从文件中读取的数据；参数 count 指定每次读取的字符串的长度；参数 fp 是将要读取的文件的文件指针。该函数返回值为存储所读取文件内容的空间地址，即 buf 所指向的空间地址。fgets()函数每次最多读取 count-1 个字符（第 count 个字符为'\0'）。

下面使用 fgets()函数从 D:\test.txt 文件中读取字符串，示例代码如下所示：

```
char buf[1024];
FILE *fp;
fp = fopen("D:\\test.txt","r");          //以读取模式打开文件
fgets(buf,10,fp);                        //从文件中读取指定大小的字符串
printf("%s\n",buf);
fclose(fp);                              //关闭文件
```

上述代码中，打开 D:\test.txt 文件之后，调用 fgets()函数从文件中读取长度为 10 的字符串，并将其存储到 buf 数组中，最后通过 printf()函数将数组 buf 存储的字符串打印到终端。

使用 fgets()函数从文件中读取字符串时，在读取过程中如果遇到'\n'，则读取结束，即使所读取到的字符串长度不足 count，也不再往下读取。例如，将上述代码中读取字符串的长度改为 100，代码如下所示：

```
fgets(buf,100,fp);                       //从文件中一次读取 100 个字符
```

指定读取的字符串长度为 100，即使文件中第 1 行文本长度不足 100，fgets()函数也只返回第 1 行，因为第 1 行文本最后有'\n'字符进行了换行，fgets()函数遇到换行符就结束读取。

如果 fgets()函数在读取一行时，该行文本字符串长度超过 count，则 fgets()只读取 count 长度的字符串，返回一个不完整的行，但是 fgets()函数的下一次调用会继续读该行，例如上述代码中，指定读取字符串长度为 10 时，fgets()函数只返回前 9 个字符，使用 fgets()函数继续读取时会从第 10 个字符接着往下读。

2. fputs()函数

fputs()函数的功能是将指定的字符串写入文件中，其函数声明如下：

```
int fputs(const char *ch, FILE* fp);
```

在上述函数声明中，fputs()函数中第 1 个参数 ch 为指向字符串的指针，第 2 个参数 fp 表示文件指针。该函数的功能为：将指针 ch 指向的字符串写入 fp 所指的文件中，直到碰到'\0'字符为止，'\0'不会写入文件。如果发生错误，fputs()函数会返回 EOF，如果写入成功，就返回 0。

fputs()函数用法示例代码如下所示：

```
FILE *fp;
fp = fopen("D:\\test.txt","r+");          //以读写模式打开文件
fputs("China",fp);                        //将字符串“China”写入文件
fclose(fp);                               //关闭文件
```

在上述代码中，调用 fputs()将字符串“China”写入文件中，再次打开 D:\test.txt 文件，其内容就发生了改变，如图 10-11 所示。

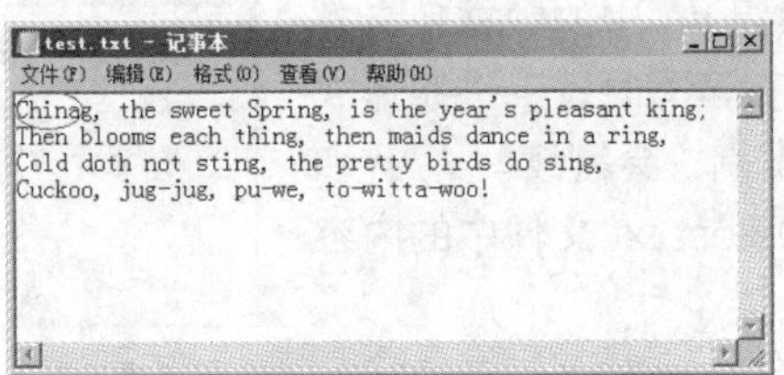

图10-11　将字符串“China”写入文件

与图 10-10 相比，图 10-11 所示的 D:\test.txt 文件中前 5 个字符已经被替换成了“China”。

10.3.3　二进制形式读写文件

前面我们学习了单字符读写文件和单行读写文件，除此之外，C 语言还提供了以二进制形式读写文件的函数——fread()函数与 fwrite()函数。下面我们分别来学习这两个函数的使用方法。

1. fread()函数

fread()函数以二进制的形式从文件中读取数据，其函数声明如下：

```
size_t fread(void *buffer,size_t size, size_t count, FILE *fp);
```

上述函数声明中，参数 buffer 是一个空间地址，这个空间用于存储从文件中读取的数据，参数 size 表示每个数据项的字节数，count 表示要读取的数据项个数，fp 表示文件指针；返回值为读取的数据字节数。

fread()函数在读取文件内容时是以二进制的形式进行的，即它将文件数据从磁盘读入到内存的过程中，对数据不加转换保持原样传输，而在数据中有特殊意义的字符，如'\n'和'\0'，在二进制模式下就没有意义了。因此，当使用 fread()函数读取文件内容时，如果遇到换行或'\0'，fread()不进行识别会继续往下读取，直到读取够了指定大小的数据。

fread()函数用法示例如下所示：

```
char buf[1024];                    //定义一个数组用于存储从文件中读取的数据
FILE *fp;
fp = fopen("D:\\test.txt","r");
fread(buf, 1, 100, fp);            //使用 fread()读取文件内容
fclose(fp);                        //关闭文件
```

上述代码中，调用 fread()函数从文件中读取内容，读取的每个数据项的大小为 1 字节，一次读取 100 个数据项，然后将读取到的数据存储到数据 buf 中。对于 D:\test.txt 文件，它会读取到文件的前 100 个字符。

2. fwrite()函数

fwrite()函数能以二进制的形式向文件中写入数据，其函数声明如下：

```
size_t fwrite(const void* buffer, size_t size, size_t count, FILE* fp);
```

fwrite()函数中的参数与 fread()函数中的相同，这里不再赘述。fwrite()函数用法示例代码如下：

```
FILE *fp;
fp = fopen("D:\\test.txt","r+");            //以读写模式打开文件
char arr[] = "abc\ncde\0sgh";               //定义要写入的数据
fwrite(arr,sizeof(arr),1,fp);               //将数据写入文件读取的
fclose(fp);
```

上述代码中，通过调用 fwrite()函数将数组 arr 中的数据写入到了文件中，数组 arr 中的数据包含换行符'\n'和字符'\0'，但 fwrite()在读写时以二进制形式写入，因此在写入时不进行识别，会继续写入'\n'和'\0'后面的数据。写入之后，D:\test.txt 文件中的内容如图 10-12 所示。

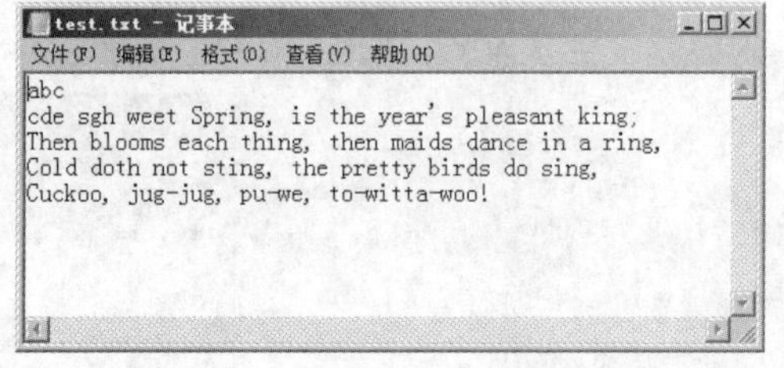

图10-12　fwrite()写入数据到文件中

在图 10-12 中，字符串“abc”之后有换行，字符串“cde”之后有空格（'\0'字符），这是因为打开文件时，数据转换成了字符形式。

10.4 阶段案例——文件加密

一、案例描述

近些年来，因为信息泄露造成财产损失的事件时有发生。随着科技的发展，信息的传播与获取越来越方便，为了防止因信息泄露造成的各种危机，信息加密技术应得到充分的重视。本案例要求设计程序，对已经存在的文件进行加密和解密。

本案例要求实现一个简单的加密解密程序。文件加密的方式有很多种，读者可自行设计加密方案。但要注意该方案应可逆，即可以根据某种原则还原加密文件，获取源文件信息，否则加密将失去意义。

二、案例分析

文件加密的目的是保证信息的安全，加密的原理是根据某种原则，对源文件中的信息进行修改，使加密后的文件在与源文件仍保持联系的情况下，不会直接反映出源文件中存储的信息，并且加密后的文件能根据某种原则，还原出源文件的内容。

根据案例分析，本案例中的文件可分为三个：源文件，加密文件和解密后的文件。在加密时，考虑使用异或的方式对源文件进行加密，即逐个获取源文件中的字符，使其与设定的密码进行异或运算。为了保证源文件的完整，这里将加密后的信息存放到新的文件中，因此将运算的结果存储到加密文件。

若要根据加密文件获取源文件中存储的信息，需要逐个读取加密文件中的字符，使其与密码再次异或，获取解密后的信息。

三、案例实现

1. 实现思路

（1）实现加密函数 encrypt()，在该函数中以只读方式打开源文件，以只写方式打开加密文件，然后利用 while()循环逐个读取源文件中的字符，将字符与密码（123+i）进行异或运算之后存储到加密文件中。

（2）实现解密函数 decrypt()，在该函数中以只读方式打开加密文件，以只写方式打开解密文件，然后利用 while()循环逐个读取加密文件中的字符，将字符与密码（123+i）进行异或运算之后存储到解密文件中。

（3）实现 main()函数，在 main()函数中定义三个字符数组：char sourcefile[50]、char codefile[50]、char decodefile[50]，分别用于存储源文件、加密文件、解密文件的文件名（包括路径），从键盘读取文件路径，然后调用相应函数实现加密、解密过程。

2. 完整代码

请扫描右侧二维码查看完整代码。

10.5 文件随机读写

前面几节我们学习的文件读写都是文件的顺序读写，但有时在读写文件时需要从某个特定的位置进行读写，例如希望从文件中间开始读写数据，这就需要将文件位置指针移动到中间位置，然后再进行读写。将文件位置指针移动到指定位置进行读写就是对文件进行随机读写，C 语言提供了 3 个函数用于定位、移动文件位置指针来实现对文件的随机读写，这 3 个函数是 ftell()、fseek()和 rewind()，下面我们就分别来学习一下这 3 个函数的使用方法。

1. ftell()函数

ftell()函数的作用是获取文件位置指针的当前位置，其函数声明如下所示：

```
long ftell(FILE * fp);
```

上述函数声明中，参数 fp 表示文件指针，函数的返回值类型为 long，它表示文件位置指针距离文件开头的字节数。ftell()函数调用成功后，返回文件位置指针的当前位置，但如果当文件不存在或发生其他错误时，则函数的返回值为-1L。

ftell()函数的用法示例代码如下所示：

```
long pos;
FILE *fp;
fp = fopen("D:\\test.txt","r+");
pos = ftell(fp);                        //获取文件位置指针的当前位置
printf("%d\n",pos);
fclose(fp);                             //关闭文件
```

上述代码中，通过调用 ftell()函数获取文件位置指针的当前位置，文件打开时，文件位置指针在文件开头位置，即 pos 的值为 0。随着文件的读写，文件位置指针会向后移动，例如，打开文件之后，执行了下面的代码：

```
char ch;
ch = fgetc(fp);                         //从文件中读取字符
```

则文件位置指针会向后移动一个位置，此时再通过 ftell()函数获取文件位置指针，其值就为 1，即距离文件开头 1 个字节。

2. fseek()函数

fseek()函数的作用是将文件位置指针移动到指定位置，其函数声明如下：

```
int fseek(FILE* fp,long offset,int origin);
```

在上述函数声明中，参数 fp 表示指向文件的指针；参数 offset 表示以参数 origin 为基准使文件位置指针移动的偏移量；参数 origin 表示文件位置指针的起始位置，它有以下 3 种取值。

- SEEK_SET：对应的数字值为 0，表示从文件开头进行偏移。
- SEEK_CUR：对应的数字值为 1，相对于文件位置指针当前位置进行偏移。
- SEEK_END：对应的数字值为 2，相对于文件末尾向前偏移。

在调用 fseek()函数时，若调用成功则会返回 0，若有错误则会返回-1。

fseek()函数用法示例代码如下所示：

```
long pos;
FILE *fp;
fp = fopen("D:\\test.txt","a+");
pos = ftell(fp);                //文件打开时，文件位置指针在文件开头，pos 值为 0
printf("%d\n",pos);
fseek(fp,10,SEEK_SET);          //从开头将文件位置指针向后移动 10 个位置
pos = ftell(fp);                //移动之后，pos 值为 10
printf("%d\n",pos);
fclose(fp);
```

需要注意的是，fseek()函数一般用于二进制文件，因为对文本文件进行操作时，需要进行字符转换，对位置的计算可能会发生错误。

3. rewind()函数

rewind()函数可以将文件位置指针移动到文件的开头，其函数声明如下：

```
void rewind(FILE* fp);
```

上述函数声明中，参数 fp 是指向文件的指针，该函数无返回值。

rewind()函数的用法示例代码如下所示：

```
FILE *fp;
fp = fopen("D:\\test.txt","a+");
fseek(fp,10,SEEK_SET);          //移动文件位置指针
rewind(fp);                     //将文件位置指针重置为 0，即文件开头
fclose(fp);
```

上述代码中，在文件刚打开时，使用 fseek()函数将文件位置指针向后移动了 10 个位置，然后又调用 rewind()函数将文件位置指针重置于文件开头。

10.6 阶段案例——个人日记本

一、案例描述

现在社会，个人日记本是我们经常使用的一款工具，用于记录日程、重要事件等，一般个人

日记都包括日期时间、主题、内容等基本信息，而日记的基本功能包括添加、查看等。本案例要求编写程序，实现一个简单的个人日记本。

二、案例分析

分析个人日记本的结构组成，可以发现每篇日记都包括时期时间、主题、内容几个基本要素，这些要素包含不同的数据类型。因此，可以使用一个结构体来存储日记文件的这些基本信息。

日记本的功能包括添加、查看，日记以文件的形式存储。因此在添加日记时可以使用文件的写方式实现，在查看时可以使用文件的读方式实现。

在添加一篇新日记时，要注意新的日记日期时间与已有日记的时间是否冲突，同一时间只能保存一篇日记，因此在写入文件时，需要对日记的日期时间进行判断。

使用文件读写实现日记的添加、查看功能时，因为日记是以结构体的形式进行存储的，每次读写文件时要读写一个数据块，所以使用 fread()与 fwrite()函数实现文件读写功能。

三、案例实现

1. 实现思路

（1）定义结构体 note，该结构体包含三个字符数组：time、name、note，分别用于保存日记的时间、标题、内容。

（2）定义日志添加函数 add()，在该函数中定义添加日志需要的变量，从键盘读取日记文件名，然后输入日期、时间、标题、内容等信息，将这些信息通过 fwrite()写入到文件中。

（3）定义日志读取函数 show()，在该函数中定义读取日记需要的变量，在 while()循环中通过 fread()函数读取文件内容。

（4）定义 main()函数，利用 printf()函数构建个人日记主菜单，然后使用 switch 语句判断用户的选择，根据用户的选择调用不同的函数，实现日记的添加与读取。

2. 完整代码

请扫描右侧二维码查看完整代码。

10.7 本章小结

本章首先讲解了文件的基本概念，包括流、文件标识、文件指针与文件位置指针；然后讲解了文件的基本操作，包括文件的打开与关闭、单字符读写文件、单行读写文件、二进制形式读写文件；之后讲解了文件的随机读写；最后通过一个案例来加深读者对文件读写的理解。通过本章的学习，读者可以对文件进行读写操作，从而站在更高的层面来理解和使用文件。

10.8 习题

一、填空题

1. 流实际上是________序列。
2. C 语言预定义的 3 个流为________、________、________。
3. C 语言中根据数据的存储方式，把文件分为________和________两种。

4. 在 C 语言中，将文件指针置于文件开头的函数是________。
5. ________函数用于从文件中读取一行字符串，或读取指定长度的字符串。
6. ________函数可以二进制的形式从文件中读取数据。

二、判断题

1. C 语言预定义的流不需要初始化之后就能使用。(　　)
2. 文件位置指针是指向文件有关信息的指针。(　　)
3. 文件标识就是我们通常说的文件名。(　　)
4. 调用 fclose()函数后原有的文件指针仍然可以进行文件操作。(　　)
5. 函数 fputc()在向文件中写入数据时只能覆盖掉原有数据。(　　)
6. C 语言中，fseek()函数的作用是移动文件位置指针。(　　)

三、选择题

1. C 语言中，文件有哪几种存储类型？（　　）
   A. 文本文件和数据文件　　B. 文本文件和二进制文件
   C. 数据文件和二进制文件　　D. 数据代码文件
2. 若 fp 是某文件的指针，且已读到文件的末尾，则表达式 fputc(fp)的返回值是（　　）。
   A. EOF　　B. -1　　C. 非零值　　D. NULL
3. 关于文件操作，下列说法中正确的是（　　）。
   A. 文本文件以 ASCII 码形式存储数据　　B. 文件只能单个字符进行读取
   C. 文件随机读写不适用于二进制文件　　D. 顺序读写方式不使用于二进制文件
4. 关于 fgets(str,n,fp)函数，下列描述中正确的是（　　）。
   A. 从文件 fp 中读取长度为 n 的字符串存入 str 指向的内存
   B. 从文件 fp 中读取长度不超过 n-1 的字符串存入 str 指向的内存
   C. 从文件 fp 中读取 n 个字符存入 str 指向的内存
   D. 从 str 读取至多 n 个字符到文件 fp 中
5. 关于 fseek(fp,-20,2) 的含义，下列描述正确的是（　　）。
   A. 将文件位置指针移到距离文件头 20 个字节处
   B. 将文件位置指针从当前位置向后移动 20 个字节
   C. 将文件位置指针从文件末尾处后退 20 个字节
   D. 将文件位置指针移到离当前位置 20 个字节处
6. 关于文件，下列描述中错误的是（　　）。
   A. 二进制文件打开后可以先读文件的末尾
   B. 在程序结束时，应当用 fclose()函数关闭已打开的文件
   C. 在利用 fread()函数从二进制文件中读取数据时，可以用数组名给数组中的所有元素读入数据
   D. 不可以用 FILE 定义指向二进制文件指针

四、简答题

1. 请简要说明流的概念。
2. 请简要说明如何实现文件的随机读写。

五、编程题

1. 请编写一个程序，通过单行读写文件方式实现文件的复制操作。

提示：

（1）使用 fopen()函数打开源文件和目标文件，其中源文件需先存在；

（2）创建字符缓冲区提高读写效率；

（3）使用 fgets()函数和 fputs()函数分别读取和写入一行数据；

（4）关闭流资源。

2. 请编写一个程序，实现文件的随机读写。

提示：

（1）随机读写文件需要定位文件位置指针；

（2）获取文件位置指针当前指向使用 ftell()函数；

（3）移动文件位置指针使用 fseek()函数；

（4）将文件位置指针重置到文件开头使用 rewind()函数。

11 Chapter

第11章 常见的数据结构

学习目标

- 掌握链表结构
- 掌握栈结构
- 掌握队列结构

数据结构是计算机存储、组织数据的方式，是一种或多种特定关系的数据元素的集合。在计算机中，数据元素并不是孤立的、杂乱无序的，而是按照一定的内在联系进行存储，这种数据之间的内在联系就是数据结构的组织形式。常用的数据结构有链表、栈和队列等，本章我们将针对这些数据结构进行详细的讲解。

11.1 链表

链表是线性表的一种。线性表是由具有相同特性的数据元素组成的一个有限序列，在C语言中，线性表有顺序存储和链式存储两种结构，其中以顺序形式存储的线性表称为顺序表，以链式方式存储的线性表称为链表。C语言中的数组、字符串都可视为存储简单数据的顺序表，顺序表必须占用一整块事先分配好的、大小固定的存储空间，这不利于内存空间管理，因此在对数据灵活性要求较高的程序中，一般会使用链表存储数据。本节我们将对链表及其常用操作进行讲解。

11.1.1 链表概述

用数组存放数据时，必须事先定义数组长度，但有时程序中需存放的数据的个数无法确定，例如，用数组存放一个学校中所有学生的信息，由于学生的人数无法确定，数组大小就也无法确定，当然可以定义一个足够大的数组，但会造成内存资源浪费。

C语言提供了链表以解决上述问题。链表中各节点之间的存储单元可以是不连续的，其大小也不需要预先确定，因此可以充分利用计算机内存，灵活实现内存的动态管理。

根据其逻辑结构，链表通常被分为单链表、双向链表、循环链表等，其中单链表的结构最为简单，下面我们就以单链表为例讲解链表的一般组成部分以及逻辑结构。

链表的每个节点都包含两个部分：存储元素本身的数据域和存储下一个节点地址的指针域。如果节点中只有指向后继节点的指针，那么这些节点组成的链表称为单向链表，单向链表的最后一个节点指向空值。一个简单的单链表如图 11-1 所示。

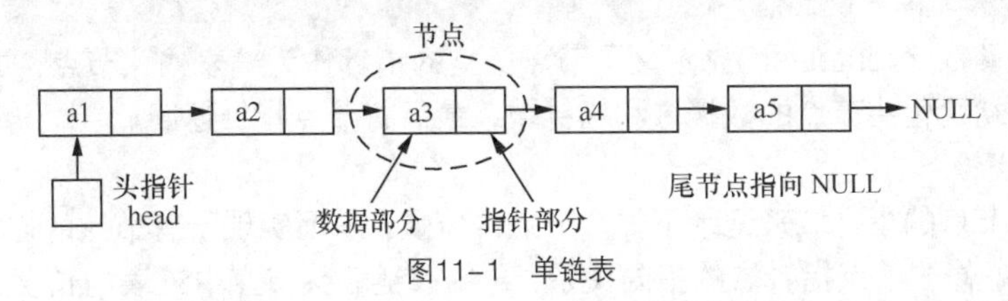

图11-1　单链表

图 11-1 所示的单链表是存储了 5 个数据的链表，它包含一个头节点和 5 个普通节点，其中存储元素 a5 的节点是单链表的最后一个节点，也称为尾节点（tail）。从单链表的逻辑结构可以看出，必须通过上一个节点的指针才能找到当前元素，因此，在访问节点数据时需要从第一个节点开始遍历，直到遍历至要访问的节点位置。链表是一种比较灵活的数据结构，其长度可根据需要增减，也可以进行插入、删除等操作。

11.1.2　链表的结构

在程序中经常使用链表来实现数据线性存储效果。使用链表前，首先要对链表结构进行声明。链表的逻辑结构分为头节点和普通节点，图 11-1 所示的头节点仅包含头指针，普通节点包含数据和指向下一个节点的指针，为了简化声明，此处统一节点结构。节点的声明如下：

```
typedef struct linkNode{
    int data;
    struct linkNode *next;
}ListNode, pHead;
```

以上代码以结构体的形式声明了链表节点 ListNode 和头节点 pHead，该节点包含两个成员，其中成员 data 为数据域，可用于存储整型数据；成员 next 为指针域，用于存储指向下一个节点的指针。使用此结构定义的链表头指针 pHead 的数据域可用于存储链表长度。

11.1.3　链表的实现

链表的常用操作包括创建链表、向链表中插入节点、删除节点、遍历链表和获取链表长度，下面分别实现链表中的各种操作。

1. 创建链表

若要使用链表，需在声明节点之后先创建链表，并对链表初始化。链表的创建实质上就是头节点的创建。若创建一个空链表，则链表头节点的指针应指向 NULL，数据域存储的链表长度应为 0，如图 11-2 所示。

0	next	→ NULL

头节点

图11-2　初始化链表

使用代码实现链表的创建，具体如下所示：

```
pHead *createList()
{
    pHead *ph = (ListNode *)malloc(sizeof(ListNode));  //创建头指针
```

```
    ph->data = 0;                                    //初始化链表长度
    ph->next = NULL;                                 //初始化头指针指向
    return ph;
}
```

以上实现的函数 createList()先定义了节点类型的指针作为链表的头节点，并为头节点开辟空间，之后分别初始化头节点的数据域和指针域，最后将节点指针返回。

2. 插入节点

单链表通过节点的指针域来记录下一个节点的位置，从而实现所有节点的连接，因此，当插入一个新元素时，修改节点指针域的指向关系，再修改链表头节点中链表的长度，使其值加 1 即可。向链表中插入节点的常用方式有头插法和尾插法两种。

（1）头插法

头插法是向链表头部插入新元素，即将新元素插入链表头节点之后，如图 11-3 所示。

图 11-3 所示为向原链表中插入了存储了元素 32 的新节点，此操作分为如下两步。

① 使新节点的指针指向头节点之后的节点（空链表中即指向 NULL，非空链表中指向 head->next），如图 11-3 中①所示。

② 使头节点指针指向新节点，如图 11-3 中②所示。

需要注意的是，由于使用头节点的数据域记录链表长度，当有新节点插入时，链表长度应加 1。经以上操作后，新节点被插入链表中，链表长度由 0 变为 1，此时的链表如图 11-4 所示。

图11-3　头插法　　　　图11-4　插入元素32后的链表

使用代码实现图 11-3 中的操作，具体如下所示：

```
int insertHead(pHead *ph, int data)
{
    //创建新节点
    ListNode *newNode = (ListNode *)malloc(sizeof(ListNode));
    if (NULL == newNode)
        return -1;
    newNode->data = data;
    //插入新节点
    newNode->next = ph->next;
    ph->next = newNode;
    //链表长度加 1
    ph->data++;
    return 0;
}
```

以上代码实现的头插法函数 insertHead()函数有两个参数，参数 ph 用于接收链表，参数 data 用于接收待插入节点的数据。

insertHead()函数中首先定义了待插入节点 newNode，并为其开辟空间，其次使用传入参数 data 初始化该节点的数据域 newNode->data，使用头节点的指针域 ph->next 初始化该节点的指针域 newNode->next，最后使头节点指针 ph->next 指向该节点，即将该节点地址保存在头节点 ph 的指针域，并使头节点数据域中记录链表长度的变量值 ph->data 自增 1。至此，新节点被成功插入链表之中。

（2）尾插法

尾插法即将待插入节点插入到最后一个节点之后，使得插入节点成为尾节点，如图 11-5 所示。

图 11-5 所示的操作向链表中插入了元素为 67 的新节点。与头插法不同的是，使用尾插法向链表中插入新节点时，需先找到链表的尾节点，之后才能执行插入操作。使用尾插法插入了新元素的链表如图 11-6 所示。

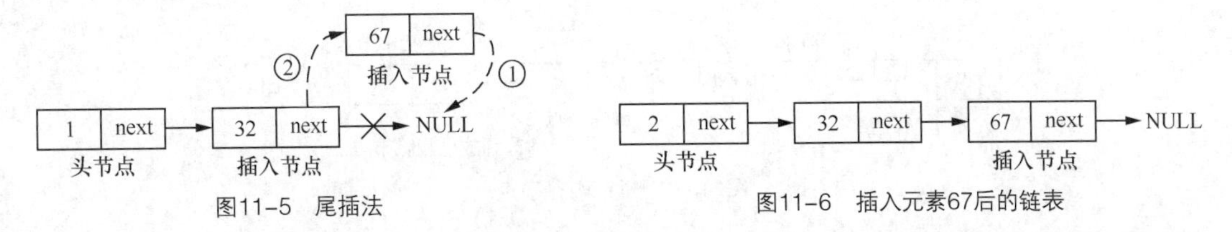

图11-5 尾插法

图11-6 插入元素67后的链表

使用代码实现尾插法，具体如下所示：

```
int insertTail(pHead *ph, int data)
{
    pHead *p = ph;
    //找到尾节点
    while (p->next != NULL)
    {
        p = p->next;
    }
    //创建新节点
    ListNode *newNode = (ListNode *)malloc(sizeof(ListNode));
    if (NULL == newNode)
        return -1;

    newNode->data = data;
    //插入新节点
    newNode->next = NULL;
    p->next = newNode;
    //链表长度加 1
    ph->data++;
    return 0;
}
```

以上代码实现的尾插法函数 insertTail()中有两个参数，参数 ph 接收当前链表结构的头指针，参数 data 接收待插入的数据。需要注意的是，单链表头指针指向链表第一个节点，指向不能改变，所以函数中定义了节点指针 p 来接收链表头指针，通过 p 的移动查找尾节点。

insertTail()函数中首先定义了链表节点指针 p，使用该指针接收待操作链表的头节点地址 head，并在循环中移动该指针，使其指向链表尾节点；其次创建新节点 newNode，为其开辟存储空间；之后使用参数 data 初始化其数据域 newNode->data，并使其指针域指向 NULL；最后使原尾节点指针 p->next 指向新节点，并使头节点数据域中记录链表长度的变量值 ph->data 自增 1。至此，新节点被成功插入链表之中。

3. 删除节点

要删除单链表中的元素，只需要使该元素前驱节点（当前节点的上一个节点）中的指针指向该元素的后继节点（当前节点之后的节点），释放该节点占用的内存空间，再使链表长度减 1 即可。假设当前链表有 3 个节点，要删除其中的第 2 个节点，则操作如图 11-7 所示。

图 11-7 所示为删除链表中第 2 个节点，此操作分为如下两步。

（1）前驱节点指针保存删除节点的后继节点，如图 11-7 中①所示。

（2）释放被删除节点的内存空间，如图 11-7 中②所示。

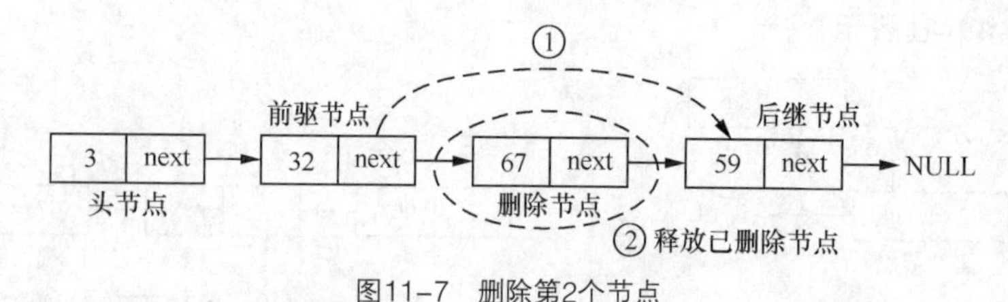

图11-7　删除第2个节点

删除第 2 个元素 67 后的新链表如图 11-8 所示。

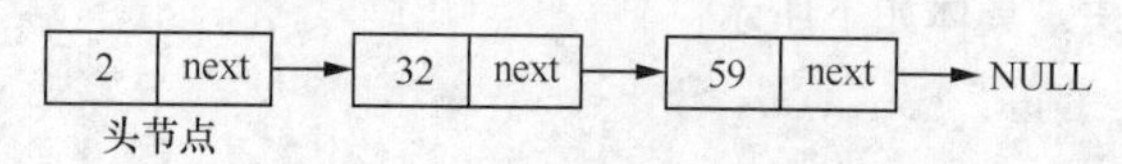

图11-8　完成删除后的链表

单链表只能根据当前节点的 next 指针找到后继节点，不能由当前节点找到其前驱节点；前驱节点指向后继节点后，亦无法利用前驱节点访问已删除的节点。综上所述，在执行删除操作之前，应先找到并记录待删除节点和其前驱节点，释放删除节点后，前驱节点指针域保存删除节点的后继节点地址。

下面给出删除单链表节点的代码，具体如下所示：

```
int delNode(pHead *ph, int pos)
{
    pHead *p = ph;
    //判断链表是否为空
    if (NULL == p->next)
    {
        printf("链表为空\n");
        return -1;
    }
    //判断位置是否合理
    int len = ph->data;
    if (pos<1 || pos>len)
    {
        printf("位置错误\n");
        return -2;
    }
    //找到并记录要删除的节点及其前驱节点
    ListNode *pre = ph;
    for (int i = 0; i < pos; i++)
    {
        pre = p;
        p = p->next;
```

```
    }
    pre->next = p->next;
    ph->data--;
    free(p);
    return 0;
}
```

上述函数 delNode()有两个参数，参数 ph 接收当前链表结构的头指针，参数 pos 接收删除节点的位置。

delNode()函数中首先定义了链表节点指针 p 来接收链表，并判断链表是否为空，如果为空无须删除，直接返回-1；其次判断传入的位置参数 pos 是否合理，如果 pos 小于 1 或大于链表长度，说明位置有误，此时返回-2。如果链表不为空且删除位置在链表长度范围之内，则循环中遍历链表，并使用节点指针 pre 记录前驱节点，使用节点指针 p 记录待删除节点。最后修改待删除节点前驱节点指针的指向，更改链表长度，释放指针 p 指向的节点所占的内存空间。并使头节点数据域中记录链表长度的变量值 ph->data 自减 1。至此，删除操作完成。

4. 遍历链表

遍历链表即逐个访问链表节点，读取节点中存储的数据。在代码中可使用循环移动链表指针，实现遍历，具体实现如下：

```
void printList(pHead *ph)
{
    pHead *p = ph;
    while (p->next!=NULL)
    {
        p = p->next;
        printf("%3d", p->data);
    }
}
```

以上代码中定义的 printList()函数使用参数 ph 接收待遍历链表，使用节点指针变量 p 指向链表头节点，并通过移动该指针逐个访问并打印了链表数据。

5. 获取链表长度

本节创建的链表头节点中存放了链表长度，因此只需访问链表头节点的数据域，便可获取链表长度。具体代码如下：

```
int getLength(pHead *ph)
{
    return ph->data;
}
```

以上定义的函数 getLength()非常简单，该函数接收链表指针，并直接返回链表头节点数据域存储的链表长度。

11.2 栈

洗碗时，将洗好的碗一个叠一个地摆放在橱柜中；用碗时，再将碗逐个取下。摆放碗时是由下而上依次放置，而取碗时是自顶向下逐个拿取。图 11-9 所示是一摞摆放好的碗。

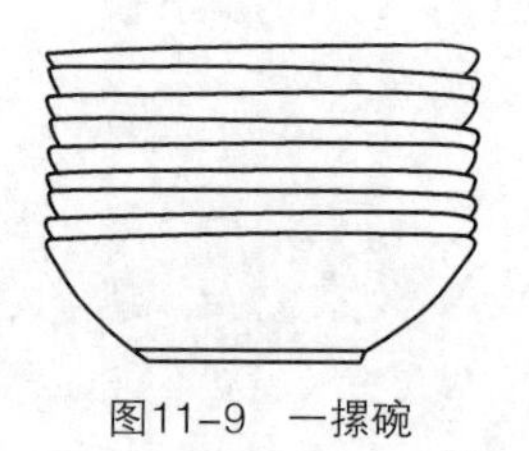
图11-9　一摞碗

如上述这种现象，也就是先放入的东西后被取到，后放入的东西优先被取到，我们认为其遵循“后进先出”原则，在数据结构中也有一种数据结构遵循这个规则，我们将这个数据结构称之为栈（stack）。

11.2.1　什么是栈

栈也是一种线性表，但它是受到限制的线性表。像之前我们学习链表，它可以在任意位置进行插入、删除操作，而栈，类似于盛放碗的碗橱，仅允许在一端进行这些操作，其结构示意图如图 11-10 所示。

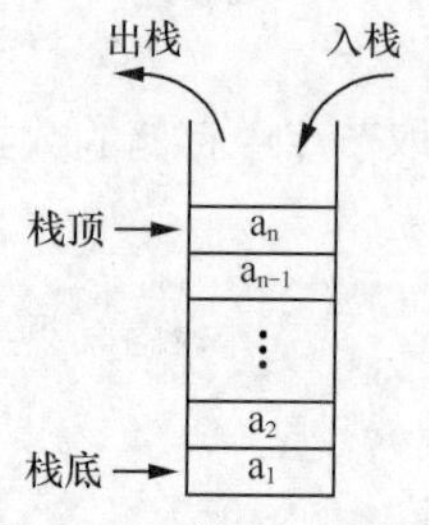

图11-10　栈结构示意图

栈中允许执行插入和删除操作的一端称为栈顶（top），在栈顶层的元素称为栈顶元素；不允许执行插入和删除操作的一端称为栈底。向一个栈中插入新元素又称为入栈、压栈，入栈之后该元素被放在栈顶元素的上面，成为新的栈顶元素；从一个栈中删除元素又称为出栈、弹栈，弹出栈顶元素后，栈顶指针就向下移动，指向原栈顶元素下面的一个元素，这个元素就成为了新的栈顶元素。

执行入栈操作时，会先将元素插入到栈中，然后按照数据入栈的先后顺序，从下往上依次排列。每当插入新的元素时，栈顶指针就会向上移动，指向新插入的元素。

执行出栈操作时，栈顶的元素会被先弹出，接着按照后进先出的原则将栈中的元素依次弹出。

当栈已满时，不能继续执行入栈操作。同理，栈为空时，也不能继续执行出栈操作。

需要注意的是，若要从栈中获取元素，只能通过栈顶指针取到栈顶元素，无法取得其他元素。例如在图 11-10 中，a_n 没有被弹出时，无法读取到下面的元素。

由于栈遵循后进先出（Last In First Out，简称 LIFO）原则，栈又被称为后进先出表。进栈、出栈相当于链表中的插入、删除，不同的是，栈的插入和删除只针对栈顶元素。

与线性表相同，栈也有顺序和链式这两种存储方式，其中采用顺序方式存储的栈一般基于数组实现，采用链式存储的栈基于链表实现。本节将对栈的链式存储原理及其实现进行讲解。

11.2.2　栈的链式存储与实现

使用链式结构存储的栈简称链栈，它与链表的存储结构相同，都用指针来建立各节点之间的逻辑关系。但为方便实现栈的操作，链栈中特别设置了栈顶指针 top 来记录栈顶元素，如图 11–11 所示。

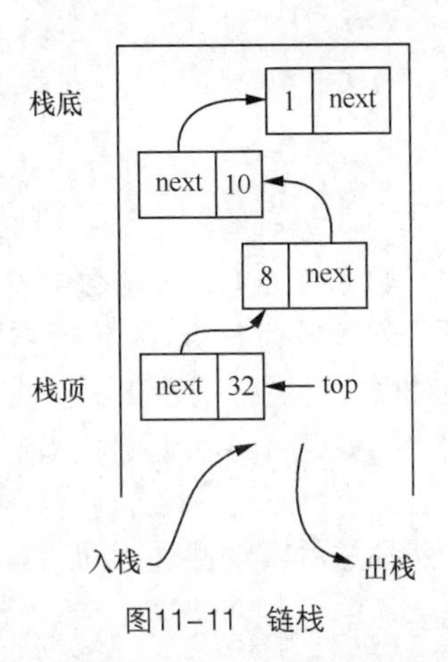

图11–11　链栈

观察图 11–11 可知，链栈实际上就是只能在表头操作的链表。下面我们分别通过代码实现栈的存储结构和具体操作。

1. 链栈的存储结构

使用 struct 关键字声明链栈的节点和链栈，具体代码如下所示：

```
//节点结构
typedef struct Node
{
    int data;                                    //数据
    struct Node *next;                           //指针
}pNode;
//栈结构
typedef struct Stack
{
    pNode *top;                                  //栈顶元素指针
    int size;                                    //栈大小
}LinkStack;
```

以上代码将链栈节点的结构与链栈的结构分别进行了声明，与链表不同的是，栈的大小不再存储在头节点的数据域，而是存储于栈结构的数据域之中。下面我们以上述声明为基础，实现栈常见的操作。

2. 链栈的实现

链栈的操作包括创建、入栈、出栈、获取栈顶元素和销毁，这些操作的原理与链表大同小异，下面我们主要以代码形式说明各功能的实现方法。

（1）创建链栈

链栈的创建代码如下所示：

```
LinkStack *Create() //创建栈
{
    LinkStack *lstack = (LinkStack*)malloc(sizeof(struct Stack));
    if (NULL == lstack)
```

```
    {
        printf("创建失败\n");
        return NULL;
    }
    lstack->top = NULL;
    lstack->size = 0;
    return lstack;
}
```

以上代码定义了用于创建栈的函数 Create()，该函数中首先定义了栈指针 lstack，并为该指针开辟空间，其次对指针进行判断，若指针为 NULL，说明空间开辟失败，打印“创建失败”并返回 NULL；若指针不为 NULL，对栈指针进行初始化：使栈顶指针 lstack->top 指向 NULL，将栈的大小 lstcak->size 设置为 0。初始化完成后返回栈指针，栈创建成功。

（2）入栈

入栈操作的实现原理与链表中头插法的实现原理相同，具体实现如下：

```
int Push(LinkStack *lstack, int val)
{
    pNode *node = (pNode*)malloc(sizeof(struct Node));
    if (NULL == node)
        return -1;
    node->data = val;
    node->next = lstack->top;            //入栈
    lstack->top = node;                  //更新栈顶指针 top
    lstack->size++;
    return 0;
}
```

以上代码定义了入栈函数 Push()，该函数接收链栈和一个整型数据作为参数。Push()函数中首先创建了节点类型的指针 node，并为该指针开辟了存储空间，其次对该指针进行判断，若指针为 NULL，说明空间开辟失败，返回–1；若指针不为 NULL，先使用参数 val 为新节点的数据域 node->data 赋值，使用栈顶指针为新节点的指针域赋值，再更新栈顶指针，使其指向新节点，最后使栈的大小加 1，入栈完成。

（3）出栈

只有栈不为空时才能出栈，因此在出栈之前需要对栈进行判空操作。当栈顶元素指向空或栈的大小为 0 时，说明栈为空，具体代码如下：

```
int isEmpty(LinkStack *lstack)          //判断栈是否为空
{
    if (lstack->top == NULL || lstack->size == 0)
        return 1;
    return 0;
}
```

出栈操作的实现步骤依次为：判断栈是否为空、从栈顶删除元素、释放节点所占空间、使栈的长度减 1。具体代码如下：

```
int Pop(LinkStack *lstack)
{
    if (isEmpty(lstack))                 //判断栈是否为空
```

```
        return -1;
    pNode *node = lstack->top;
    lstack->top = lstack->top->next;          //从栈中删除元素
    int topData = node->data;
    free(node);                                //释放空间
    lstack->size--;                            //长度减 1
    return topData;
}
```

以上实现的 Pop()函数接收一个栈指针，返回原栈顶存储的元素。需要注意的是，因为在函数返回之前原栈顶元素节点已经被释放，所以在调用 free()函数释放空间之前先使用变量 topData 接收原栈顶元素的值。

（4）获取栈顶元素

获取栈顶元素即读取栈顶节点中存储的数据，此操作与出栈操作不同，它不会删除节点。具体实现如下：

```
int getTop(LinkStack *lstack)                  //获取栈顶元素
{
    if (lstack->size == 0)
        return NULL;
    return lstack->top->data;
}
```

（5）清空

清空栈即使栈中元素依次出栈，具体代码如下：

```
void Clear(LinkStack *lstack)
{
    //只要栈不为空就删除栈顶元素
    while (lstack->size>0)
        Pop(lstack);
    printf("栈清空成功！\n");
}
```

栈被清空后成为空栈，原栈中元素节点所占的空间都被释放。

（6）销毁

销毁栈是指释放栈所占据的所有空间。因为前面的代码为栈和栈中各个节点都开辟了空间，所以在销毁栈时需要先依次销毁栈中节点，再销毁栈本身。具体代码如下：

```
void Destory(LinkStack *lstack)
{
    Clear(lstack);                             //先清空
    free(lstack);                              //再销毁
    printf("栈销毁成功！\n");
}
```

需要注意的是，栈应在所有节点都销毁之后销毁。

11.3 队列

通过前面小节的学习，我们已经掌握了数据结构中链表和栈的相关知识，除了链表和栈，队列也是常用的数据结构。队列是只允许在表的一端进行插入，在另一端进行删除的线性表，它遵循的是“先进先出”原则。本节我们将针对队列及其相关操作进行详细的讲解。

11.3.1 什么是队列

在生活中，大家肯定都有过排队买票的经历，在排队买票时，排在前面的人先买到票离开排队的队伍，然后轮到后面的人买；如果又有人来买票，就依次排到队尾。买票的过程中，队伍中的人从头到尾依次出列。

像排队这样，先来的先离开，后来的排在队尾后离开，我们称之为“先进先出”（First In First Out，简称 FIFO）原则。在数据结构中，也有一种数据结构遵循这一原则，那就是队列（Queue）。

队列和栈一样，也是一种受限制的线性表，它只允许在一端进行插入操作，在另一端进行删除操作。其中允许删除的一端称为队头（front），允许插入的一端称为队尾（rear）。向队列中插入元素称为入队，从队列中删除元素称为出队。队列同样有顺序和链式两种存储结构，图 11-12 就是一个顺序队列。

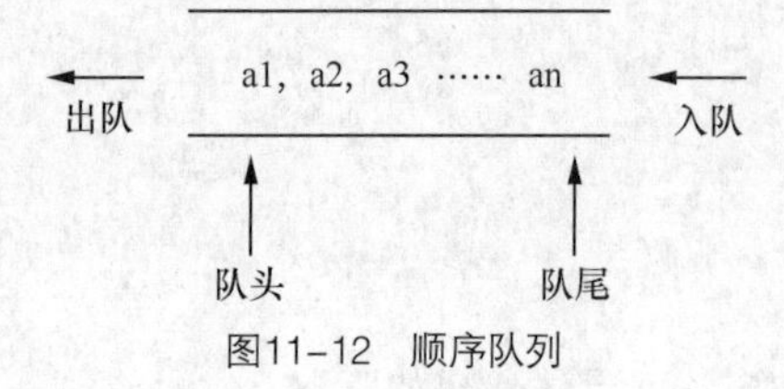

图11-12　顺序队列

队列中会有一个指针指向队头，这个指针称为队头指针。当有元素出队时，队头指针向后移动，指向下一个元素，下一个元素成为新的队头元素（类似于栈的栈顶指针）。

队列中也会有一个指针指向队尾，称为队尾指针，队尾指针是指向最后一个元素之后的空指针。当有元素需要入队时，就插入到队尾指针所指位置处，插入之后，队尾指针向后移动，指向下一个空位。

当队列已满时，元素不能再入队；同理，当队列为空，无法执行出队操作。

由于遵循“先进先出”原则，队列也叫先进先出表。

队列在程序设计中的使用也颇为常见。如操作系统和客服系统，都是应用了队列这种数据结构来实现先进先出的排队功能；再比如用键盘进行各种字母和数字的输入并显示到显示器上，就是队列的典型应用。与顺序队列相比，链式队列的应用更为广泛，下面我们将介绍链式队列的实现方法。

11.3.2 链式队列的存储与实现

使用链表存储的队列称为链式队列，链式队列中同样包含队头指针 front 和队尾指针 rear。为方便用户理解和使用链队，通常会为链队增加一个头节点，此时需要注意的是，链式队列的队头指针 front 指向头节点，队尾指针 rear 指向的是链表中的最后一个节点，具体如图 11-13 所示。

下面我们分别通过代码实现链队的存储结构和具体操作。

1. 链队的存储结构

使用 struct 关键字声明链队的节点和链队结构，具体代码如下所示：

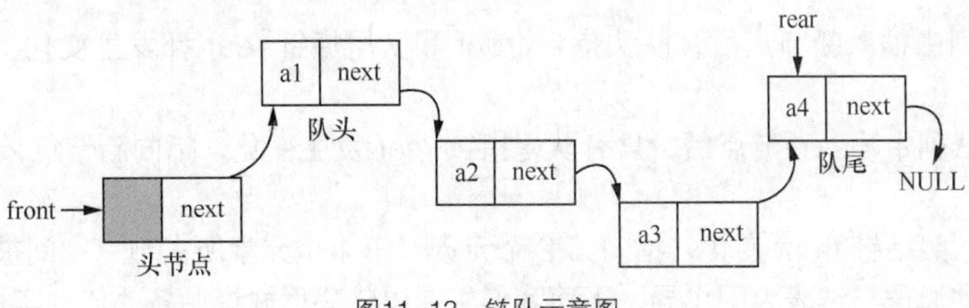

图11-13　链队示意图

```
//链队节点
typedef struct Node
{
    int data;                          //数据域
    struct Node *next;                 //指针域
}pNode;
//链队结构
typedef struct Queue
{
    pNode *front;                      //指向头结点
    pNode *rear;                       //指向尾结点
    int length;                        //队列长度
}LQueue;
```

下面我们以上述声明为基础，实现链队常见的操作。

2. 链队的实现

链队的常用操作包括创建、入队、出队、清空队列和销毁队列，在讲解这些操作的实现方法之前，我们先来了解一下在发生插入、删除操作时链队中各指针的变化情况，如图 11-14 所示。

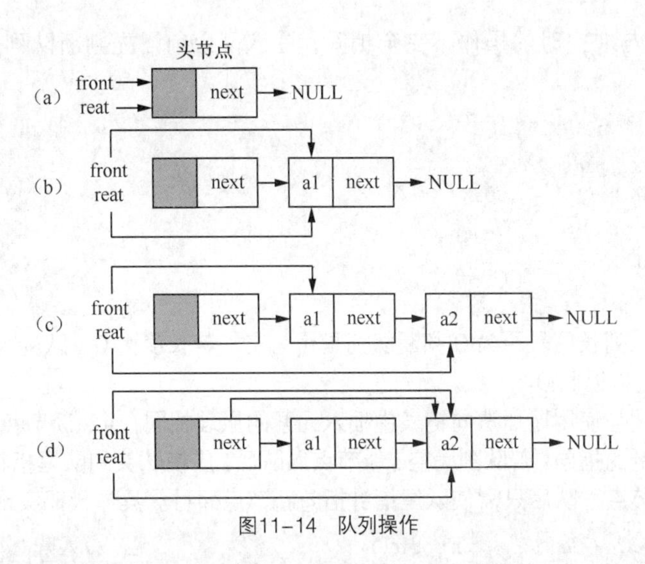

图11-14　队列操作

图 11-14 中的（a）~（d）依次表示：空队列、元素 a1 入队、元素 a2 入队、元素 a1 出队。观察图 11-14 可知：

- 空队列的队头指针 front 和队尾指针 rear 都指向队列的头节点；

- 向空队列中插入新节点后，队头指针 front 和队尾指针 rear 都发生变化，指向新插入的节点；
- 向非空队列中插入新节点后，只有队尾指针 rear 发生变化，指向新节点，队头指针 front 无须变化；
- 出队时队头指针 front 变化，指向第 2 个元素，第 1 个元素所占节点空间被释放。

这些操作的原理与链表大同小异，下面我们主要以代码形式说明各功能的实现方法。

（1）创建链队

链队的创建代码如下所示：

```
LQueue *Create()                                         //创建队列
{
    LQueue *Lq = (LQueue*)malloc(sizeof(LQueue));  //为头结点分配空间
    if (NULL == Lq)
    {
        printf("创建失败\n");
        return NULL;
    }
    Lq->front = Lq;
    Lq->rear = Lq;
    Lq->length = 0;
    return Lq;
}
```

以上代码先创建了队列头节点 Lq，并为其分配空间，其次对指针进行判断，若指针为 NULL，说明空间开辟失败，打印“创建失败”并返回 NULL；若指针不为 NULL，使队头指针和队尾指针都指向头节点，并初始化队列长度为 0。最后将队列头节点指针返回。

（2）入队

由于队列为空与非空时的操作不完全相同，在入队之前需先判断队列是否为空，判空代码如下：

```
int isEmpty(LQueue *Lq)                                  //判断队列是否为空
{
    if (Lq->length == 0)
        return 1;
    return 0;
}
```

以上代码根据队列长度是否为 0 判断队列是否为空，若长度为 0，队列为空，返回 1；若长度不为 0，队列非空，返回 0。

入队操作的原理与使用尾插法向链表中插入元素的原理相同，当然新节点入队后还需要修改队头指针和队尾指针的指向：若队列为空，新节点入队后，应使队头和队尾指针分别指向新节点；若队列不为空，新节点入队后只需使队尾指针指向新节点即可。具体代码实现如下：

```
void Insert(LQueue *Lq, int val)                         //入队
{
    //创建并初始化新节点
    pNode *pn = (pNode*)malloc(sizeof(pNode));
    pn->data = val;
```

```
    pn->next = NULL;
    Lq->rear->next = pn;                        //插入尾节点
    Lq->rear = pn;                              //更改尾节点指向
    //如果原队列为空，队头指针指向新节点
    if (isEmpty(Lq))
        Lq->front = pn;
    Lq->length++;
}
```

以上代码定义的入队函数 Insert()接收两个参数，其中参数 Lq 用于接收待操作的队列，参数 val 用于接收新节点中存储的数据。Insert()函数首先创建新节点，为其开辟地址空间，并将其初始化；其次将新节点插入队尾，并使尾指针指向新节点；之后判断原队列是否为空，若为空则使队头指针也指向新节点；最后使队列长度加 1，入队操作完成。

（3）出队

出队操作实际就是删除队头元素，使队头指针指向第 2 个元素，并使队列长度减 1，代码实现具体如下：

```
int Del(LQueue *Lq)                             //出队
{
    if (isEmpty(Lq))
    {
        printf("队列为空\n");
        return 0;
    }
    pNode *pTmp = Lq->front;                    //临时指针，记录待删除节点
    Lq->front = pTmp->next;
    int delData = pTmp->data;                   //记录待删除节点中的元素
    free(pTmp);
    Lq->length--;
    return delData;
}
```

以上代码定义的出队函数 Del()接收待操作的队列作为参数，并返回删除节点中的元素。Del()函数首先对队列进行判断，若队列为空，无须删除；若队列不为空，先定义临时指针记录队头节点，其次修改队头指针使其指向第 2 个节点，然后定义变量 delData 记录待删除节点中存储的元素，之后释放待删除节点占用的存储空间，使队列长度减 1，最后返回已删除节点中存储的数据，出队操作完成。

（4）清空队列

清空队列是使队列中的节点依次出队，示例代码如下：

```
void Clear(LQueue *Lq)                          //将队列 Lq 清空
{
    while (Lq->length)
        Del(Lq);
    printf("队列已经清空！\n");
}
```

以上代码定义的清空队列的函数 Clear()接收待操作的链表作为参数，然后使用 while 循

环清空队列，当队列长度不为 0 时，循环执行出队操作。队列清空后打印提示信息“队列已清空！”。

（5）销毁队列

队列在销毁之前应先被清空，之后再释放队列头节点占用的空间，示例代码如下：

```
void Destory(LQueue *Lq)                    //销毁
{
    Clear(Lq);                              //清空
    free(Lq);                               //销毁头节点
    printf("队列已销毁！\n");
}
```

除以上操作外，队列也可能会对获取队头元素、获取队列长度等功能进行封装，由于这些功能比较简单，此处不再讲解。

11.4 阶段案例——机器运算

一、案例描述

计算机的基本功能大多都基于对数据的操作，给出一个运算式，计算机能迅速计算出其结果，若运算式有错误，如运算式“1+3*（2+5”，右边少了一个“）”，编绎器会立刻检查出错误并报告。但计算机与人类不同，它在实现运算之前，会先将运算表达式转换成逆波兰表达式。逆波兰表达式是一种不需要括号的后缀表达方式，进行转换时数据会被保存在栈中，当需要计算时，再利用栈先进后出的特点来进行字符的匹配检查以及表达式的计算。例如，表达式“1+3*（2+5）”在计算机中会先被转换为“1325+*+”再进行运算。

本案例要求编写程序实现以下目标：

1. 将运算式（操作数为 0~9）转换为逆波兰表达式；
2. 根据逆波兰表达式计算运算式的结果。

二、案例分析

根据案例描述可知，机器运算包括两个步骤，且每个步骤在计算过程中都要严格遵守计算规则，对这两个步骤分析如下所示。

1. 将运算式转换为波兰表达式

将运算式转换为逆波兰表达式即在遍历过程中将中缀表达式转换为后缀表达式，此过程中数据使用栈来存储，且遵循以下规则。

- 对于数字：直接输出。
- 对于符号

左括号：进栈，不管栈中是否有元素。

运算符：若此时栈为空，直接进栈；

若栈中有元素，则与栈顶符号进行优先级比较；

若新符号优先级高，则新符号进栈（默认左括号优先级最低，直接入栈）；

若新符号优先级低，将栈顶符号弹出并输出，之后使新符号进栈。

右括号：不断将栈顶符号弹出并输出，直到匹配到左括号，再接着读取下一个符号；须注意，左右括号匹配完成即可，并不将其输出。

- 遍历结束：将栈中所有的符号弹出并输出。

2. 后缀表达式的运算

将中缀表达式转换为后缀表达式后，计算机会根据后缀表达式进行求值计算。计算过程中的数据也存储在栈中，相对于中缀表达式转后缀表达式，它对数字和运算符的处理相应要简单一些。

- 对于数字：进栈。
- 对于符号：

从栈中弹出右操作数；

从栈中弹出左操作数；

然后根据符号进行运算，将运算结果压入栈中。

- 遍历结束，栈中唯一数字就是运算结果。

根据案例描述可知，机器运算是利用栈来实现的，在实现案例时必定要构造一个栈，然后调用栈的入栈、弹栈等方法将运算表达式转换成逆波兰表达式，然后再计算逆波兰表达式的结果。

请扫描右侧二维码查看图示分析。

三、案例实现

由于程序代码较多，可以分文件实现案例，将程序需要的变量、结构体、函数声明放在头文件 linkstack.h 中，将函数定义放在 linkstack.c 文件中实现，在 main.c 文件中实现其他需要的函数功能，然后在 main()函数中调用相应方法实现逆波兰表达式的转换与计算。

1. 实现思路

本案例相当于实现两个独立完整的程序，具体实现思路如下。

（1）在 linkstack.h 文件中定义两个结构体，声明栈的功能函数。

定义两个结构体：

- Node：表示数据结点
- Stack：存储栈的大小及栈顶元素指针。

声明栈的功能函数：

- 创建栈：Create()函数。
- 判断栈是否为空：IsEmpty()函数。
- 获取栈的大小：getSize()函数。
- 入栈操作：Push()函数。
- 获取栈顶元素：getTop()函数。
- 出栈操作：Pop()函数。
- 销毁栈：Destory()函数。

（2）在 linkstack.c 文件中实现栈的各个功能函数。

（3）定义逆波兰表达式转换的 main.c 文件。

在 main.c 文件中定义一些其他功能函数，如判断进栈的符号的类别与优先级等，具体如下所示。

- Put()函数：将从栈中弹出的元素存储到临时缓冲区。
- Priority()函数：比较符号的优先级。

- isNumber()函数：判断字符是否是数字。
- isOperator()函数：判断字符是否是运算符。
- isLeft()函数：判断字符是否是左括号。
- isRight()函数：判断字符是否是右括号。
- Transform()函数：将运算表达式转换为逆波兰表达式。

实现了上述功能函数之后，在 main()函数中从键盘读取一个运算表达式，调用 Transform()函数将其转换为逆波兰表达式。

（4）定义逆波兰表达式结果计算的 main.c 文件。

在 main.c 文件中同样需要再额外实现几个功能函数，判断符号的类型及优先级，具体如下所示。

- isNumber()函数：判断字符是否是数字。
- isOperator()函数：判断字符是否是操作数。
- express()函数：根据“+”、“-”、“*”、“/”符号进行相应运算。
- Calculate()函数：计算逆波兰表达式的结果。

完成上述功能函数之后，在 main()函数中调用相应函数计算给出的逆波兰表达式的结果。

2. 完整代码

请扫描右侧二维码查看完整代码。

11.5 本章小结

本章我们主要讲解了 C 语言中的 3 种基本数据结构，分别是链表、栈和队列。通过本章的学习，读者应该能够掌握这 3 种数据结构的存储原理、定义以及常用操作。掌握本章的内容将有助于优化程序中的数据存储，提高程序的运行效率。

11.6 习题

一、填空题

1. 链表中的每一个节点都分为两个部分，分别为________和________。
2. 在定义链表时，用________来存放节点的地址。
3. 栈中允许插入和删除操作的一端称为________，不允许插入和删除操作的一端称为________。
4. 在 C 语言中，满足“后进先出”原则的数据结构是________。
5. 习惯上我们把队列的插入称为________，删除称为________。

二、判断题

1. 链表中节点的下标是从 1 开始的。(   )
2. 栈是一种限定只能在一端进行插入和删除操作的数组或链表。(   )
3. 执行入栈操作之前，首先需要判断该栈是否已满。(   )
4. 队列的插入操作在表的两端都可以进行。(   )
5. 在进行清空队列操作时，只需要将头指针和尾指针重新置为 0 即可。(   )

三、选择题

1. 设单链表中节点的结构为(date,link)，已知指针 p 所指向的节点不是尾节点，若在节点 p

之后插入节点 s，则应执行下列哪一个操作？（　　）

A. s→link = p; p→link = s;　　B. s→link = p→link; p→link = s;

C. s→link = p→link; p = s;　　D. p→link = s; s→link = p;

2. 在一个用数组实现的队列中，假定数组长度为 maxsize，队列长度为 length，队头元素位置为 front，则队尾元素的位置为（　　）。

A. length+1　　B. first+length　　C. (first+length−1)%MS　　D. (first+length)%MS

3. 假设有一个栈，元素入栈次序为 A，B，C，D，E，那么其出栈序列不可能是（　　）。

A. A, B, C, D, E　　B. B, A, D, E,C

C. E, A, B, C, D　　D. E, D, C, B, A

4. 假设栈 stack 的最大个数为 size，那么下列条件中可以用来判断 stack 已满的是（　　）。

A. stack->top=-1　　B. stack->top=size

C. stack->top=0　　D. stack->top=size-1

5. 下列选项中，属于栈和队列共同点的是（　　）。

A. 都是先进先出　　B. 都是先进后出

C. 没有共同点　　D. 只允许在端点处插入和删除元素

四、简答题

1. 请简述什么是链表。

2. 请根据你的理解，简述栈与队列的异同点。

五、编程题

请编写一个程序来实现计算单链表中节点的个数。

提示：

（1）使用 scanf()函数接收键盘输入的整数；

（2）以单链表的数据结构存储键盘接收的整数；

（3）使用循环计算该单链表中节点的个数。

12 Chapter

第12章 综合项目——贪吃蛇控制台游戏

学习目标

- 了解项目的需求分析
- 掌握C语言模块化设计开发方法
- 掌握项目的调试方法
- 了解项目心得总结

我们在本书第1~11章对C语言的基本知识进行了详细讲解，学习完前11章的内容，读者对C语言也有了一个整体的掌握，本章我们就带领读者用C语言编写一个综合项目——贪吃蛇，加深读者对C语言的理解与使用，并让读者了解真实项目的开发流程。

12.1 项目分析

一个好的程序员在开发项目前，首先会对项目进行需求分析，明确项目要实现的功能以及实现思路，在明确项目需求的基础上进行详细设计，确定项目功能，这样才能开发出满足实际需求的软件产品。

12.1.1 项目需求分析

贪吃蛇是一款很经典的游戏，在游戏过程中玩家可通过上下左右方向键控制贪吃蛇移动以获取食物，贪吃蛇吃到食物时身体会增长、速度会加快，玩家会获得积分。贪吃蛇在移动过程中不能碰到墙壁，不能碰到自己的身体，否则贪吃蛇死亡，重新生成一条贪吃蛇，这个过程会消耗一个生命值，如果贪吃蛇生命值消耗殆尽，游戏结束。

启动游戏时，我们可以根据菜单选择不同的功能，例如查询玩家信息、开始游戏、退出游戏等，当选择查询玩家信息时，系统会列出所有玩家的信息；选择开始游戏时，则启动游戏；选择退出游戏，则游戏退出。

在玩游戏时，贪吃蛇的生命值、吃食物获得的积分、游戏说明等都显示在屏幕上。

游戏结束时，程序会将玩家的信息（姓名、得分、游戏时间）存储到文件中，可以随时进行查询。

上述游戏过程可以用一个流程图表示，如图12-1所示。

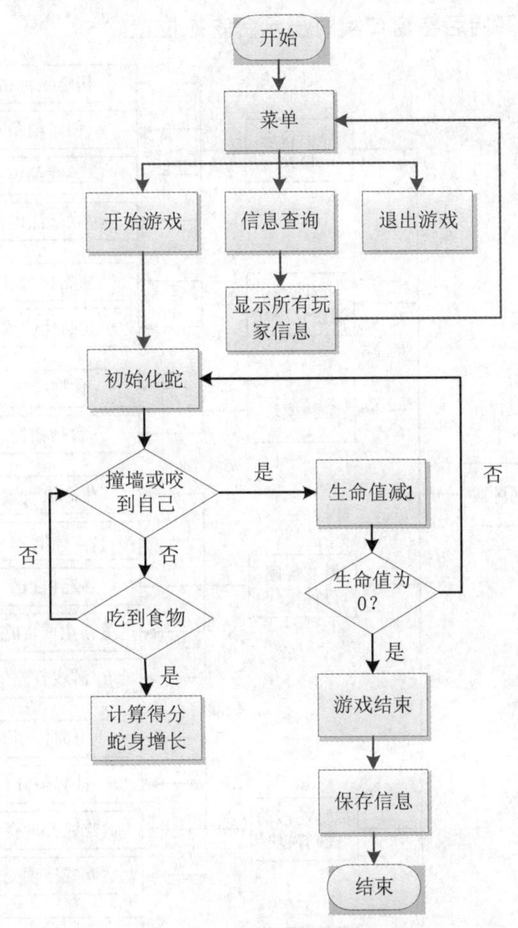

图12-1　贪吃蛇游戏流程图

在实现复杂程序时我们可以根据程序功能先将其划分成多个模块，其次对各个模块再进行深入分析，划分成更小的模块，然后通过具体的功能函数实现模块，最后再把模块整合，以完成完整项目。

对图 12-1 所示流程图进行分析，在本项目中，贪吃蛇游戏需要在规定的范围内进行，即游戏界面，在界面中构建坐标系、绘制地图（规定游戏活动范围）等，在地图中初始化贪吃蛇，包括贪吃蛇的位置、长度、生命值等；贪吃蛇初始化完成之后，需要创建食物；然后控制贪吃蛇移动寻找食物，在这个过程中，控制贪吃蛇上下左右移动，除此之外，还需要设计游戏规则，如果贪吃蛇撞墙或咬到自己，则贪吃蛇死亡，消耗生命值，重新生成一条贪吃蛇，如果贪吃蛇生命值为 0，则游戏结束。游戏结束之后，将玩家信息进行保存，以供实时查询。

由上述分析可知，本项目需要实现的模块包括：界面管理模块、贪吃蛇初始化模块、食物模块、游戏规则设计模块、贪吃蛇移动控制模块、信息管理模块，具体如图 12-2 所示。

图 12-2 展示了“贪吃蛇”游戏所需要实现的功能模块及模块之间的联系，为了让大家能够明确系统中每个功能模块的具体作用，下面我们针对这些模块分别进行介绍，具体如下。

1. 界面管理模块

在界面管理模块中，通过 Windows API（Windows 应用程序编程接口）窗口坐标函数构建坐标系，并根据坐标系绘制地图。该模块可以自定义坐标位置显示，如游戏菜单、游戏提示的显示位置。除此之外，游戏开始后在窗口实时显示贪吃蛇位置。

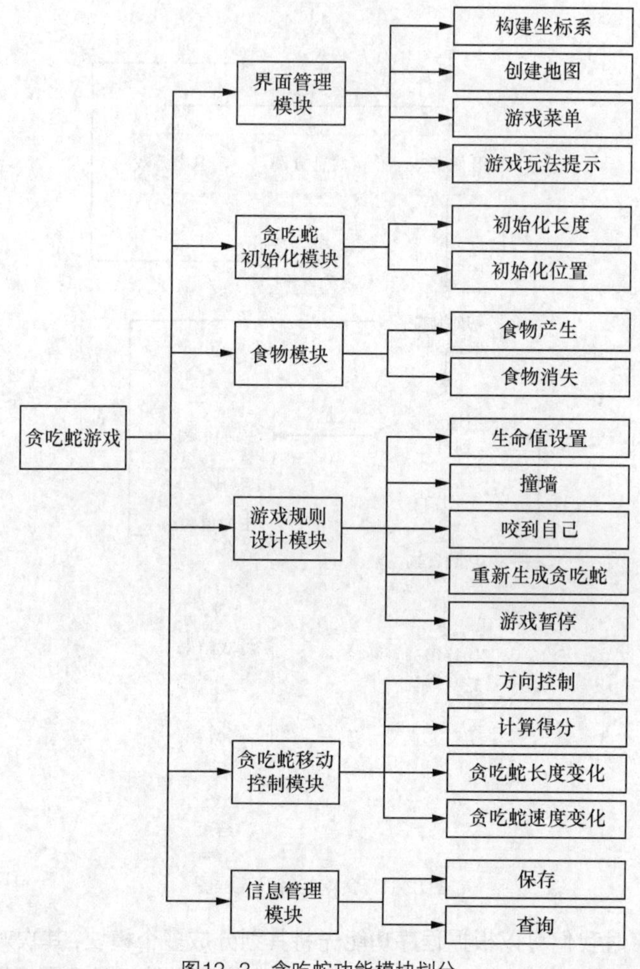

图12-2 贪吃蛇功能模块划分

2. 贪吃蛇初始化模块

在贪吃蛇初始化模块中，根据地图大小初始化贪吃蛇的位置、长度，在初始化贪吃蛇时，使用链表存储贪吃蛇身体。

3. 食物模块

在食物模块中，初始化食物出现的位置，需要注意食物不能出现在蛇的身体上或墙壁上，贪吃蛇吃掉食物之后，食物要消失，食物消失之后需要再次随机生成。

4. 游戏规则设计模块

在游戏规则设计模块中，需要设计游戏规则，如果贪吃蛇撞墙或者咬到自己，则贪吃蛇会死亡，消耗生命值，然后再重新生成一条贪吃蛇，直到生命值消耗殆尽。除此之外，该模块还负责游戏的运行与暂停，如果按下键盘空格键，则游戏暂停或继续运行。

5. 贪吃蛇移动控制模块

在贪吃蛇移动控制模块中，要控制贪吃蛇上下左右移动寻找食物，如果吃到食物，则贪吃蛇得分增加，贪吃蛇可以使用加速键提高速度，在吃到食物时获取更高的得分。这些都会实时显示在屏幕上。

6. 信息管理模块

信息管理模块的功能主要是将玩家游戏信息（如玩家姓名、得分、游戏时间）保存到外部文件中，以供实时查询。

12.1.2 效果显示

通过上一小节的需求分析，读者应该已经了解贪吃蛇游戏中每个模块的功能，为了让读者更加直观地看到游戏最终的效果，并对程序的执行过程有个整体的认识，下面我们分别展示游戏过程中的不同阶段的效果。

1. 游戏菜单界面

程序开始运行时，首先会显示游戏主菜单，让用户选择游戏的功能，如图12-3所示。

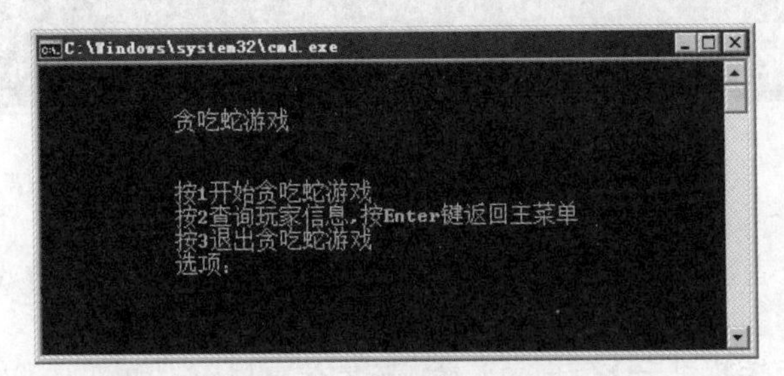

图12-3 游戏启动界面

2. 游戏开始界面

当用户在游戏主菜单中选择1选项时，游戏开始，在游戏开始时，贪吃蛇的蛇头位置在(24，5)坐标处，蛇身长度为4，默认向右移动，贪吃蛇生命值初始为3，得分初始为0，如图12-4所示。

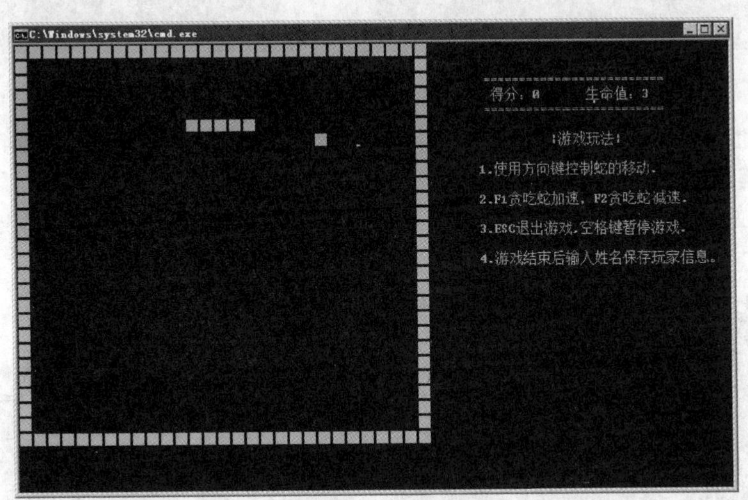

图12-4 游戏开始界面

3. 游戏进行界面

游戏进行过程中，读者可以使用方向键控制贪吃蛇的移动，如果贪吃蛇吃到食物，则得分会加5，如果贪吃蛇撞到墙壁或自身，其生命值减1，如果生命值消耗完，游戏结束。游戏分数和贪吃蛇的生命值会实时显示在窗口上，如图12-5所示。

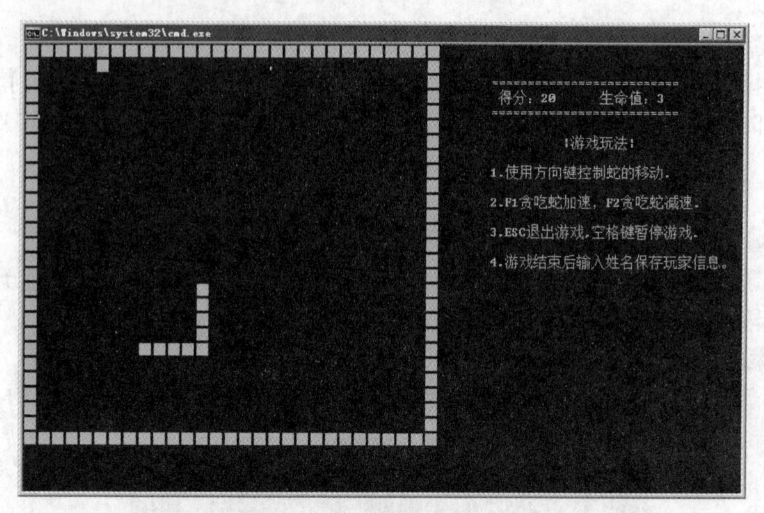

图12-5　游戏进行界面

4. 游戏结束

当按【Esc】键或者贪吃蛇撞上墙壁或自己导致生命值降为 0 时，游戏结束。游戏结束界面如图 12-6 所示。

图 12-6 所示界面短暂显示之后会进入输入玩家信息界面，如图 12-7 所示。

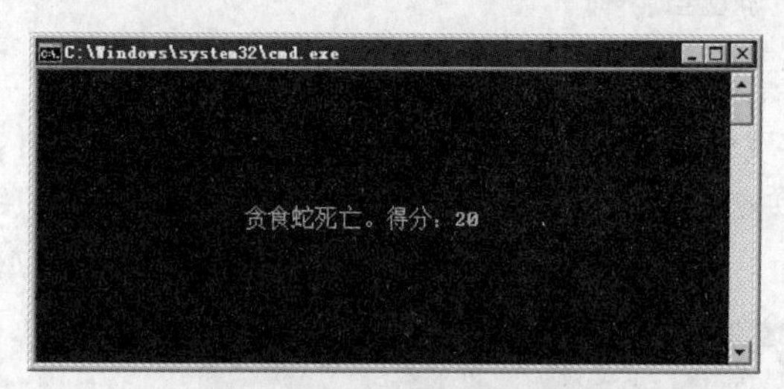

图12-6　游戏结束

图12-7　输入玩家信息

输入玩家信息之后，按【Enter】键，将信息保存，然后退出游戏，如图 12-8 所示。

5. 查询信息

当在游戏主菜单中选择选项 2 时，可以查询所有玩家信息，包括玩家姓名、得分与游戏时间，如图 12-9 所示。

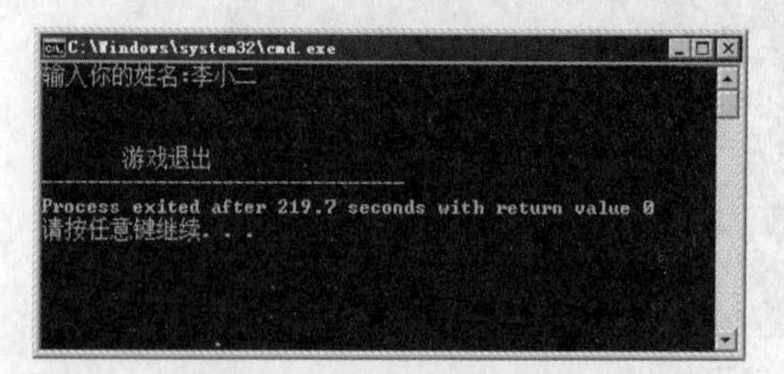

图12-8　保存信息并退出游戏

图12-9　查询玩家信息

查询完玩家信息之后，按回车键可以回到主菜单。

6. 退出游戏

在游戏主菜单中选择选项 3 时，就退出游戏，如图 12-10 所示。

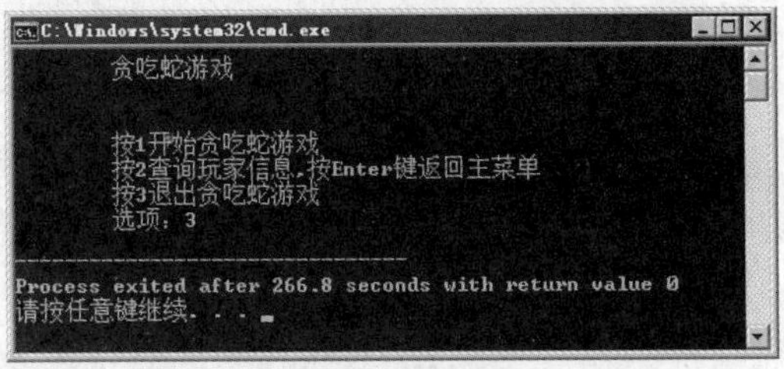

图12-10　退出游戏

12.1.3　项目设计

完成系统的需求分析后，需要根据需求设计项目。项目设计包括数据设计与功能设计两部分，数据设计规定了项目都需要定义哪些变量，以及如何组织变量；功能设计就是函数设计，即声明函数，并明确函数功能。下面我们就分别介绍贪吃蛇游戏中的数据设计与功能设计。

1. 数据设计

由于贪吃蛇游戏中涉及蛇头、蛇身、食物等的位置信息，这些位置信息使用坐标（x，y）表示，因此可以定义一个结构体存储贪吃蛇节点和食物，结构体定义如下所示：

```
typedef struct snake    //蛇身的一个节点
{
    int x;              //横坐标
    int y;              //纵坐标
    struct snake *next;
}SNAKE;
```

一个结构体变量表示一个节点，而贪吃蛇由多个节点构成，因此可使用链表存储贪吃蛇的所有节点。

除此之外，贪吃蛇的生命值、得分、长度、运动方向等都需要用变量保存，该项目中需要定义的主要变量如表 12-1 所示。

表 12-1　贪吃蛇游戏需要定义的属性

变量声明	功能描述
struct snake	用于存储贪吃蛇节点和食物
int len	用于存储贪吃蛇长度
int factor	食物分值
int direct	贪吃蛇运行方向
int delay	贪吃蛇运行时间间隔
SNAKE *head	贪吃蛇蛇头指针
SNAKE *food	食物指针
SNAKE *pHead	遍历贪吃蛇时所用的中间指针
int score	游戏得分
int life	贪吃蛇生命值

2. 功能设计

贪吃蛇游戏包括 6 个模块，每个模块的功能都需要不同的函数实现，有的甚至会有多个函数，根据每个模块的功能可以初步设计每个模块下的函数及其功能。

（1）界面管理模块

界面管理模块需要实现的功能包括构建坐标、绘制地图、显示游戏说明、制定游戏菜单，该模块需要实现的功能函数如表 12-2 所示。

表 12-2　界面管理模块要实现的功能函数

函数声明	功能描述
void posShow(int x, int y);	控制台窗体中任意位置信息显示
void createMap();	绘制地图
void gameTips();	显示游戏玩法说明
void gameMenu();	制定游戏菜单

（2）贪吃蛇初始化模块

贪吃蛇初始化模块要对贪吃蛇的初始位置、长度等进行初始化，该模块要实现的功能函数如表 12-3 所示。

表 12-3　贪吃蛇初始化模块要实现的功能函数

函数声明	功能描述
void initSnake();	初始化贪吃蛇

（3）食物模块

食物模块用于随机产生食物，该模块要实现的功能函数如表 12-4 所示。

表 12-4　食物模块要实现的功能函数

函数声明	功能描述
void createFood();	随机产生食物

（4）游戏规则设计模块

游戏规则设计模块的主要功能是设计贪吃蛇游戏规则，如果贪吃蛇在移动过程中撞墙或咬到自己，则贪吃蛇死亡，重新生成一条贪吃蛇，消耗生命值，如果生命值消耗殆尽，则结束游戏。除此之外，该模块还要控制游戏的运行与暂停，当按下空格键时游戏要暂停或继续运行。该模块要实现的功能函数如表 12-5 所示。

表 12-5　游戏规则设计模块要实现的功能函数

函数声明	功能描述
void crossWall();	判断贪吃蛇是否撞墙
void biteSelf();	判断贪吃蛇是否咬到自己
void snakeReborn();	重新生成一条贪吃蛇
void pause();	控制游戏暂停或继续

（5）贪吃蛇移动控制模块

贪吃蛇移动控制模块的主要功能为控制贪吃蛇上下左右移动寻找食物，如果贪吃蛇吃到食物，则得分增加、身体增长、速度加快。该模块需要实现的功能函数如表 12-6 所示。

表 12-6　贪吃蛇移动控制模块需要实现的功能函数

函数声明	功能描述
void moveRules();	用于判断贪吃蛇移动是否符合规则
void snakeMove();	实现贪吃蛇向上、向下、向左、向右移动

（6）信息管理模块

信息管理模块的功能是将玩家信息、游戏得分等信息保存到文件中，当游戏结束时进行查询，该模块要实现的功能函数如表 12-7 所示。

表 12-7　玩家信息查询模块要实现的功能函数

函数声明	功能描述
void saveInfo	保存玩家信息
void checkInfo();	查询玩家信息

12.2 项目实现

上一节我们根据需求分析对贪吃蛇游戏中的数据和功能进行了设计，本节就带领读者将这些功能函数实现以完成整个项目。

12.2.1　项目创建

在实际开发中，项目实现的第一步就是创建项目。接下来我们使用 Dev-C++来创建名为 Snake 的贪吃蛇游戏项目，其步骤如下。

（1）在 Dev-C++菜单栏单击【文件】→【新建】→【项目】，如图 12-11 所示。

（2）在图 12-11 所示界面中，单击【项目】之后，弹出“新项目”对话框，如图 12-12 所示。

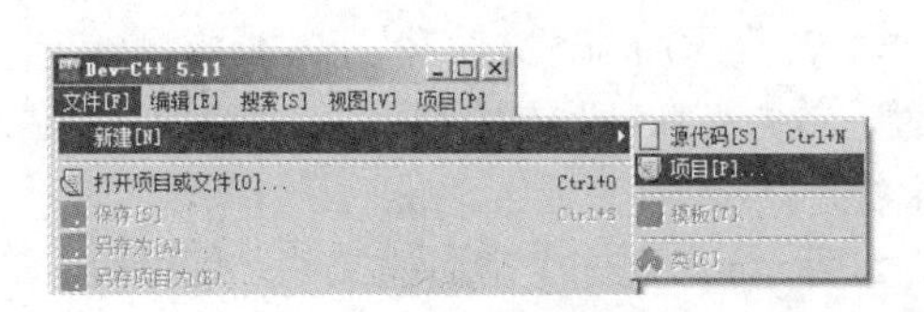

图12-11　新建项目

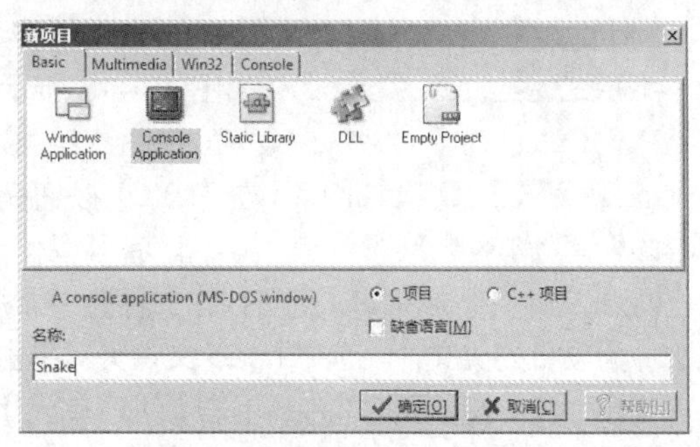

图12-12　“新项目”对话框

在图 12-12 所示对话框中，单击菜单栏中的【Basic】选项卡，选择【Console Application】选项，选中【C 项目】，在文本框中输入 Snake，单击【确定】按钮来创建项目。

（3）在图 12-12 所示对话框中，单击【确定】按钮之后弹出“另存为”对话框，在该对话框中可选择项目存储位置，如图 12-13 所示。

（4）在图 12-13 所示对话框中，将文件名命名为 Snake.dev，然后选择项目保存路径，单击【保存】按钮，这样就创建了一个名为 Snake 的项目，如图 12-14 所示。

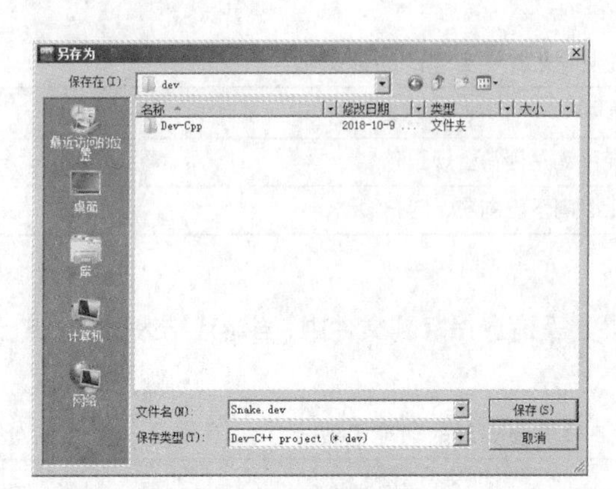

图12-13 选择项目保存路径

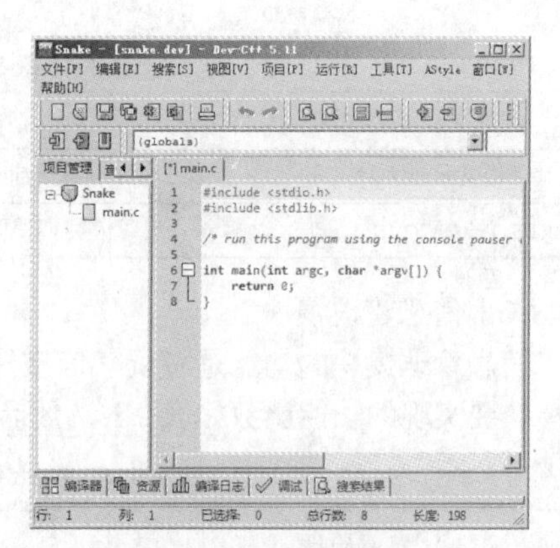

图12-14 Snake项目

（5）刚创建好的 Snake 项目只有一个 main.c 文件，我们可以在 main.c 文件中编写代码实现整个项目，但这样会导致 main.c 文件过于臃肿复杂。一般在实现项目时，如果项目可划分为多个模块，可以添加多个文件，在不同文件中实现各个模块。

由上一节分析可知，贪吃蛇游戏可划分为 6 个模块，则可以在 Snake 项目中添加 6 个文件实现相应模块，但在编写 C 语言项目时，一般模块所需要的变量与函数声明在头文件（后缀名为.h，也称预处理文件）中定义，函数实现在源文件（后缀名为.c）。因此，在添加文件时，可以将文件分为两部分添加。首先在 Snake 项目中添加两个文件夹：head 与 src，head 用于存储头文件，src 用于存储源文件。选中 Snake 项目，单击鼠标右键→【添加文件夹】，如图 12-15 所示。

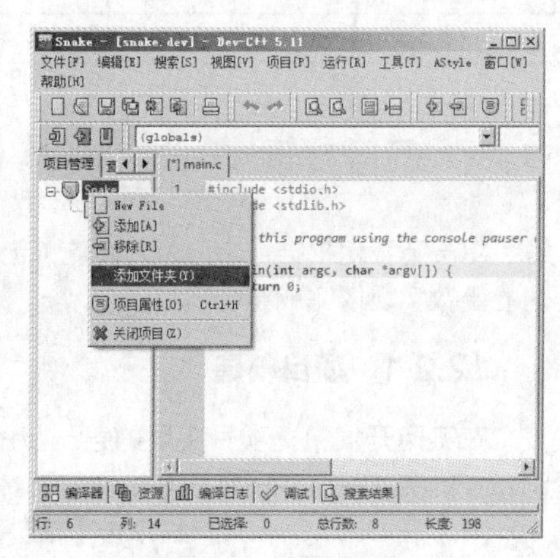

图12-15 添加文件夹

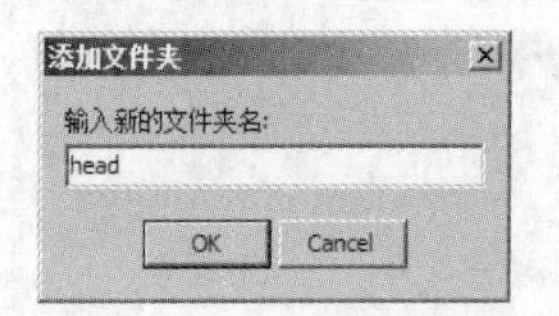

图12-16 “添加文件夹”对话框

（6）单击【添加文件夹】之后，弹出“添加文件夹”对话框，如图 12-16 所示。

在图 12-16 所示对话框中，输入文件夹名称 head，然后单击【OK】按钮完成 head 文件夹的添加，如图 12-17 所示。

读者可以使用同样的方式添加 src 文件夹。

（7）文件夹添加完毕，则可以在文件夹中添加文件。首先在 head 文件夹中添加 snake.h 文件，该文件为项目的头文件。选中 head 文件夹，单击鼠标右键→【新建单元】，如图 12-18 所示。

在图 12-18 所示菜单中，单击【新建单元】选项之后，会出现一个空白的文件，按【Ctrl+S】组合键将其保存到 Snake 项目所在路径下，注意保存时将其命名为 snake.h。添加 snake.h 文件之后，Snake 项目如图 12-19 所示。

（8）读者可以使用同样的方式在该项目下添加其他头文件与源文件，如图 12-20 所示。

在图 12-20 中，在 head 文件夹下添加的是项目头文件，src 文件夹下是各模块的功能函数具体实现文件，其中，createFood.c 文件对应食物模块，gameMap.c 文件对应界面管理模块，gameRules.c 文件对应游戏规则设计模块，manageInfo.c 对应信息管理模块，snakeCtrl.c 对应贪吃蛇移动控制模块，snakeInit.c 文件对应贪吃蛇初始化模块。main.c 文件定义了项目的入口函数。

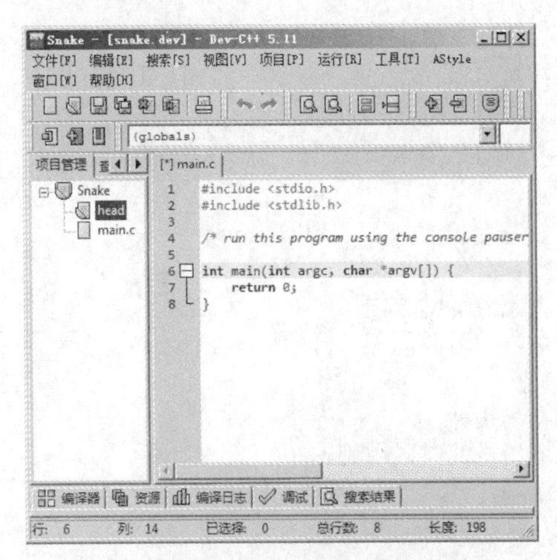

图12-17　head文件夹添加完成

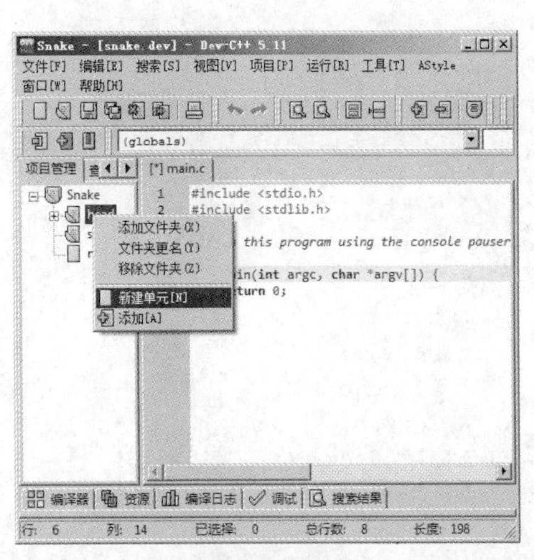

图12-18　新建单元

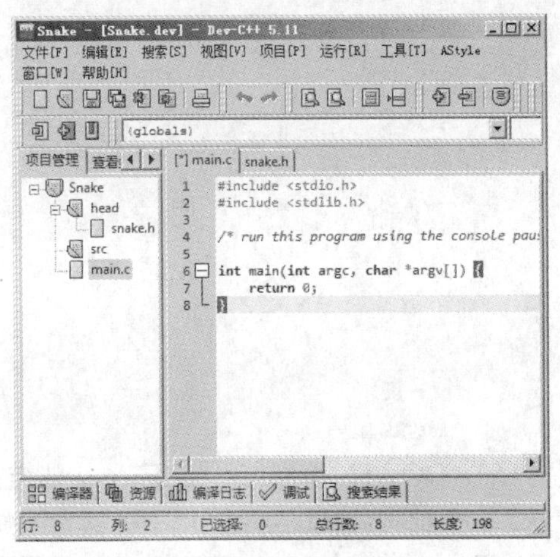

图12-19　添加snake.h文件

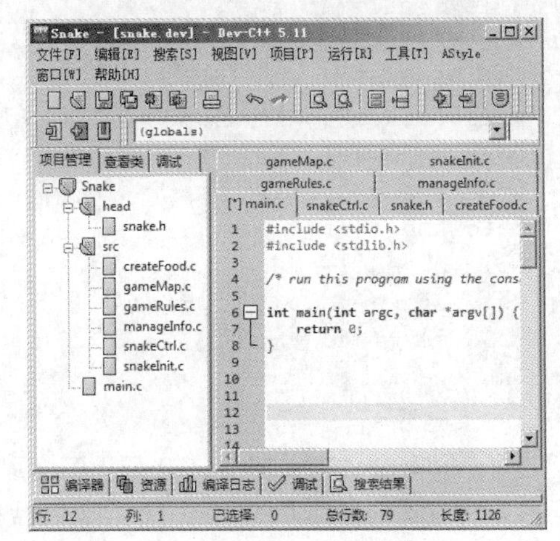

图12-20　添加其他文件

12.2.2　snake.h 文件定义

snake.h 文件主要用于定义贪吃蛇游戏项目所需要的宏和变量，此外，项目需要实现的功能函数也要在 snake.h 文件中声明，因此，snake.h 文件的定义如下所示：

```
1  #include<stdio.h>
2  #include<time.h>
3  #include<windows.h>
4  #include<stdlib.h>
5  #include<conio.h>
6  //宏定义
7  #define UP 76
8  #define DOWN 52
9  #define LEFT 78
10 #define RIGHT 43
11 //定义结构体
12 typedef struct snake                    //蛇身的一个节点
```

```
13  {
14      int x;                          //横坐标
15      int y;                          //纵坐标
16      struct snake *next;
17  }SNAKE;
18  //其他变量定义
19  int len;                            //贪吃蛇长度
20  int factor;                         //食物分值
21  int direct;                         //贪吃蛇运动方向
22  int delay;                          //运行的时间间隔
23  SNAKE *head;                        //蛇头指针
24  SNAKE *food;                        //食物指针
25  SNAKE *pHead;                       //遍历蛇的时候用到的指针
26  int score;                          //游戏得分
27  //函数声明
28  void posShow();
29  void createMap();
30  void initSnake();
31  int biteSelf();
32  void createFood();
33  void crossWall();
34  void snakeMove();
35  void pause();
36  void moveRules();
37  void snakeReborn();
38  void saveInfo();
39  int checkInfo();
40  void gameTips();
```

在 snake.h 文件中，第 7～10 行代码分别定义了 UP、DOWN、RIGHT、LEFT 4 个宏定义，用于表示贪吃蛇的移动方向；第 12～17 行代码定义了一个结构体 SNAKE，用于存储贪吃蛇节点与食物，在该结构体中，x、y 表示坐标，next 是指向下一个节点的指针；第 19～26 行代码定义了项目所需要的主要变量；第 28～40 行代码声明了项目要实现的功能函数，在后续章节的讲解中，这些函数会陆续在不同的模块文件中实现。

小提示：贪吃蛇生命值 life 没有定义在 snake.h 文件中，life 变量只需要在游戏规则设计模块中使用，因此 life 变量作为该模块的全局变量进行定义。

12.2.3 界面管理模块的实现

界面管理模块在 gameMap.c 文件中实现，该模块主要用于构建坐标体系、绘制地图、显示游戏说明、制定游戏菜单。通过 12.1.3 节可知，该模块需要实现 4 个函数，分别是 posShow()、createMap()、gameTips()、gameMenu()，其具体实现如下所示：

```
1   #include"snake.h"
2   extern int life;
3   /*******************************************************
4   *函数名：posShow(int x, int y)
```

```
5   *返回值：无
6   *功能：控制台窗体中任意位置显示信息
7   *****************************************************/
8   void posShow(int x, int y)
9   {
10      COORD pos;                    //坐标点结构体
11      HANDLE hOutput;               //Windows 句柄，返回操作的资源对象
12      pos.X = x;
13      pos.Y = y;
14      hOutput = GetStdHandle(STD_OUTPUT_HANDLE);    //获取键盘输入
15      SetConsoleCursorPosition(hOutput, pos);       //设置显示位置
16  }
17  /*****************************************************
18  *函数名： createMap()
19  *返回值：无
20  *功能：定义贪吃蛇活动窗口范围及游戏信息显示位置
21  *****************************************************/
22  void createMap()
23  {
24      int i;
25      for (i = 0; i < 58; i += 2)//打印上下边框
26      {
27         posShow(i, 0);
28         printf("■");
29         posShow(i, 26);
30         printf("■");
31      }
32      for (i = 1; i < 26; i++)//打印左右边框
33      {
34         posShow(0, i);
35         printf("■");
36         posShow(56, i);
37         printf("■");
38      }
39  }
40  /*****************************************************
41  *函数名： gameTips()
42  *返回值：无
43  *功能：在窗口右侧显示游戏说明
44  *****************************************************/
45  void gameTips()
46  {
47      posShow(65, 2);
48      printf("==========================\n");
49      posShow(80, 3);
50      printf("生命值：%d\n", life);
51      posShow(65,4 );
52      printf("==========================\n");
53      posShow(75, 6);
54      printf("|游戏玩法|\n");
```

```
55      posShow(65, 8);
56      printf("1.使用方向键控制蛇的移动。\n");
57      posShow(65, 10);
58      printf("2.F1 贪吃蛇加速，F2 贪吃蛇减速。\n");
59      posShow(65, 12);
60      printf("3.ESC 退出游戏,空格键暂停游戏。\n");
61      posShow(65, 14);
62      printf("4.游戏结束后输入姓名保存玩家信息。\n");
63  }
64  /*****************************************************
65  *函数名：gameMenu()
66  *返回值：无
67  *功能：构建游戏开始菜单
68  *****************************************************/
69  void gameMenu()
70  {
71      posShow(40, 3);
72      printf("贪吃蛇游戏");
73      posShow(40, 6);
74      printf("按 1 开始贪吃蛇游戏");
75      posShow(40, 7);
76      printf("按 2 查询玩家信息,按 Enter 键返回主菜单");
77      posShow(40, 8);
78      printf("按 3 退出贪吃蛇游戏");
79      posShow(40, 9);
80      printf("选项：");
81  }
```

在 gameMap.c 文件中分别实现了 posShow()函数、createMap()函数、gameTips()函数和 gameMenu()函数，下面我们分别对这 4 个函数的实现进行介绍。

（1）posShow()函数

posShow()函数用于将数据输出到指定坐标处，在该函数中，调用 Windows API 函数实现任意坐标的显示。

第 10 行代码定义一个 COORD 类型的结构体变量 pos，用于存储坐标，COORD 是 Windows API 中定义的结构体类型，用于存储坐标位置，其原型如下所示：

```
typedef struct _COORD {
    SHORT X;
    SHORT Y;
} COORD, *PCOORD;
```

其中，X、Y 分别表示横坐标与纵坐标，它们都是短整型变量，SHORT 是 short 的重定义。一个 COORD 结构，用于指定新的光标位置（以字符为单位），坐标是屏幕缓冲区字符单元格的列和行，坐标必须位于控制台屏幕缓冲区的边界内。

第 11 行代码中的 HANDLE 是 Windows API 中定义返回使用资源的句柄，定义句柄类型变量 hOutput，其原型是指向任意类型的指针类型，定义如下：

```
typedef void *HANDLE;
```

第 12~13 行代码将参数坐标 x 与 y 赋值给 pos 结构体变量中的 X 与 Y。

第 14～15 行代码，调用 GetStdHandle()函数获取窗口输出缓冲区句柄，并调用 SetConsole CursorPosition()函数设置光标显示的位置。

（2）createMap()函数

createMap()函数用于绘制地图，即界定游戏范围，在该函数中，第 25～31 行代码，使用 for 循环打印上下边框，在打印上下边框时，上边框纵坐标保持 0 不变，下边框纵坐标保持 26 不变。

第 32～38 行代码使得 for 循环打印左右边框，在打印左右边框时，左边框横坐标保持 0 不变，右边框横坐标保持 56 不变。

由该函数可知，地图边框的左上角坐标为（0，0）、右上角坐标为（56，0），左下角坐标为（0，26），右下角坐标为（56，26）。

（3）gameTips()函数

gameTips()函数用于显示游戏说明，该函数没有太多逻辑，只是要注意，在显示游戏说明时，要计算好显示位置，不能将说明显示在游戏边框内。

（4）gameMenu()函数

gameMenu()函数用于制定游戏菜单，该函数只有几行输出语句，没有添加逻辑，实现比较简单。

12.2.4 贪吃蛇初始化模块的实现

在贪吃蛇初始化模块中，要对贪吃蛇的位置、长度等进行初始化，该模块在 snakeInit.c 文件中实现，由 12.1.3 节可知，该模块需要实现 initSnake()一个函数，其具体实现如下所示：

```
1   #include"snake.h"
2    score = 0;                                    //游戏得分初始化为 0
3    /*******************************************************
4    *函数名：initSnake()
5    *返回值：无
6    *功能：初始化贪吃蛇，包括贪吃蛇的长度、得分、运行时间间隔等
7    *******************************************************/
8   void initSnake()
9   {
10      SNAKE *body = NULL;
11      int i;
12      len = 4;                                    //贪吃蛇长度为 4
13      delay = 300;                                //时间间隔为 300ms
14      body = (SNAKE*)malloc(sizeof(SNAKE)); //贪吃蛇身体由链表构成
15      body->x = 24;
16      body->y = 5;
17      body->next = NULL;
18      for (i = 1; i <= len; i++)                  //开辟贪吃蛇初始化长度大小节点
19      {
20          head = (SNAKE*)malloc(sizeof(SNAKE));
21          head->next = body;
22          head->x = 24 + 2 * i;
23          head->y = 5;
24          body = head;
25      }
26      while (body != NULL)                        //在终端显示贪吃蛇
27      {
```

```
28          posShow(body->x, body->y);
29          printf("■");
30          body = body->next;
31      }
32  }
```

在 snakeInit.c 文件中只实现了一个 initSnake()函数，在该函数中，第 10 行代码定义了一个 SNAKE 结构体指针 body；第 12～13 行代码分别初始化贪吃蛇长度为 4，贪吃蛇移动时间间隔为 300ms；第 14～17 行代码调用 malloc()函数为 body 分配一块内存空间，并设置其坐标位置为（24，5），然后使 body->next 指向 NULL；第 18～25 行代码使用 for 循环通过头插法向贪吃蛇中插入节点，在插入节点时，纵坐标保持 5 不变，横坐标向右增加，这样初始化出来的贪吃蛇就是水平向右；第 26～31 行代码使用 while 循环将初始化的贪吃蛇显示出来，在 while 循环中，调用 posShow()函数在给定的坐标处以“■”符号形式显示贪吃蛇节点。

12.2.5 食物模块的实现

食物模块用于随机产生食物，并判断贪吃蛇是否吃到食物，如果贪吃蛇吃到食物，则重新产生一个新的食物。由 12.1.3 节可知，食物模块需要实现一个函数 createFood()，其对应的文件为 createFood.c，具体实现如下：

```
1   #include"snake.h"
2   /*******************************************************
3   *函数名：createFood()
4   *返回值：无
5   *功能：贪食蛇食物随机产生
6   *******************************************************/
7   void createFood()
8   {
9       srand((unsigned)time(NULL));
10      SNAKE *newFood;
11      newFood = (SNAKE*)malloc(sizeof(SNAKE));
12      factor=5;
13      do
14      {
15          newFood->x = rand() % 52 + 2;
16          newFood->y = rand() % 24 + 1;
17      } while ((newFood->x % 2) != 0);    //产生的 x 轴坐标点为偶数，目的是每次吃到
                                             食物时蛇头与食物相撞精确
18      posShow(newFood->x, newFood->y);    //食物位置显示
19      food = newFood;                      //将 newFood 指针赋值给 food
20      printf("■");                        //输出食物
21      pHead = head;
22      while (pHead->next == NULL)          //判断贪吃蛇是否吃到食物
23      {
24          if (pHead->x == newFood->x && pHead->y == newFood->y)
25          {
26              delay = delay - 30;
27              free(newFood);               //吃到食物后释放食物节点开辟的空间
28              createFood();                //吃到食物后再次产生食物
```

```
29          }
30          pHead = pHead->next;
31      }
32  }
```

在 createFood()函数中，食物坐标也是由 SNAKE 结构体进行存储，食物的符号与贪吃蛇节点符号相同。

第 10～12 行代码定义了一个 SNAKE 结构体变量 newFood，并为其分配一块内存空间，然后为该食物赋予一个 5 分的分值；第 13～17 行代码为食物产生一个随机坐标；第 18～20 行代码将食物以“■”符号形式显示在坐标系中；第 21～31 行代码，判断贪吃蛇是否吃到了食物，判断条件是贪吃蛇蛇头的坐标与食物坐标重合，如果贪吃蛇吃掉了食物，则重新生成一个食物。

12.2.6 游戏规则设计模块的实现

游戏规则设计模块的主要功能是设计游戏规则，处理贪吃蛇撞墙、咬到自己、游戏暂停等情况，该模块需要在 gameRules.c 文件中实现 4 个函数，具体实现如下所示：

```
1  #include"snake.h"
2  int life = 3;
3  int flag=0;//用于函数返回值，判断贪吃蛇状态
4  extern int score;
5  /*******************************************************
6  *函数名：crossWall()
7  *返回值：无
8  *功能：判断贪吃蛇是否撞墙
9  *******************************************************/
10 void crossWall()
11 {
12     //游戏窗口建立时的大小作为活动范围
13     if (head->x == 0 || head->x == 56 || head->y == 0 || head->y == 26)
14     {
15         flag = 1;
16         life--;
17         snakeReborn();
18     }
19 }
20 /*******************************************************
21 *函数名：biteSelf()
22 *返回值：2:自身相撞，0：没有撞到自己
23 *功能：判断蛇是否咬到了自己
24 *******************************************************/
25 int biteSelf()
26 {
27     SNAKE *self;
28     self = head->next;
29     int flag;
30     while (self != NULL)
31     {
32         //遍历链表，判断是否有蛇身节点与蛇头节点重合
```

```
33          if (self->x == head->x && self->y == head->y)
34          {
35              life--;
36              flag = 2;
37              snakeReborn();
38              return flag;
39          }
41          self = self->next;
41      }
42      return 0;
43  }
44  /*******************************************************
45  *函数名: snakeReborn()
46  *返回值: 无
47  *功能: 重新生成一条贪吃蛇
48  *******************************************************/
49  void snakeReborn()
50  {
51      char ch,key=0;
52      if (life == 0)
53      {
54          system("cls");
55          posShow(24, 13);
56          printf("贪食蛇死亡。得分: %d\n", score);
57          Sleep(2000);
58          system("cls");
59          saveInfo();
60          posShow(7, 7);
61          printf("游戏退出");
62          Sleep(500);
63          exit(0);
64      }
65      if (flag == 1||flag==2)
66      {
67          system("cls");
68          createMap();
69          gameTips();
70          initSnake();
71          createFood();
72          moveRules();
73      }
74  }
75  /*******************************************************
76  *函数名: pause()
77  *返回值: 无
78  *功能: 第 1 次按下空格键时暂停游戏，第 2 次按下继续游戏
79  *******************************************************/
80  void pause()
81  {
82      while (1)
```

```
83      {
84          Sleep(300);
85          if (GetAsyncKeyState(VK_SPACE))      //按键是空格键
86              break;
87      }
88  }
```

在 gameRules.c 文件中实现了 4 个函数：crossWall()、biteSelf()、snakeReborn()和 pause()函数，下面我们分别对这 4 个函数进行介绍。

（1）crossWall()函数

crossWall()函数用于判断贪吃蛇是否撞墙，判断条件中，head->x=0 是与左边框相撞，head->x=56 是与右边框相撞，head->y=0 是与上边框撞，head->y=26 是与下边框相撞。贪吃蛇与任意一边墙相撞，则生命值减 1，flag 标识赋值为 1，表明贪吃蛇撞墙，然后重新生成一条贪吃蛇。

（2）biteSelf()函数

biteSelf()函数用于判断贪吃蛇是否咬到自己。在该函数中，第 27～28 行代码定义了一个 SNAKE 结构体指针 self，并将 self 指向蛇头后面的节点；第 30～41 行代码通过一个 while 循环遍历蛇身节点，判断蛇头与蛇身节点是否相撞，判断条件是蛇头坐标与蛇身坐标重合，如果重合，表明贪吃蛇咬到了自己，则贪吃蛇生命值减 1，flag 标识赋值为 2，表明贪吃蛇咬到了自己，然后调用 snakeReborn()函数重新生成一条贪吃蛇。

（3）snakeReborn()函数

snakeReborn()函数用于重新生成一条贪吃蛇，在该函数中，第 52～64 行代码表示，如果贪吃蛇生命值为 0，则游戏结束，在坐标（24，13）处输出贪吃蛇游戏得分，然后调用 saveInfo()函数将玩家信息保存，最后退出游戏；第 65～73 行代码，在生命值不为 0 的情况下，如果贪吃蛇撞墙或咬到自己，则调用相应函数绘制地图、初始化贪吃蛇等，重新开始游戏。

（4）pause()函数

pause()函数的功能是读取空格键来暂停或继续游戏，在该函数中，实现了一个 while(1)无限循环，如果按下空格键，则跳出循环。

12.2.7 贪吃蛇移动控制模块的实现

贪吃蛇移动控制模块主要控制贪吃蛇上下左右移动寻找食物，当贪吃蛇吃到食物时，食物消失，重新生成一个新的食物，贪吃蛇会变长、得分增加等，该模块涉及很多变量的动态变化，因此是所有模块中逻辑最为复杂的一个。由 12.1.3 节可知，贪吃蛇移动控制模块需要实现两个函数，其对应文件为 snakeCtrl.c 文件，该文件具体实现如下：

```
1   #include"snake.h"
2   /*******************************************************
3   *函数名：snakeMove()
4   *返回值：无
5   *功能：控制贪吃蛇移动方向、计算贪吃蛇长度变化及游戏得分
6   *******************************************************/
7   void  snakeMove()
8   {
9       SNAKE * nextPos=NULL;                        //定义一个 SNAKE 结构指针
10      nextPos = (SNAKE*)malloc(sizeof(SNAKE));
11      if (direct == UP)
```

```
12      {
13          nextPos->x = head->x;                //横坐标不变
14          nextPos->y = head->y - 1;            //纵坐标减 1 （向上）
15          //吃到食物后，蛇的长度增加
16          if (nextPos->x == food->x && nextPos->y == food->y)
17          {
18              nextPos->next = head;
19              head = nextPos;
20              pHead = head;
21              while (pHead != NULL)            //显示贪吃蛇增长后的长度
22              {
23                  posShow(pHead->x, pHead->y);
24                  printf("■");
25                  pHead = pHead->next;
26              }
27              score = score + factor;          //计算得分
28              createFood();                    //重新产生食物
29          }
30          else                                 //如果没有吃到食物
31          {
32              nextPos->next = head;
33              head = nextPos;
34              pHead = head;
35              while (pHead->next->next != NULL)
36              {
37                  posShow(pHead->x, pHead->y);
38                  printf("■");
39                  pHead = pHead->next;
40              }
41              posShow(pHead->next->x, pHead->next->y);
42              printf(" ");
43              free(pHead->next);             //释放贪吃蛇节点
44              pHead->next = NULL;
45          }
46      }
47      if (direct == DOWN)
48      {
49          nextPos->x = head->x;
50          nextPos->y = head->y + 1;
51          if (nextPos->x == food->x && nextPos->y == food->y)
52          {
53              nextPos->next = head;
54              head = nextPos;
55              pHead = head;
56              while (pHead != NULL)
57              {
58                  posShow(pHead->x, pHead->y);
59                  printf("■");
60                  pHead = pHead->next;
61              }
```

```
62                score = score + factor;
63                createFood();
64            }
65            else
66            {
67                nextPos->next = head;
68                head = nextPos;
69                pHead = head;
70                while (pHead->next->next != NULL)
71                {
72                    posShow(pHead->x, pHead->y);
73                    printf("■");
74                    pHead = pHead->next;
75                }
76                posShow(pHead->next->x, pHead->next->y);
77                printf(" ");
78                free(pHead->next);
79                pHead->next = NULL;
80            }
81        }
82        if (direct == LEFT)
83        {
84            nextPos->x = head->x - 2;
85            nextPos->y = head->y;
86            if (nextPos->x == food->x && nextPos->y == food->y)
87            {
88                nextPos->next = head;
89                head = nextPos;
90                pHead = head;
91                while (pHead != NULL)
92                {
93                    posShow(pHead->x, pHead->y);
94                    printf("■");
95                    pHead = pHead->next;
96                }
97                score = score + factor;
98                createFood();
99            }
100           else
101           {
102               nextPos->next = head;
103               head = nextPos;
104               pHead = head;
105               while (pHead->next->next != NULL)
106               {
107                   posShow(pHead->x, pHead->y);
108                   printf("■");
109                   pHead = pHead->next;
110               }
111               posShow(pHead->next->x, pHead->next->y);
```

```
112                printf(" ");
113                free(pHead->next);
114                pHead->next = NULL;
115            }
116        }
117        if (direct == RIGHT)
118        {
119            nextPos->x = head->x + 2;
120            nextPos->y = head->y;
121            if (nextPos->x == food->x && nextPos->y == food->y)
122            {
123                nextPos->next = head;
124                head = nextPos;
125                pHead = head;
126                while (pHead != NULL)
127                {
128                    posShow(pHead->x, pHead->y);
129                    printf("■");
130                    pHead = pHead->next;
131                }
132                score = score + factor;
133                createFood();
134            }
135            else
136            {
137                nextPos->next = head;
138                head = nextPos;
139                pHead = head;
140                while (pHead->next->next != NULL)
141                {
142                    posShow(pHead->x, pHead->y);
143                    printf("■");
144                    pHead = pHead->next;
145                }
146                posShow(pHead->next->x, pHead->next->y);
147                printf(" ");
148                free(pHead->next);
149                pHead->next = NULL;
150            }
151        }
152        posShow(66, 3);
153        printf("得分：%d\n", score);
154    }
155
156    /*****************************************************
157    *函数名：moveRules()
158    *返回值：无
159    *功能：制定贪吃蛇移动规则
160    *****************************************************/
161    void moveRules()                        //控制游戏
```

```
162     {
163         direct = RIGHT;
164         while (1)
165         {
166             //按下向上方向键，且贪吃蛇移动不与向上按键反向
167             if (GetAsyncKeyState(VK_UP) && direct != DOWN)
168                 direct = UP;
169             else if (GetAsyncKeyState(VK_DOWN) && direct != UP)
170                 direct = DOWN;
171             else if (GetAsyncKeyState(VK_LEFT) && direct != RIGHT)
172                 direct = LEFT;
173             else if (GetAsyncKeyState(VK_RIGHT) && direct != LEFT)
174                 direct = RIGHT;
175             else if (GetAsyncKeyState(VK_SPACE))
176                 pause();
177             else if (GetAsyncKeyState(VK_ESCAPE))
178             {
179                 system("cls");
180                 exit(0);
181             }
182             else if (GetAsyncKeyState(VK_F1))
183             {
184                 if (delay >= 50)
185                 {
186                     delay = delay - 30;
187                     factor = factor + 2;
188                     if (delay == 320)
189                     {
190                         factor = 2;
191                     }
192                 }
193             }
194             else if (GetAsyncKeyState(VK_F2))
195             {
196                 if (delay < 350)
197                 {
198                     delay = delay + 30;
199                     factor = factor - 2;
200                     if (delay == 350)
201                     {
202                         factor = 1;
203                     }
204                 }
205             }
206             Sleep(delay);
207             //游戏规则判断
208             crossWall();
209             biteSelf();
210             snakeMove();
211         }
212     }
```

snakeCtrl.c 文件中实现了两个函数：snakeMove()函数与 moveRules()函数，下面我们分别对这两个函数进行介绍。

（1）snakeMove()函数

snakeMove()函数用于控制贪吃蛇上下左右移动寻找食物。在该函数中，第 9～10 行代码定义了一个贪吃蛇节点，并为其分配空间；第 11～46 行代码处理贪吃蛇向上移动的情况，如果贪吃蛇向上移动，第 13～14 行代码节点保持横坐标不变，纵坐标减 1（向上）；第 16 行代码判断贪吃蛇是否吃到食物，判断条件为节点坐标与食物坐标重合，如果吃到食物，第 18～20 行代码将节点 nextPos 转换为蛇头；第 21～26 行代码使用一个 while 循环将变长后的贪吃蛇打印出来；第 27 行代码更改游戏得分；第 28 行代码重新生成一个食物；第 31～45 行代码处理贪吃蛇没有吃到食物的情况；第 32～34 行代码将节点 nextPos 转换为蛇头；第 35～40 行代码使用 while 循环将贪吃蛇打印出来，循环条件为 pHead->next->next !=NULL，因此打印出的贪吃蛇长度并未变长；第 41～44 行代码将最后一个节点使用空白显示，然后释放最后一个节点，使 pHead->next 指向 NULL。

贪吃蛇向下、向左、向右移动时处理方式与向上移动时逻辑相似，这里就不再赘述。

（2）moveRules()函数

moveRules()函数用于判断贪吃蛇移动时是否符合游戏规则。在该函数中，第 167～174 行代码分别判断贪吃蛇移动方向是否符合规则，贪吃蛇向下移动时，按下向上方向键无效；贪吃蛇向上移动时，按下向下方向键无效；贪吃蛇向右移动时，按下向左方向键无效；贪吃蛇向左移动时，按下向右方向键无效。

第 175～176 行代码表示，如果按下空格键，则调用 pause()函数，暂停或继续游戏。

第 177～181 行代码表示，如果按下【Esc】键，则游戏退出。

第 182～193 行代码表示，如果按下【F1】键，则缩短贪吃蛇移动的延迟时间，使贪吃蛇加速，并且将食物的分值增加 2。

第 194～205 行代码，如果按下【F2】键，则增大贪吃蛇移动的延迟时间，使贪吃蛇运行速度减慢，并且将食物分值减去 2。

第 208～209 行代码，判断贪吃蛇是否撞墙或咬到自己。

如果贪吃蛇移动符合所有规则，则游戏正常运行。

12.2.8 信息管理模块的实现

信息管理模块的功能为保存玩家信息，供实时查询，该模块对应的文件为 managerInfo.c，在该文件中要实现 saveInfo()函数与 checkInfo()函数，具体实现如下所示：

```
1   #include"snake.h"
2   extern int score;
3   /*******************************************************
4   *函数名：saveInfo()
5   *返回值：无
6   *功能：游戏结束后保存玩家信息
7   *******************************************************/
8   void saveInfo()
9   {
10      char playerName[64];
11      int i, j;
12      FILE *fp;
13      fp = fopen("玩家信息.txt", "a+");
```

```
14      getch();
15      system("cls");
16      fprintf(fp, "\n");
17      for (i = 0; i <= 30; i++)
18          fprintf(fp, "%c", '_');
19      fprintf(fp, "\n");
20      printf("输入你的姓名:");
21      fflush(stdin);
22      scanf("%s", playerName);
23      fprintf(fp, "玩家姓名 :%s\n", playerName);      //写入玩家信息
24      time_t myTime;
25      myTime = time(NULL);
26      fprintf(fp, "游戏时间:%s", ctime(&myTime));     //写入时间信息
27      fprintf(fp, "得分:%d\n", score);
28      for (i = 0; i <= 30; i++)
29          fprintf(fp, "%c", '_');
30      fprintf(fp, "\n");
31      fclose(fp);
32  }
33  /*******************************************************
34  * 函数名：checkInfo()
35  * 返回值：玩家信息文件存在返回 1,不存在返回-1
36  * 功能：查看玩家信息
37  *******************************************************/
38  int checkInfo()
39  {
40      char c;
41      FILE * fp;
42      fp = fopen("玩家信息.txt", "r");
43      if (fp == NULL)
44          return -1;
45      else
46      {
47          do
48          {
49              putchar(c = getc(fp));
50          } while (c != EOF);
51          fclose(fp);
52          return 1;
53      }
54  }
```

下面我们分别对 saveInfo()函数与 checkInfo()函数进行介绍。

（1）saveInfo()函数

saveInfo()函数用于保存玩家信息。在该函数中，第 10～13 行代码定义了存储玩家姓名的数组 playerName 与文件指针 fp，并以追加方式打开文件“玩家信息.txt”。第 16～18 行代码向文件中输入换行与一行横线；第 19～23 行代码从键盘读取玩家信息姓名并写入到文件中；第 24～26 行代码获取系统时间并将时间写入到文件中；第 27 行代码将游戏得分写入到文件中；第 28～29 行代码再次使用 for 循环向文件中写入一行横线；第 31 行代码关闭文件。

（2）checkInfo()函数

checkInfo()函数用于查询玩家信息。该函数实现比较简单，打开文件之后，通过一个 do…while 循环单字符读取文件并输出到屏幕，读取完毕后关闭文件。

12.2.9 main()函数实现

前面我们已经完成了贪吃蛇项目中所有功能模块的编写，但是功能模块是无法独立运行的，需要一个程序将这些功能模块按照项目的逻辑思路整合起来，这样才能完成一个完整的项目。此时就需要创建一个 main.c 文件来整合这些代码，main.c 文件中包含 main()函数，main()函数是程序的入口。main.c 文件的实现如下所示：

```
1   #include"snake.h"
2   int main()
3   {
4       int ch;
5       system("cls");                              //清空屏幕
6   loop:
7   
8       system("mode con cols=100 lines=30");//设置控制台窗口宽度 100，高度为 30
9       gameMenu();
10      scanf("%d", &ch);
11      fflush(stdin);
12      switch (ch)
13      {
14      case 1:
15          system("cls");
16          createMap();
17          gameTips();
18          initSnake();
19          createFood();
20          moveRules();
21          break;
22      case 2:
23          system("cls");
24          if (checkInfo() == -1)      //没有游戏记录，打开文件失败
25          {
26              system("cls");
27              posShow(40, 6);
28              printf("无记录,请返回主菜单开始游戏！");
29              Sleep(300);
30              goto loop;
31          }
32          else
33          {
34              system("cls");
35              checkInfo();
36              scanf("%c", &ch);
37              if (kbhit() == GetAsyncKeyState(VK_ESCAPE))
38                  goto loop;
```

```
39          }
40          break;
41      case 3:
42          exit(0);
43          break;
44      default:
45              printf("\a");          //输入不是1、2、3发出警告。
46              fflush(stdout);        //清空输出缓冲区
47              goto loop;
48      }
49      getchar();
50      return 0;
51 }
```

在 main.c 文件中，第 5～6 行代码清空屏幕，并为下面的代码做一个标记 loop；第 8～9 行代码使用 system()函数设置控制台窗口宽度为 100，高度为 30，然后调用 gameMenu()函数显示游戏菜单；第 10 行代码使用 scanf()函数从键盘读取用户输入；第 12～49 行代码使用 switch 语句处理用户的输入；第 14～21 行代码表示，如果用户输入 1，则调用相应函数绘制地图、初始化贪吃蛇等，开始游戏；第 22～40 行代码表示，如果用户输入 2，则查询玩家信息，如果 checkInfo()返回−1，则还未保存过玩家信息，输出“无记录，请返回主菜单开始游戏！”的提示，否则调用 checkInfo()函数读取文件内容并输出到屏幕，输出之后，用户可以按下【Enter】键返回主菜单；第 41～43 行代码，如果用户输入 3，则退出游戏；第 44～47 行代码处理其他情况。

至此，贪吃蛇游戏已经全部完成。

12.3 程序调试

在程序开发过程中难免会出现各种各样的错误。为了快速发现和解决程序中的这些错误，我们可以使用 Dev-C++自带的调试功能，通过程序调试快速定位错误。本节就以上面的程序为例对 Dev-C++的调试功能进行详细的讲解。

12.3.1 设置断点

在程序的调试过程中，为了分析出程序出错的原因，往往需要观察程序中某些数据的变化情况，这时就需要为程序设置断点。设置断点以后，运行程序时，程序会在断点处暂停，方便观察程序中的数据。

在 Dev-C++工具中，如果要给代码添加断点，左键单击代码左边的灰色区域即可，断点插入成功后左侧会有彩色圆点出现，彩色圆点上有其他颜色对勾，如图 12-21 所示。

我们在图 12-21 所示的第 18 行代码处添加了一个断点，添加断点之后，该行代码会有红色底纹。为程序设置了断点以后，就可以对程序进行调试了。调试完毕要删除断点也是非常简单的，只需再次左键单击断点，便可删除断点。

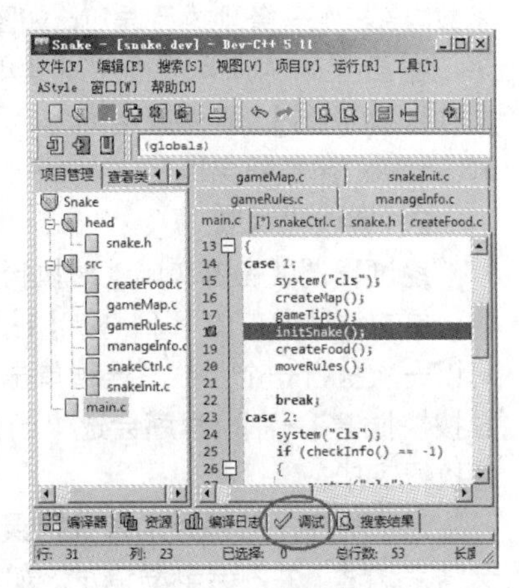

图12-21　设置断点

12.3.2 单步调试

当程序出现 Bug（漏洞和错误）时，为了找出错误的原因，通常会采用一步一步跟踪程序执行流程的方式调试代码，这种调试方式称为单步调试。单步调试分为逐语句（快捷键【F8】）调试和逐过程（快捷键【F7】）调试，逐语句调试会进入方法内部调试，单步执行方法体的每条语句，逐过程调试不会进入方法体内部，而是把方法当作一步来执行。下面我们分别对这两种调试方法进行介绍。

1. 逐语句调试

下面我们以图 12-21 所示的断点为例对项目进行逐语句调试，设置断点之后，单击代码下方的【调试】按钮开始调试，即图 12-21 所示的圆圈标注部分，调试启动界面如图 12-22 所示。

在图 12-22 所示界面中，再次单击【调试】按钮，则项目进入调试模式，如图 12-23 所示。

在图 12-23 所示界面中，调试启动后，当遇到断点时，程序会停止执行，等待用户进行操作，断点处的代码底色会变成其他颜色。除了单击【调试】按钮，用户还可以使用快捷键【F5】开始调试。

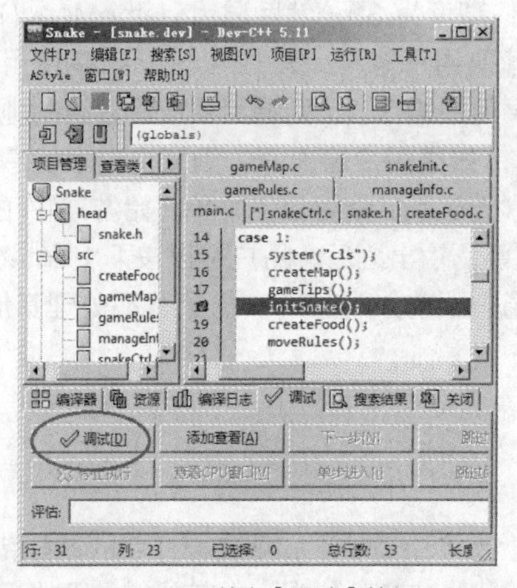

图12-22　单击【调试】按钮

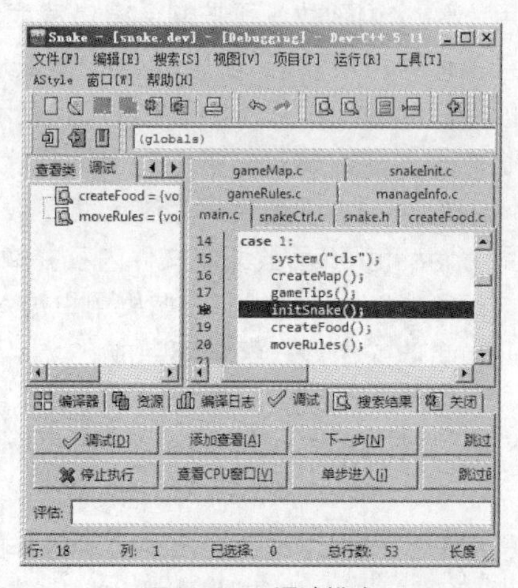

图12-23　调试模式

如果在调试时想逐语句调试，则单击调试窗口中的【单步进入】按钮或者按快捷键【F8】，程序会进入 initSnake() 函数内部一条一条地执行语句，如图 12-24 所示。

在图 12-24 所示界面中继续单击【单步进入】按钮或按快捷键【F8】，程序就会逐条语句往下执行，当执行完 initSnake()函数就会接着进入 createFood()函数执行。

图12-24　逐语句调试

2. 逐过程调试

逐过程调试在每次调试时执行一个函数，当调试开始时，单击调试窗口的【下一步】按钮或者按快捷键【F7】，可以一次执行一个函数。连续单击【下一步】按钮或者连续按快捷键【F7】，程序会逐个函数地往下执行，直到程序执行完毕。

调试程序一般是为了查找错误，当查找完错误之后就会结束调试，并不会全程调试。如果查找完错误之后想要结束调试，可单击调试窗口的【停止执行】按钮。

12.3.3 观察变量

在程序调试过程中，最主要的就是观察当前变量的值尽快找到程序出错的原因，在 Dev-C++ 工具中，可以单击调试窗口的【添加查看】按钮，添加要查看的变量。单击【添加查看】按钮会弹出“新变量”对话框，如图 12-25 所示。

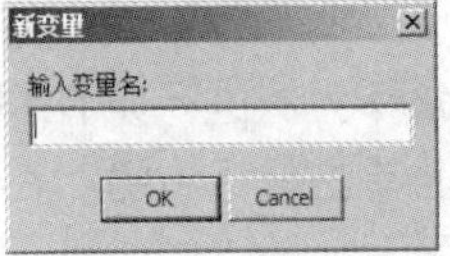

图12-25 添加新变量

在图 12-25 所示界面中，输入变量 len，单击【OK】按钮，则在 Dev-C++工具左侧栏会输出 len 的值，如图 12-26 所示。

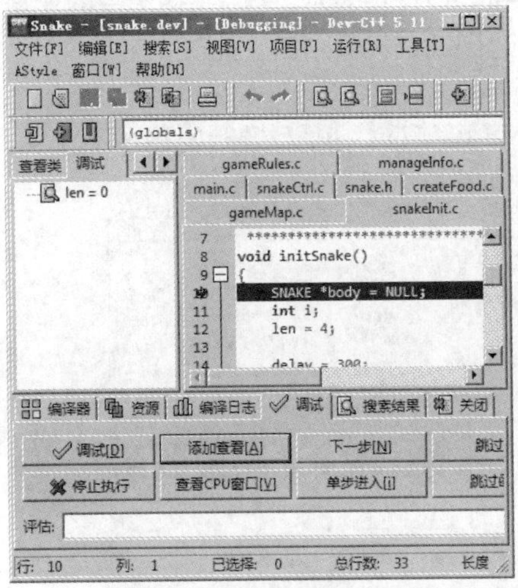

图12-26 查看变量len的值

在图 12-26 所示界面中，程序刚执行到 initSnake()函数的第一条语句，还未执行到 len=4 语句，因此，len 的值为初始化的 0。如果继续往下执行代码，执行过 len=4 语句时，左侧栏中的 len 值就会变为 4。

除了上述方法之外，用户还可以使用鼠标指针悬停的方式查看变量的值，即鼠标指针指向变量，变量就会显示出其值。使用这种方式查看变量，需要先设置 Dev-C++工具，单击【工具】→【环境选项】，弹出“环境选项”对话框，如图 12-27 所示。

在图 12-27 所示界面中，勾选“查看鼠标指向的变量”选项，然后单击【确定】按钮。再次调试程序，就可以使用鼠标指针悬停的方式查看变量的值，如图 12-28 所示。

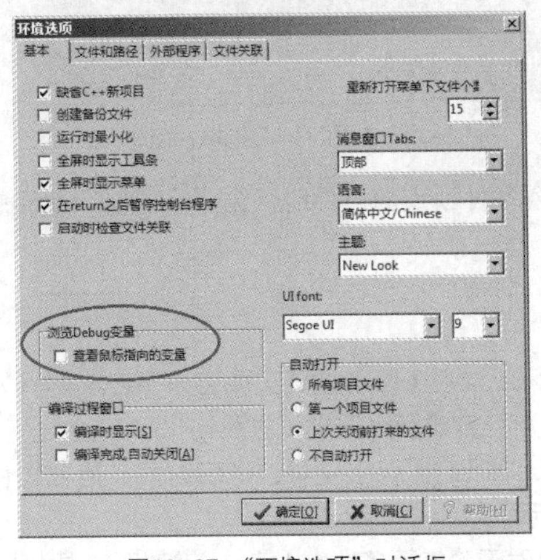

图12-27 “环境选项”对话框

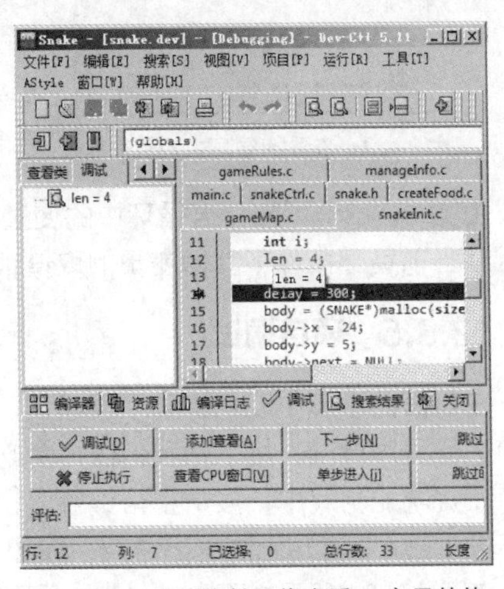

图12-28 鼠标指针悬停查看len变量的值

在图 12-28 所示界面中，程序执行到了第 14 行，len=4 语句已经执行完毕，此时，将鼠标指针悬停在变量 len 上，Dev-C++工具会显示 len 的值为 4。

12.3.4 条件判断

在对一个循环语句进行调试时，假设代码要进行 100 次循环，而我们只是希望在第 98 次循环时中断程序，进行代码调试。按照前面所讲的调试方式，只能从第 1 次循环就开始单步调试，一直等到程序循环到第 98 次，这样做工作量非常大。这种情况可以使用条件断点进行调试。条件断点就是指可以设置一个条件，当条件满足时程序才会中断，针对上面的情况，可以设置循环变量的值为 98 时使程序中断，这样调试起来就很方便，也很快速。

贪吃蛇游戏中有多个循环，下面我们以 createMap.c 文件中的 createMap()函数中的 for 循环为例进行条件判断调试。在 createMap ()函数中的 for 循环代码行设置断点，在该代码行上单击鼠标右键，在弹出的选项列表中单击【添加查看】，弹出“新变量”对话框，如图 12-29 所示。

在图 12-29 所示界面中，输入 i=50，单击【OK】按钮。该设置表示，当 for 循环中的变量 i 值为 50 时，中断程序进行调试。下面调试程序，当程序遇到断点时会中断，此时，查看 for 循环中变量 i 的值，如图 12-30 所示。

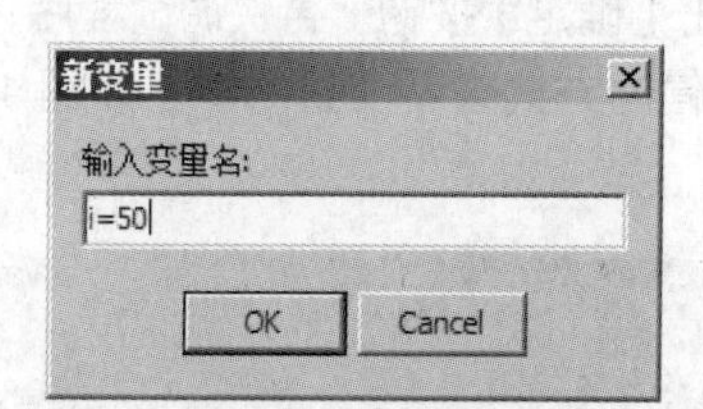

图12-29　查看for循环中的新变量

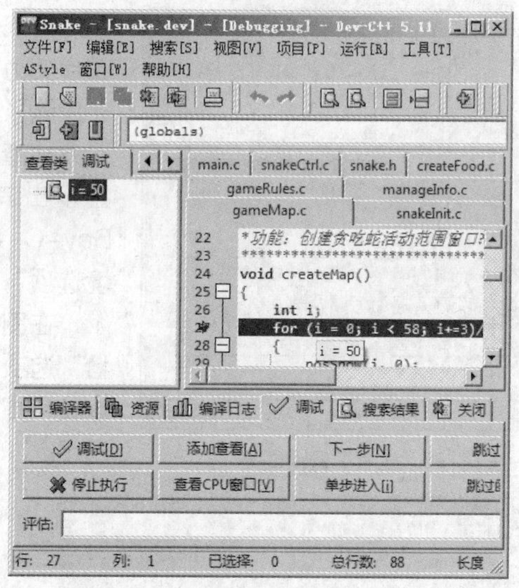

图12-30　查看for循环中变量i的值

由图 12-30 可知，当循环中的变量的条件符合条件断点的条件时，循环将中断，此时就可以观察当前循环条件下其他变量的取值情况了。

12.3.5　项目调试

在前面的小节中我们讲解了程序调试的相关知识，为了让读者能真实体验一下在实际开发中如何进行程序调试，接下来我们以“贪吃蛇游戏”为例来演示程序调试过程。

在贪吃蛇游戏中，按下空格键可以让游戏暂停，按下【Esc】键可以退出游戏，但在暂停状态下按【Esc】键却无法退出游戏，如图 12-31 所示。

在图 12-31 所示界面中，游戏处于暂停状态，此时无论按下多少次【Esc】键都无法退出游戏。对该情况进行分析，游戏暂停是 gameRules.c 文件中 pause()函数所具有的功能，则在暂停状态下无法退出游戏，表明该函数实现不够严谨，因此需要对 pause()函数进行调试以查找原因。

在 pause()函数处设置断点，如图 12-32 所示。

在图 12-32 所示界面中，设置断点之后开始调试，通过逐语句调试跟踪每一步操作。游戏进行时按下空格键，则程序进入 pause()函数中的 while 循环，如图 12-33 所示。

在图 12-33 所示界面中，继续逐语句调试，如果按下空格键，则跳出循环，而按下【Esc】键，则无法跳出循环。

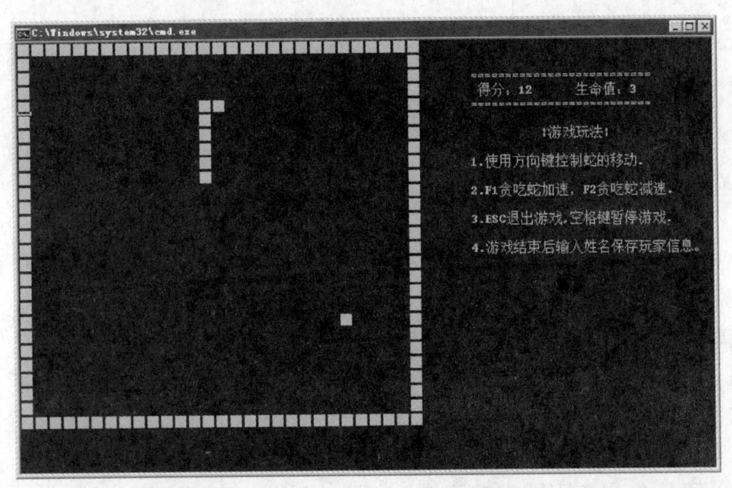

图12-31　暂停状态下无法退出游戏

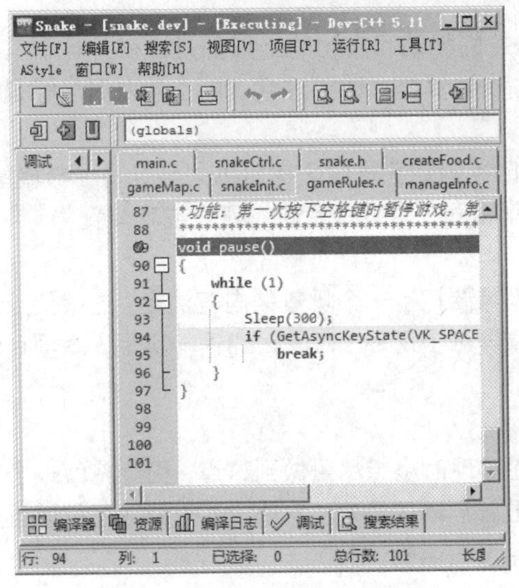

图12-32　在pause()函数处设置断点

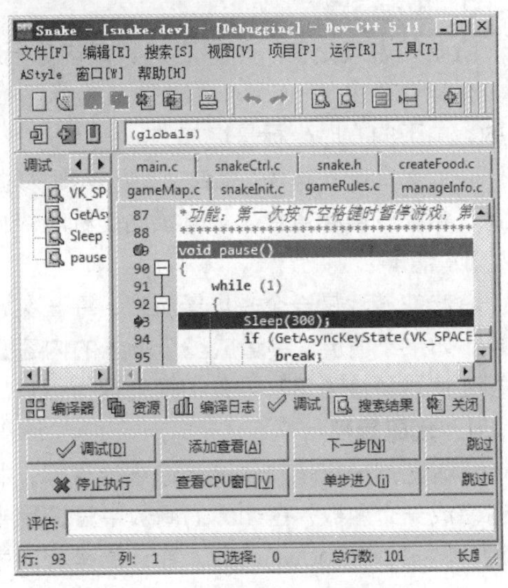

图12-33　逐语句调试pause()函数

经过上面的调试和分析，我们已确定了程序中的漏洞所在，因为在 pause()函数中没有对【Esc】键进行识别，所以在暂停状态无法退出游戏。要解决上述问题，可在 pause()函数中增加对【Esc】键的读取识别，当读取到【Esc】键时，退出游戏。修改后的 pause()函数如下所示：

```
void pause()
{
    while (1)
    {
        Sleep(300);
        if (GetAsyncKeyState(VK_SPACE))     //按键是空格键
            break;
        if (GetAsyncKeyState(VK_ESCAPE))    //按键是【Esc】键
        {
            system("cls");
            exit(0);
```

```
            }
        }
    }
```

12.4 项目心得

在实际生活中，开发一个项目总会遇到各种各样的问题，每开发完一个项目都需要进行简单的总结，贪吃蛇游戏项目也不例外，接下来我们就来总结下该项目的开发心得。

1. 项目整体规划

每一个项目，在实现之前都要进行分析设计，决定项目整体要实现哪些功能。将这些功能划分成不同的模块，如果模块较大还可以在内部划分成更小的功能模块。这样逐个实现每个模块，条理较清晰。在实现各个模块后，需要将模块整合，使各个功能协调有序地进行。在进行模块划分和模块整合时，可以使用流程图来表示模块之间的联系与运行流程。

2. 坐标问题

贪吃蛇游戏是在一个界定的窗口内进行，贪吃蛇的移动和食物的出现都是由坐标标识其位置，坐标计算由 Windows API 窗口坐标函数实现。在计算坐标时要注意，向上向左时坐标是减小的，向下向右时坐标是增加的。

在计算贪吃蛇撞墙、撞自身、吃掉食物时，要同时判断蛇头横向坐标与纵向坐标是否与墙壁、蛇身、食物的坐标重合，只有横向坐标与纵向坐标都相同，才能使贪吃蛇死亡或吃掉食物。

3. 清屏

贪吃蛇游戏是一个多场景游戏，每一次场景切换需要把上一个场景的内容清空，这就要涉及清屏，如果不清屏，会造成多个场景的内容叠加。清屏可使用 system("cls")语句实现，本项目就在多处使用了该语句，场景切换处理得很好。

4. 代码复用

代码复用一直是软件设计追求的目标，本项目在实现时也想尽量做到这点，因此将每一个功能封装成一个函数，在 main()函数中只调用相应函数就启动了游戏。此外，有些函数还可以重复调用，例如 posShow()函数，在计算坐标时多次调用了该函数。

12.5 本章小结

本章综合运用前面所讲的知识，设计了一个综合项目——贪吃蛇游戏，使读者了解如何开发一个多模块多文件的 C 程序。在开发这个程序时，首先将一个项目拆分成若干个小的模块，然后分别设计每个模块，将每个模块的声明和定义分开，放置在头文件和源文件中，最后在 main.c 源文件中将它们的头文件包含进来，并利用 main()函数将所有的模块联系起来。通过这个项目的学习，读者会对 C 程序开发流程有个整体的认识，这对实际工作是大有裨益的。

附录 I

二进制与十进制对应关系表

十进制	二进制
0	0000
1	0001
2	0010
3	0011
4	0100
5	0101
6	0110
7	0111
8	1000
9	1001

附录 II

八进制与十进制对应关系表

十进制	八进制
0	0
1	1
2	2
3	3
4	4
5	5
6	6
7	7
8	10
9	11
10	12
11	13
12	14
13	15
14	16
15	17
16	20
17	21

附录Ⅲ

十六进制与十进制对应关系表

十进制	十六进制	十进制	十六进制
0	0	17	11
1	1	18	12
2	2	19	13
3	3	20	14
4	4	21	15
5	5	22	16
6	6	23	17
7	7	24	18
8	8	25	19
9	9	26	1A
10	A	27	1B
11	B	28	1C
12	C	29	1D
13	D	30	1E
14	E	31	1F
15	F	32	20
16	10	33	21

附录Ⅳ

二进制与八进制对应关系表

二进制	八进制
000	0
001	1
010	2
011	3
100	4
101	5
110	6
111	7

附录V

二进制与十六进制对应关系表

二进制	十六进制
0000	0
0001	1
0010	2
0011	3
0100	4
0101	5
0110	6
0111	7
1000	8
1001	9
1010	A
1011	B
1100	C
1101	D
1110	E

附录Ⅵ
ASCII 码表

代码	字符	代码	字符	代码	字符	代码	字符
0		32	[空格]	64	@	96	`
1		33	!	65	A	97	a
2		34	"	66	B	98	b
3		35	#	67	C	99	c
4		36	$	68	D	100	d
5		37	%	69	E	101	e
6		38	&	70	F	102	f
7		39	'	71	G	103	g
8	退格	40	(	72	H	104	h
9	Tab	41	)	73	I	105	i
10	换行	42	*	74	J	106	j
11		43	+	75	K	107	k
12		44	,	76	L	108	l
13	回车	45	–	77	M	109	m
14		46	.	78	N	110	n
15		47	/	79	O	111	o
16		48	0	80	P	112	p
17		49	1	81	Q	113	q
18		50	2	82	R	114	r
19		51	3	83	S	115	s
20		52	4	84	T	116	t
21		53	5	85	U	117	u
22		54	6	86	V	118	v
23		55	7	87	W	119	w
24		56	8	88	X	120	x
25		57	9	89	Y	121	y
26		58	:	90	Z	122	z
27		59	;	91	[	123	{
28		60	<	92	\	124	|
29		61	=	93	]	125	}
30	–	62	>	94	^	126	~
31		63	?	95	_	127	

附录Ⅶ

C 语言常用的字符串操作函数

函数名	功能
strncpy(char des[], const char *src,int count);	将字符串 src 中的前 count 个字符复制到字符串 des 中，返回 des 字符串指针
stricmp(const char *str1,const char *str2);	按小写字母版本比较 str1 与 str2 的大小
strnicmp(const char *str1,const char *str2,size_t count);	按小写字母版本比较 str1 与 str2 的前 count 个字符大小
strcasecmp(const char *str1,const char *str2);	忽略大小写比较 str1 与 str2 的大小
strpbrk(const char *str1,const char *str2);	在源字符串 str1 中找出最先含有搜索字符串 str2 中任一字符的位置并返回，若找不到则返回空指针
strspn(const char *str1,const char *str2);	查找任何一个不包含在 str2 中的字符在 str1 中首次出现的位置，返回查找到的字符在 str1 中的下标，如果 str1 以一个不包含在 str2 中的字符开头，则函数返回 0
strcspn(const char *str1, const char *str2);	查找 str2 中任何一个字符在 str1 中首次出现的位置，返回该字符在 str1 中的下标，如果 str1 以一个包含在 str2 中的字符开头，则函数返回 0
strrev(char *str);	将字符串 str 颠倒过来，返回调整后的字符串指针
strupr(char *str);	将字符串 str 中的所有小写字母替换成相应的大写字母，其他字符保持不变，返回调整后的字符串指针
strlwr(char *str);	将字符串 str 中的所有大写字母转换成相应的小写字母，其他字符保持不变，返回调整后的字符串指针
strdup(const char *str);	将字符串复制到从堆上分配的空间中，返回指向堆空间的指针，该函数在内部调用 malloc()函数分配空间，使用完毕，要调用 free()函数释放空间
strset(char *str, int ch);	将字符串 str 中的字符全部替换为字符 ch
strnset(char *str, int ch, size_t count);	将字符串 str 中前 count 个字符替换为字符 ch
strtok(char *str,char *delim);	作用于字符串 str，以包含在 delim 中的字符为分界符，将 s 切分成一个个子串；函数返回指向子串的指针，如果 str 为空，则函数返回的指针在下一次调用中将作为起始位置
strtod(char *str, char **p);	将字符串 str 转换为一个 double 类型数据，如果字符串中包含不能转换的字符，则将该字符开始的字符串地址存储到 p 中
strtol(char *str,char **p,int base);	将字符串 str 转换为 long 类型数据，参数 base 表示进制，如果字符串包含不能转换的字符，则将该字符开始的字符串地址存储到 p 中
atol(const char *str);	将数字字符串 str 转换为 long 数据